AGRONOMIE,

CHIMIE AGRICOLE

ET

PHYSIOLOGIE.

PARIS. — IMPRIMERIE DE GAUTHIER-VILLARS,
Quai des Augustins, 55.

AGRONOMIE,
CHIMIE AGRICOLE

ET

PHYSIOLOGIE,

Par M. BOUSSINGAULT,

Membre de l'Institut.

DEUXIÈME ÉDITION, REVUE ET CONSIDÉRABLEMENT AUGMENTÉE.

TOME CINQUIÈME.

PARIS,

GAUTHIER-VILLARS, IMPRIMEUR-LIBRAIRE

DU BUREAU DES LONGITUDES, DE L'ÉCOLE POLYTECHNIQUE,

SUCCESSEUR DE MALLET-BACHELIER,

Quai des Augustins, 55.

1874

AGRONOMIE,

CHIMIE AGRICOLE

ET

PHYSIOLOGIE.

SUR

LES FONCTIONS DES FEUILLES.

La décomposition de l'acide carbonique par les feuilles, si active au soleil, a-t-elle encore lieu à la lumière diffuse très-affaiblie? Continue-t-elle dans une enceinte complétement obscure? En d'autres termes, ainsi que Théodore de Saussure inclinait à le croire, une plante, dans l'obscurité, dissocie-t-elle une partie de l'acide carbonique qu'elle forme en agissant sur l'air atmosphérique ([1])?

Durant la vie végétale, l'oxygène, par son apparition, révèle l'assimilation du carbone; or, dans les conditions que je viens de mentionner, ce gaz ne saurait être pro-

---

([1]) *Recherches sur la végétation*, p. 54. De Saussure n'a jamais admis définitivement, faute de preuves suffisantes, que les plantes décomposent l'acide carbonique en l'absence de la lumière; il a rapporté des faits contraires à cette décomposition : ainsi le *Polygonum persicaria*, les *Lythrum salicaria* émettraient du gaz oxygène dans du gaz azote très-faiblement éclairé; il cesseraient d'en émettre dans l'obscurité.

V.   I

duit qu'en proportion extrêmement limitée; aussi n'est-ce plus à l'analyse qu'il faudrait recourir pour le reconnaître et le doser, mais à un agent capable d'en accuser la moindre trace.

Le phosphore était tout naturellement indiqué, puisque, en devenant lumineux dans l'obscurité, en répandant des vapeurs à la lumière, il donne, dans l'un et l'autre cas, un indice certain de la présence de l'oxygène ; toutefois son emploi faisait naître une appréhension : le phosphore placé à côté d'une plante, dans une atmosphère confinée, n'exercerait-il pas une action nuisible ? Or, tout surprenant que cela paraisse, les expériences que je vais décrire montrent que la vapeur émanant du phosphore à une température comprise entre 15 et 30 degrés, que la vapeur de l'acide hypophosphorique n'empêchent pas une feuille suffisamment rigide de fonctionner.

I. *Expérience du 13 octobre 1865*. — Dans un mélange formé de :

Gaz acide carbonique. . . . . 27 cent. cubes
Gaz hydrogène. 57   »
                                          ————
                                           84   »

on avait introduit un cylindre de phosphore. L'appareil (*fig.* 1) était dans la chambre noire. On fit alors passer sous la cloche une feuille de laurier-rose présentant une surface de 60 centimètres carrés ; le phosphore devint lumineux pendant un instant très-court : la lumière avait été occasionnée par l'air adhérent à la feuille (¹).

L'appareil recouvert d'un étui de drap noir fut porté au

_____

(¹) Le cylindre de phosphore était soutenu par un fil de platine qui en traversait l'axe. Cette disposition est facile à réaliser en plaçant le fil métallique dans le tube de verre employé à mouler le phosphore.

soleil. A peine eut-on enlevé l'enveloppe, que l'on vit apparaître d'abondantes vapeurs blanches indiquant que la feuille produisait et que le phosphore absorbait du gaz oxygène. Le mercure de la cuve s'élevait à vue d'œil dans la cloche graduée ; l'ascension cessa à 5 heures ; l'exposition au soleil avait eu lieu à 9 heures. Çà et là on apercevait sur le verre, à l'intérieur, un léger dépôt jaune, pulvérulent.

Fig. 1.

La feuille de laurier avait conservé sa belle couleur verte ; néanmoins il s'agissait de savoir si l'action solaire, accusée si nettement par le mouvement ascensionnel du mercure, n'avait pas cessé par suite d'une altération survenue dans son organisme.

L'analyse prouva que la feuille n'avait plus fonctionné parce qu'elle ne trouvait plus d'acide carbonique à décomposer.

1.

Voici le résultat de l'analyse :

Acide carbonique introduit.......... 27,00 [1]

Après l'hydrogène ajouté........... 84,00

Hydrogène..................... 57,00

Après l'action du phosphore au soleil. 56,95

Une balle de potasse humectée n'a pas diminué le volume du gaz.

Ainsi, en huit heures d'exposition à la lumière, la feuille de laurier avait décomposé, pendant la combustion lente du phosphore, l'acide carbonique introduit dans l'appareil.

II. *Expérience du 1er octobre 1867.* — Une feuille de laurier-rose de 62 centimètres carrés fut placée dans un mélange d'acide carbonique et d'hydrogène. A 1 heure on fit passer sous la cloche un cylindre de phosphore, qui, après avoir jeté une faible lueur, devint obscur. L'appareil ayant été porté de la chambre noire au soleil, on vit apparaître des vapeurs blanches, en même temps que l'on constatait une ascension graduelle du mercure. A 5 heures, l'appareil fut replacé dans la chambre noire. Le phosphore avait fondu à la partie inférieure du cylindre. La feuille, quand on la retira, était couverte d'une rosée légèrement acide ; elle portait une tache brune. On remarqua une substance pulvérulente jaune sur les parois de la cloche.

---

(1)

	Volume.	Températ.	Pression.	Gaz réduit a zéro, pression : 0m,76.
Acide carbonique.........	37,9	15,9	0,5725	27,0
Acide carbonique + hydrogène....	71,8	14,8	0,6355	56,95
Après l'acide carbonique absorbé	71,3	16,4	0,6413	55,7

Résumé de l'expérience :

	cc
Acide carbonique introduit	27,8(¹)
Acide carbonique + hydrogène	102,4
Après l'exposition au soleil, gaz	81,2
Acide carbonique disparu = oxygène absorbé . .	21,2
Acide carbonique ajouté	27,8
Acide carbonique retrouvé	6,6

En quatre heures d'exposition au soleil, une surface de feuille de 62 centimètres carrés a décomposé 21ᶜᶜ,2 de gaz acide carbonique : soit 0ᶜᶜ,07 en une heure, par centimètre carré. C'est une décomposition très-énergique, comparable à celle qui est opérée par les feuilles de laurier, placées dans une atmosphère où il n'y a pas de vapeur de phosphore.

On fit encore deux observations : l'une avec une ramille de tuya, l'autre avec un pinceau d'aiguilles du pin laricio : il y eut de 20 à 25 centimètres cubes de gaz acide carbonique décomposé, et, dans les deux cas, le gaz oxygène devenu libre était absorbé par le cylindre de phosphore.

Ces expériences prouvent que des feuilles rigides comme celles des lauriers, du tuya, du pin, ne sont pas altérées par la vapeur émanant du phosphore à la température ordi-

---

(¹)

	Volume.	Températ.	Pression.	Gaz réduit à zéro, pression : 0ᵐ,76.
	cc	o	m	cc
Gaz hydrogène.	86,7	13,0	0,7173	74,6
Après l'acide carbonique introduit.	113,0	13,0	0,7218	102,4
Vol. de l'acide carbonique.				27,8
Après l'exposition au soleil.	91,0	14,0	0,7129	81,2
Gaz disparu = oxygène absorbé.				21,2
Acide carbonique retrouvé. .				6,6

Après avoir retiré la feuille, on a constaté dans le gaz résidu, par le sulfate de cuivre, une trace d'hydrogène phosphoré.

naire de l'atmosphère, ni par la vapeur d'acide hypophosphorique. La combustion lente du phosphore doit donc
fournir un indice certain, instantané, du fait de la décomposition du gaz acide carbonique par les parties vertes des
végétaux, puisque la lueur et la fumée qui l'accompagnent
mettent en évidence, lorsque la température n'est pas inférieure à 12 ou 13 degrés, l'apparition de la plus minime
quantité d'oxygène dans un milieu gazeux formé d'acide
carbonique et de gaz inertes, tels que l'hydrogène et
l'azote.

Il y a lieu de signaler ici les précautions fort simples
qu'il convient de prendre pour prévenir une illusion due à
ce que l'on pourrait appeler une fausse lueur phosphorique,
parce qu'elle ne paraît pas être le signe d'une combustion,
et que, en tout cas, cette lueur fugace n'est pas occasionnée
par de l'oxygène venant des plantes mises en observation.
Ainsi, un cylindre de phosphore, en pénétrant dans du
gaz hydrogène ou dans du gaz azote dont on n'a pas lieu
de soupçonner la pureté, luit durant un moment. Si, après
avoir retiré ce cylindre en l'attirant et le maintenant sous
le mercure, on le porte de nouveau dans le gaz, il ne devient
plus lumineux. D'après Berzélius et Marchand, la lumière
observée lors de la première introduction du cylindre serait
produite par la vaporisation du phosphore, et elle conti-
nuerait jusqu'à ce que l'espace soit rempli de vapeur. A
la seconde introduction, il n'y aurait plus phosphorescence,
par cette raison que le gaz serait saturé de vapeur. Si dans
ce gaz hydrogène, ce gaz azote, on fait arriver un cylindre
de phosphore, sans l'avoir préalablement tenu quelque
temps sous le mercure, il y aura une légère phosphorescence occasionnée par l'oxygène de l'air adhérent à la
surface du cylindre. Enfin, il est à peine nécessaire de le
rappeler, si dans du gaz hydrogène où se trouve un cylindre
de phosphore on fait passer une feuille suffisamment
rigide pour traverser un bain de mercure sans être froissée,

il y aura une lueur produite par l'oxygène de l'air entraîné.

Ces *fausses lueurs* sont toujours de courte durée ; qu'elles
soient dues à la volatilisation ou à la combustion du phosphore, l'important, c'est de ne pas les confondre avec la
phosphorescence dépendant de l'oxygène provenant de la
décomposition de l'acide carbonique.

On a contesté la faculté que posséderait la vapeur du
phosphore d'être lumineuse pendant son émission ; on a dit
que dans le gaz hydrogène, dans le gaz azote, dans le vide
barométrique, la lueur que jetait le phosphore provenait
de ce que les gaz, comme le vide, n'étaient jamais exempts
d'oxygène. Cependant on ne saurait nier l'existence de la
vapeur de phosphore dans du gaz hydrogène, dans du gaz
azote où le phosphore a séjourné. La preuve, c'est que si
l'on y fait passer une bulle d'air, le gaz devient aussitôt
lumineux.

Les indices fournis par la combustion lente du phosphore m'ont permis de combler quelques lacunes dans l'é-
tude des fonctions des feuilles.

*Les feuilles décomposent-elles du gaz acide carbonique
en l'absence de la lumière ?*

Dans l'air atmosphérique, à l'obscurité, les feuilles
forment un volume de gaz acide carbonique, à peu près égal
à celui du gaz oxygène qu'elles font disparaître : cependant, comme l'a suggéré de Saussure, il n'y a pas dans ce
fait la preuve que l'acide carbonique n'est pas décomposé
en l'absence de la lumière. Les feuilles, on le sait, exercent deux fonctions opposées, selon qu'elles sont placées
dans un lieu éclairé ou dans un lieu obscur : dans la première situation, elles dissocient l'acide carbonique en as-
similant du carbone ; dans la seconde situation, elles cèdent
du carbone à l'oxygène et constituent de l'acide carbonique ; toutefois rien n'établit que ces deux fonctions ne
sont pas exercées simultanément le jour comme la nuit

avec des intensités variables. Les changements survenus dans la composition de l'atmosphère renfermant une feuille constateraient simplement laquelle des deux fonctions aurait été prédominante. Dans un milieu assez peu éclairé pour que le volume de l'acide carbonique décomposé soit égal au volume de l'acide carbonique formé, l'atmosphère ne serait pas modifiée; mais suivant l'intensité de la lumière, elle acquerrait tantôt du gaz oxygène, tantôt du gaz acide carbonique.

L'action que le végétal exerce sur un milieu gazeux s'accomplit dans des cellules ayant chacune une existence individuelle. Un fragment d'un centimètre carré découpé dans une feuille d'un décimètre carré décompose à la lumière, ou constitue dans l'obscurité, la centième partie de l'acide carbonique qu'eût décomposé ou constitué la feuille entière. Si les gaz produits restaient engagés dans les cellules, ils passeraient inaperçus; pour que le fait de la dissociation ou de la constitution de l'acide carbonique devienne manifeste, il faut que le gaz développé se mêle à l'atmosphère ambiante. C'est là qu'un réactif absorbant (le phosphore pour l'oxygène, la potasse pour l'acide carbonique) peut, en les fixant, les soustraire à l'action vitale de la plante.

C'est par l'intervention d'un semblable réactif absorbant que de Saussure fut conduit à présumer que les feuilles pourraient bien décomposer du gaz acide carbonique sans le concours de la lumière.

« J'ai mis à végéter dans l'obscurité, rapporte le célèbre physicien, dans une nuit profonde, sous deux récipients égaux pleins d'air atmosphérique, des plants de pois, des silicaires, des inules. J'ai renouvelé tous les jours ces plantes pour qu'elles ne souffrissent pas. Ces expériences étaient faites en double. L'un des récipients contenait de la chaux vive ou de la potasse; l'autre en était dépourvu. Au bout de quatre ou cinq jours, les deux atmosphères étaient viciées;

mais j'ai trouvé constamment que les récipients munis de chaux ou de potasse contenaient moins de gaz oxygène que ceux où l'alcali n'était pas, et l'on conçoit que c'est parce que les plantes ont trouvé moins d'acide carbonique à décomposer que dans les récipients où il n'y avait point de chaux ou d'alcali ([1]). »

Ainsi une partie de l'acide carbonique produit par la plante étant absorbée par l'alcali, cessant d'appartenir à l'atmosphère, échappait à la révivification que les feuilles opéreraient même dans l'obscurité absolue.

L'observation de de Saussure est loin d'être irréprochable.

Pour établir que, dans l'obscurité absolue, les feuilles décomposent de faibles quantités de gaz acide carbonique, il faudrait mettre hors de doute l'apparition de l'oxygène résultant de cette décomposition ; or la combustion lente du phosphore, si elle devenait manifeste en présence d'une feuille mise à l'obscurité dans de l'hydrogène mêlé à de l'acide carbonique, serait un indice certain de la présence de ce gaz. Déjà dans les expériénces ayant pour objet de rechercher si le voisinage, je puis même dire le contact du phosphore, n'exercerait pas sur l'organisme végétal un effet nuisible, on ne vit plus dans la chambre noire, après l'extinction de la *fausse lueur*, la moindre phosphorescence dans les mélanges d'acide carbonique et d'hydrogène où les feuilles étaient enfermées.

On était donc fondé à supposer que dans un milieu gazeux renfermant de l'acide carbonique et une feuille, il n'y avait pas, à l'obscurité, apparition de gaz oxygène, et, par conséquent, pas de décomposition d'acide carbonique. Cependant, comme ces expériences avaient été exécutées accessoirement à la question spéciale qui nous occupe, j'ai cru devoir les reprendre.

([1]) DE SAUSSURE, *Recherches sur la végétation.*

I. — *Le 26 octobre* 1865, dans une cloche graduée renfermant :

Acide carbonique......... 27 cent. cubes
Hydrogène .... 57 »

on a passé, à 7 heures du soir, une feuille de laurier-rose, puis un cylindre de phosphore. Le mercure fut recouvert d'une mince couche d'eau bouillie. Le phosphore jeta une lueur passagère en pénétrant sous la cloche.

Pendant la nuit on ne remarqua pas la moindre phosphorescence. La température s'est maintenue entre 16 et 18 degrés. Il restait à constater si une apparition d'oxygène n'aurait pas lieu à une température plus élevée, la chaleur favorisant, comme on sait, la décomposition du gaz acide carbonique par les plantes.

II. — *Le 28 octobre* 1865, la cloche contenant :

Acide carbonique......... $23^{cc},4$
Hydrogène.............. $56^{cc},4$

on mit une feuille de laurier-rose à côté d'un cylindre de phosphore. L'appareil était dans la chambre noire. La surface du mercure supportait une mince couche d'eau bouillie.

La cloche avec sa cuve à mercure fut placée dans un grand vase cylindrique de verre, rempli d'eau à 36 degrés, que l'on maintint à cette température pendant toute la durée de l'observation. Le phosphore n'est pas devenu lumineux. On peut donc admettre que, dans l'obscurité absolue, une feuille de laurier-rose ne décompose pas l'acide carbonique, ou, pour rester dans la stricte interprétation des faits, qu'il n'y a pas eu, à l'obscurité, d'oxygène ajouté au mélange gazeux. Je reproduirai ici ce que j'ai dit précédemment : c'est que si l'oxygène résultant de la dissociation d'une faible quantité de gaz acide carbonique restait engagé dans la cellule végétale, si cet oxygène ne s'ajoutait pas à l'atmosphère ambiante, la décomposition de l'acide carbonique par la feuille eût-elle lieu, qu'elle passerait inaperçue, même en présence du phosphore.

Dans cette expérience, on a analysé l'atmosphère avant et après l'observation. L'analyse a indiqué nettement, comme le phosphore, qu'il n'y avait pas eu d'acide carbonique décomposé, puisqu'on a retrouvé, à $\frac{3}{10}$ de centimètre cube près, le volume du gaz. Voici les détails :

Acide carbonique introduit.... $23,4$ [1]
Après l'introduction de l'hydro-
gène...................... $79,8$
Hydrogène ajouté............ $56,4$
Volume du gaz après l'observa-
tion...................... $82,4$ Augmentation : $2^{cc},6$ [2]
Après l'absorption de l'acide car-
bonique .... $59,3$
Acide carbonique retrouvé..... $23,1$
Acide carbonique ajouté....... $23,4$
    Différence............ $0,3$

Les feuilles décomposent-elles du gaz acide carbonique à une lumière diffuse très-affaiblie ?

D'après de Saussure : « Dans des appareils exposés à l'ombre, la plus petite dose d'acide carbonique ajoutée à

[1]

	Volume.	Températ.	Pression.	Gaz réduit à zéro, pression : $0^m,76$.
	cc	o	m	cc
Acide carbonique.........	$32,2$	$12,6$	$0,5774$	$23,3$
$CO_2 + H$ avant l'observa-tion...................	$91,0$	$11,5$	$0,6945$	$79,80$
Après l'observation........	$93,5$	$11,2$	$0,6977$	$82,45$
Après l'absorption de l'a-cide carbonique.........	$72,1$	$10,8$	$0,6593$	$59,33$

[2] On a reconnu, après l'exposition, une augmentation de volume dont je n'ai pu me rendre compte.

l'air commun est nuisible à la végétation. Des plantes sont
mortes dès le sixième jour dans une atmosphère contenant
le quart de son volume de gaz acide carbonique; elles se
sont soutenues à la même exposition pendant dix jours
dans une atmosphère dont l'acide carbonique occupait la
douzième partie ([1]). »

Ces résultats sont d'autant plus surprenants qu'à la lumière diffuse les feuilles isolées décomposent très-active-
ment le gaz acide carbonique mêlé à leur atmosphère dans
une proportion atteignant et dépassant même un tiers.
J'ai placé fréquemment des appareils au nord d'un grand
bâtiment, et là, par un ciel sans nuage, le volume du gaz
oxygène provenant de l'acide carbonique décomposé ne
différait pas notablement de celui que l'on obtenait au
soleil.

Les plantes fonctionnent à la lumière diffuse, cela est
incontestable. Les forêts équatoriales sont impénétrables
aux rayons directs du soleil; il y règne un demi-jour qui
ne permet pas toujours de lire sans difficulté des caractères tracés au crayon, et néanmoins ces voûtes de verdure
abritent une végétation exubérante dont les feuilles, développées sous l'influence d'une température de 25 à 35 degrés, offrent des teintes du plus beau vert. Au reste, en
Europe, pendant l'été, sous un massif d'arbres séculaires,
il est facile de se convaincre que les feuilles, pour la plus
grande partie, fonctionnent à l'ombre.

Les observations dont je vais rendre compte montrent
en effet que la décomposition de l'acide carbonique par
les feuilles s'accomplit encore à une lumière considérablement affaiblie.

I. — *Le* 30 *juin* 1865, à 7 heures du matin, une feuille de
laurier-rose, d'une surface de 85 centimètres carrés, a été

([1]) DE SAUSSURE, *Recherches sur la végétation*, p. 33.

mise dans un mélange d'acide carbonique et d'air atmosphérique. Il pleuvait depuis la veille au soir, et la pluie a
continué sans interruption jusqu'à 2 heures de l'après-
midi; le jour était très-sombre. Un thermomètre à l'air
libre a marqué de 14 à 15 degrés. Dans ces circonstances
peu favorables la feuille a néanmoins décomposé de l'acide
carbonique.

Gaz acide carbonique introduit............... 34,5 ^{cc} (¹)
Après l'addition de l'air atmosphérique......... 87,8
Après l'exposition, l'acide carbonique absorbé... 58,8

Acide carbonique retrouvé 29,0
Acide carbonique ajouté................... 34,5

Acide carbonique décomposé en 7 heures...... 5,5
    Par centimètre carré en 1 heure : 0^{cc},009.

Fig. 2.

Sur les arbres très-feuillus, tels que les marronniers. les

(¹)

	Volume.	Témpérat.	Pression.	Gaz réduit à zéro, pression: 0^m,76.
	cc	0	m	cc
Acide carbonique........ ..	50,8	17,7	0,5502	34,54
CO² + air............... ..	110,0	17,4	0,6454	87,82
Après CO² absorbé.......	78,53	16,7	0,6040	58,79

noyers, les feuilles à l'intérieur vivent surtout à l'ombre, ainsi que j'en ai fait la remarque ; mais toujours elles sont moins nombreuses sur les points les plus rapprochés du tronc ; une maîtresse branche est presque toujours dénu-dée à sa base. Cette disposition se présentait très-nettement dans un fourré que formait une plantation de lauriers-cerise abritée par un mur, comme le représente la *fig.* 2, p. 13. A paraissait être la limite des feuilles ; même à midi, la lumière y était très-faible ; les branches se trouvaient pres-que complétement dépouillées, bien que l'obscurité n'y fût pas absolue. En B les branches étaient encore assez gar-nies. J'ai voulu voir comment une feuille fonctionnerait sur ces deux points A et B.

II. — *Le 28 août* 1868, à 10 heures du matin, sous une cloche contenant un mélange d'acide carbonique et d'hy-drogène, on a mis une feuille de laurier ayant 66 centi-mètres carrés. L'appareil fut monté dans la chambre noire. Un cylindre de phosphore introduit sous la cloche est de-venu lumineux pendant quelques secondes ; on l'a retiré et conservé sous le mercure. La feuille fut exposée en B jusqu'à 5 heures du soir. La température de l'air, à l'ombre, s'est soutenue entre 20 et 23 degrés pendant la durée de l'exposition.

A 5 heures, la feuille ayant été retirée, on a mesuré le gaz. Le cylindre de phosphore a été glissé sous la cloche où il a répandu des vapeurs blanches assez abondantes ; on l'a laissé en contact avec le gaz pendant la nuit, pour ab-sorber l'oxygène dont il avait accusé la présence ; après l'avoir ôté, on a mesuré le gaz restant ; voici le détail :

	Volume.	Tempé-rature.	Pression.	Gaz réduit à 0°, pression : $0^m,76$.
Après l'exposition.	$106,0$	$18,5$	$0,7179$	$95,84$
Après l'action du phosphore....	$102,0$	$17,0$	$0,7196$	$92,74$
Oxygène absorbé...................			......	$3,10$

Dans un endroit peu éclairé du fourré où, néanmoins les branches étaient garnies, il y a eu en sept heures $3^{cc},1$ de gaz acide carbonique décomposés : soit, d'après la surface de la feuille exposée, $0^{cc},006$ par centimètre carré en une heure.

III. — *Le 10 août 1868*, on a posé à 8 heures du matin en A une cloche graduée contenant une feuille de laurier dans un mélange d'acide carbonique et d'air atmosphérique ; la température a varié de 23 à 26 degrés ; le ciel était nuageux ; l'exposition a duré jusqu'à 5 heures de l'après-midi.

	Volume.	Tempé- rature.	Pression.	Gaz réduit à 0°, pression : $0^m,76$.
	cc	o	m	cc
Air atmosphérique ..	82,5	21,0	0,7140	72,4
Après CO² introduit .	120,0	21,0	0,7140	101,4
Acide carbonique.				29,0
Après l'exposit.; gaz .	115,0	21,0	0,7170	100,7
Après l'acide carbonique absorbé . . .	80,0	22,0	0,7170	69,8
Acide carbonique retrouvé				30,9
Acide carbonique ajouté.				29,0
Acide carbonique en excès.				1,9

Ainsi, là où les branches étaient dégarnies, il n'y a pas eu décomposition, mais bien formation d'acide carbonique ; près de 2 centimètres cubes en neuf heures. La feuille s'est comportée comme si elle eût été placée dans un lieu obscur.

Ces observations ont conduit à rechercher si une feuille décomposerait de l'acide carbonique pendant le crépuscule.

IV. — *Le 8 septembre 1868*, à la fin d'une belle et chaude journée, une feuille de laurier-rose a été mise dans un mélange d'acide carbonique et d'hydrogène. Le cylindre de phosphore introduit est resté faiblement lumineux pendant un instant. On l'a retiré et on l'a maintenu sous le mercure.

L'appareil, exposé sur une fenêtre à l'ouest à l'heure précise du coucher du soleil, a été retiré un peu avant la nuit.

La température était de 24 degrés. La feuille enlevée, on a passé sous la cloche le cylindre de phosphore. Il n'y a pas eu de phosphorescence. Or l'exposition à la lumière crépusculaire avait duré assez pour que dans le jour, à l'ombre, il y ait eu production d'une quantité d'oxygène que le phosphore aurait certainement décelée.

Pendant le crépuscule, il n'y a pas eu d'acide carbonique décomposé.

Les feuilles décomposent-elles le gaz acide carbonique à de basses températures?

On sait que la faculté décomposante des feuilles diminue avec l'abaissement de la température ; mais quelle est la limite d'action ?

Les observations ont été faites à l'ombre, par cette raison qu'au soleil, même par un très-grand froid, les feuilles eussent bientôt acquis une température bien supérieure à celle de l'air ambiant.

I. — *Le 2 novembre* 1867, on mit un pinceau d'aiguilles de pin laricio dans un mélange d'acide carbonique et d'hydrogène, puis, à côté, un cylindre de phosphore pour absorber l'oxygène de l'air accidentellement entraîné. On laissa l'appareil pendant une heure dans la chambre noire où le thermomètre marquait 16 degrés. Le phosphore fut retiré et maintenu dans le mercure. A 9 heures on plaça la cloche recouverte d'un étui de drap noir, au nord d'un mur. Il avait gelé dans la nuit : la température ne dépassait pas + 0°,5 ; le ciel était sans nuages.

A 10 heures, lorsque l'appareil fut à la température de l'air, on le découvrit. A 1 heure, après trois heures d'exposition, on le transporta dans la chambre noire. Le thermomètre à l'ombre marquait + 2°,5.

Les aiguilles de pin furent retirées, et l'on attendit que l'appareil eût atteint la température de 15 degrés, pour y

passer le cylindre de phosphore que l'on avait tenu sous le
mercure, afin d'empêcher son contact avec l'air. Le phosphore devint lumineux, mais la phosphorescence dura si
peu que, sans les précautions prises pour éviter une fausse
lueur, on aurait pu la considérer comme un indice insuffisant de la présence de l'oxygène élaboré par les feuilles.
Ayant soupçonné que l'absorption de l'oxygène n'avait pas
été complète, on retira le cylindre de phosphore et l'on fit
passer sous la cloche une balle de potasse humectée, puis,
après l'absorption de l'acide carbonique, une dissolution
de pyrogallate de potasse, qui prit immédiatement une
teinte foncée due à la présence de l'oxygène.

Après l'absorption de l'acide carbonique, le volume du gaz était............................	78
Après l'action du pyrogallate.................	75
Oxygène absorbé............................	3

À l'ombre, à une température comprise entre + 0°,5
et + 2°,5, les aiguilles du pin laricio ont décomposé du
gaz acide carbonique. Le phosphore avait mis en évidence
cette décomposition, et s'il s'est éteint avant d'avoir fixé la
totalité de l'oxygène, cela tient probablement à ce que des
lésions faites aux aiguilles du pin auraient laissé suinter
quelques gouttes d'huile essentielle ayant, comme la téré-
benthine, la propriété d'empêcher ou tout au moins d'atténuer sa combustion lente.

II. — *Le 3 novembre* 1867, en adoptant les mêmes dispositions, des brins d'herbe (graminées) furent placés
dans un mélange d'acide carbonique et d'hydrogène, puis
exposés pendant trois heures à l'ombre, par une température de + 1°,5 à + 3°,5.

Après l'exposition, le phosphore, en jetant une forte
lueur dans l'obscurité, indiqua nettement l'apparition de
gaz oxygène et par conséquent la décomposition de l'acide

V. 2

carbonique. Ces expériences établissent que les feuilles dissocient l'acide carbonique à une basse température et que, en hiver, l'herbe des prairies, les plants d'un champ de froment ensemencé en automne, les arbres verts de la forêt se développent néanmoins. En effet, même en temps de gelée, les feuilles au soleil acquièrent toujours une température de quelques degrés au-dessus du zéro de l'échelle thermométrique.

Les feuilles naissantes sont-elles douées de la faculté de décomposer, à la lumière, de l'acide carbonique ?

Si l'on expose au soleil, dans de l'eau chargée d'acide carbonique, des cotylédons, des feuilles séminales, des feuilles jeunes à peine colorées, on ne remarque pas le moindre dégagement de gaz oxygène. En s'en tenant à ce mode d'observation, on conclurait qu'il n'y a pas dissociation de l'acide. Une telle conclusion pourrait être prématurée, par ce motif que l'immersion ne permet pas toujours de recueillir les quelques bulles de gaz oxygène formées au sein d'une masse liquide assez volumineuse pour les dissoudre ou pour favoriser, par cette dissolution même, leur absorption par le parenchyme des feuilles immergées. J'ai d'ailleurs reconnu que des feuilles adultes, fortement colorées, on ne retire jamais autant d'oxygène quand elles sont placées dans de l'eau chargée d'acide carbonique, que lorsqu'elles fonctionnent dans un milieu gazeux. Est-ce parce que la lumière s'éteint en partie en traversant le liquide, ou bien est-ce parce que la feuille immergée n'acquiert pas une température aussi élevée que celle qui est placée sous une cloche pleine de gaz? Au reste, recueillerait-on plusieurs bulles de gaz renfermant de l'oxygène, comme l'a fait Ingen-Housz, qu'on aurait encore à se demander si cet oxygène n'appartenait pas à l'air atmosphérique dissous dans l'eau et qu'un courant de gaz acide carbonique ne déplace pas entièrement. Sennebier a constaté que les feuilles submergées donnent de l'air à toutes les époques de leur existence, mais qu'il s'en dégage très-peu des feuilles séminales des haricots, des feuilles jeunes ayant une couleur tirant sur le jaune ([1]). Sennebier n'a pas signalé l'oxygène dans le gaz dégagé.

Dans cette première phase de la vie des feuilles, l'oxygène résultant de la décomposition de l'acide carbonique ne saurait être produit qu'en bien faible quantité ; aussi fallait-il se borner à en constater l'apparition.

I. — *Le 14 octobre 1867*, le ciel était d'une grande pureté et le thermomètre marquait 14 degrés. Huit feuilles naissantes à peine colorées, prises parmi les nouvelles pousses d'une vigne, furent attachées à un scion de baleine et introduites dans une cloche contenant de l'acide carbonique mêlé à de l'hydrogène ; un peu d'eau bouillie recouvrait le mercure. Dans la chambre obscure on passa un cylindre de phosphore qui ne donna qu'une lueur instantanée. Une heure après l'extinction de cette lueur, la cloche enveloppée d'un drap noir fut portée au soleil : aussitôt qu'on l'eut découverte, on aperçut des vapeurs blanches. Dans la chambre noire ces vapeurs se dissipèrent promptement ; le mélange gazeux reprit sa transparence. Les vapeurs apparurent dès que l'on exposa de nouveau la cloche à la lumière. Les feuilles naissantes de la vigne ont donc émis de l'oxygène provenant de la décomposition de l'acide carbonique. Une centaine de feuilles semblables, immergées dans un litre d'eau chargée d'acide carbonique placé au soleil, n'ont pas dégagé le moindre volume de gaz oxygène, bien que l'exposition eût duré plus de trois heures.

II. — Le même jour on fit une observation analogue

---

[1] SENNEBIER, *Mémoires physicochimiques*, t. I, p. 109.

2.

avec des feuilles séminales d'épinards. Pendant l'exposition
au soleil, le phosphore, par les vapeurs qu'il répandait,
mit en évidence l'apparition de l'oxygène. J'ajouterai que
dans de l'eau chargée d'acide carbonique les feuilles ne pro-
duisirent pas de gaz.

Dans ces expériences l'indice de la présence de l'oxygène
avait été peu prononcé; pour le rendre plus manifeste,
les feuilles ne furent plus exposées au soleil à côté du phosphore, qui naturellement s'emparait du gaz à mesure qu'il
se produisait. Les feuilles étaient seules et le phosphore
n'arrivait sous la cloche qu'après l'exposition; sa combustion lente devenait d'autant plus perceptible qu'il y
avait plus d'oxygène accumulé.

III. — *Le 12 août* 1868, des feuilles séminales de haricots,
cueillies après l'épanouissement des cotylédons, furent
fixées à une lame de baleine, dans le mélange d'acide carbonique et d'hydrogène. Après les avoir exposées au soleil
depuis 9 heures jusqu'à 3 heures, on les porta dans la
chambre noire.

Lorsque le cylindre de phosphore, que l'on avait maintenu dans le mercure de la cuve, pénétra sous la cloche, il
devint lumineux. Il y avait eu par conséquent production
d'oxygène.

Les feuilles très-peu colorées avaient pour teinte, en
comparant aux cercles chromatiques de M. Chevreul :

Les plus développées,

Endroit, jaune vert 3 rabattu à $\frac{1}{10}$ de noir,
Envers, jaune vert 2 rabattu à $\frac{1}{10}$ de noir ;

Les moins développées,

Endroit comme envers, jaune vert rabattu à $\frac{2}{10}$ de noir.

Une centaine de feuilles semblables, tenues pendant trois
heures au soleil dans de l'eau chargée d'acide carbonique,
n'ont pas donné lieu à une production d'oxygène.

IV. — *Le 17 août*, une nouvelle expérience, faite avec des feuilles naissantes de vigne, donna les mêmes résultats.

L'appareil avait été exposé à l'ombre pendant deux heures.

Le phosphore, quand il pénétra dans la cloche, donna d'abondantes vapeurs d'acide hypophosphorique. Dans la chambre obscure, le phosphore resta lumineux pendant quelques instants.

Des feuilles semblables n'ont pu produire de gaz oxygène lorsqu'elles furent exposées au soleil dans de l'eau chargée d'acide carbonique.

V. — *Le 18 août*, de très-jeunes pousses du vernis du Japon sorties de terre depuis deux jours, d'un vert très-pâle, ont décomposé de l'acide carbonique mêlé à l'hydrogène. Quatorze petites feuilles étaient placées dans la cloche que l'on exposa au soleil de 8 heures à midi. Le cylindre de phosphore fit naitre des vapeurs blanches assez épaisses quand on le fit pénétrer dans le mélange gazeux après l'exposition.

Voici les teintes comparées aux cercles chromatiques :
Pour la feuille la plus foncée en couleur,

Jaune vert rabattu à $\frac{1}{10}$ de noir ;

Pour la feuille la moins foncée en couleur,

Jaune non rabattu.

L'envers et l'endroit des feuilles présentaient à peu près la même teinte.

VI. — *Le 23 août*, des feuilles séminales de laitues, levées tout récemment, ayant 9 à 10 millimètres de longueur sur 7 ou 8 millimètres de largeur, ont donné des indices certains d'une émission de gaz oxygène après une exposition de trois heures au soleil. La température à l'ombre a varié de 23 à 24 degrés.

Quatre-vingts petites feuilles avaient été disposées en deux chapelets dans l'appareil. Après l'exposition, le cylindre de phosphore introduit sous la cloche fit naître d'abondantes vapeurs. Relativement, il y avait eu production d'un assez grand volume de gaz oxygène ; on aurait pu le mesurer.

Cependant ces feuilles séminales de laitues étaient d'un vert très-pâle :

Jaune vert 1 rabattu à $\frac{1}{10}$ de noir.

Les feuilles naissantes, les feuilles séminales dont la teinte décèle dans leur organisme la présence d'une très-faible quantité de chlorophylle, décomposent à la lumière le gaz acide carbonique, tout en formant à la lumière, l'expérience le prouve, un certain volume du même gaz par la combustion du carbone appartenant à leur organisme. Cette dernière fonction, tant qu'elle s'exerce, empêche l'oxygène mis en liberté de s'accumuler dans l'atmosphère où les feuilles sont confinées.

Les feuilles venues dans l'obscurité décomposent-elles immédiatement l'acide carbonique lorsqu'elles sont placées à la lumière ?

Les résultats obtenus avec des feuilles naissantes ayant à peine une nuance verte conduisaient à rechercher si des feuilles absolument dépourvues de chlorophylle, parce qu'elles se sont développées dans un lieu obscur, dissocient l'acide carbonique.

J'ai montré, dans un autre travail, que la durée de l'existence d'une plante venue à l'obscurité est subordonnée au poids des matières nutritives qui entourent l'embryon dans la graine. Les feuilles en l'absence de la lumière ne fonctionnent pas comme appareils réducteurs ; constamment elles émettent de l'acide carbonique ; c'est une véritable combustion respiratoire accompagnée d'un dégagement de chaleur. La plante se comporte alors comme un animal d'un ordre inférieur. Lorsque ces feuilles étiolées sont placées à la lumière dans de l'air atmosphérique, elles continuent d'abord à produire du gaz acide carbonique ; mais bientôt elles prennent une teinte verte dont l'intensité augmente graduellement ; une fois colorées, elles fonctionnent comme les feuilles développées dans les conditions normales.

La matière colorante, la chlorophylle, enveloppe les granules établis dans les cellules. Celle qui apparaît dans la circonstance que je viens d'indiquer est-elle l'effet ou la cause de la décomposition de l'acide carbonique ? Il est bien vrai qu'une feuille non colorée, telle qu'elle sort de la chambre noire, prend assez vite une nuance verte lorsqu'elle est au soleil, dans de l'air atmosphérique pur. Est-il permis d'en tirer cette conséquence, que l'acide carbonique n'intervient pas dans la coloration ? Nullement, car le premier acte de la feuille incolore, en présence de l'oxygène, est de former de l'acide carbonique. Pour résoudre la question, il semble qu'il n'y aurait qu'à placer dans du gaz hydrogène, dans du gaz azote, la feuille née dans l'obscurité : dans l'un et l'autre de ces gaz, la coloration verte se manifeste à la lumière, faiblement sans doute, et ici encore l'acide carbonique peut fort bien intervenir, par cette raison, qu'une plante venue dans un lieu obscur renferme toujours une très-forte proportion d'eau saturée de ce gaz ; ainsi du gaz hydrogène pur dans lequel on met une feuille étiolée contient bientôt de l'acide carbonique.

Voici d'abord ce que j'ai observé relativement à la coloration des feuilles de maïs appartenant à des plants venus dans l'obscurité.

I. — *Le* 31 *juillet* 1868, dans la chambre noire, on fit germer des graines sur du papier imbibé d'eau distillée.

Le 15 *août*, les feuilles avaient une longueur de 25 à

30 centimètres ; 1 centimètre au point le plus large. Leur teinte, comparée aux cercles chromatiques était :

Jaune 1 non rabattu.

Les plants furent placés, à midi, à la lumière diffuse dans une pièce ayant une fenêtre au sud.

Le 16 *août* au matin, l'apparition de la nuance verte était évidente et plus prononcée vers la base que vers le sommet des feuilles.

Le 18 *août*, la coloration avait fait des progrès ; on eut pour la teinte de la partie inférieure d'une feuille :

Vert jaune 2 non rabattu.

Il n'y avait pas de différence appréciable de teinte entre la coloration de l'endroit et celle de l'envers.

Le 22 *août*, toutes les feuilles possédaient une assez belle nuance verte. Sur les deux faces :

Jaune vert 2 rabattu à $\frac{1}{10}$ de noir.

Cette coloration ou, si l'on veut, l'apparition d'une notable quantité de chlorophylle, avait eu lieu, à la lumière diffuse, en six à sept jours, la température s'étant maintenue entre 22 et 26 degrés.

Il restait à rechercher quelle serait la nuance de vert à laquelle la feuille commencerait à décomposer le gaz acide carbonique.

Des feuilles aussi délicates devaient être introduites dans les appareils sans qu'elles touchassent le mercure. Voici quelles sont les dispositions adoptées pour atteindre ce but.

Une cloche pleine d'air renfermant les feuilles attachées à une lame de baleine est maintenue sur la cuve de manière que son ouverture plonge de 2 à 3 millimètres dans le mercure (*fig.* 3).

Pour mieux assurer la fermeture, on verse de l'eau à la surface du métal. Un tube de caoutchouc, très-flexible, d'une faible section, terminé par un ajutage d'ivoire, pénètre jusqu'au sommet de la cloche en i'. Ce tube est adapté

Fig. 3.

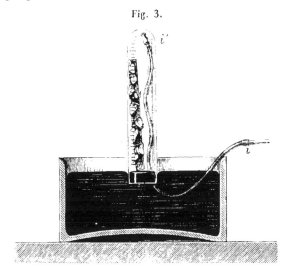

en i à un générateur d'hydrogène fournissant un courant de gaz assez rapide pour déplacer promptement l'air atmosphérique. Lorsque l'on juge l'appareil plein d'hydrogène on ferme le générateur après avoir pincé le tube en i.

Il s'agit maintenant d'exclure de la cloche un certain volume d'hydrogène. Rien n'est plus facile : il suffit d'enfoncer la cloche dans le mercure de la cuve en même temps que l'on cesse de presser en i pour ouvrir une issue à l'hydrogène.

Lorsque le volume de ce gaz que l'on voulait expulser est sorti de la cloche, on pince de nouveau le tube de caoutchouc, puis on le retire. On peut alors ajouter à l'hydrogène resté dans l'appareil du gaz acide carbonique. L'introduction doit être faite par petites bulles, pour qu'il n'y ait pas projection de mercure sur les feuilles, mais il faut agiter doucement la cloche sur la cuve pour faciliter le mélange des gaz.

L'appareil est porté dans la chambre noire, et l'on y introduit un cylindre de phosphore pour s'assurer de l'absence du gaz oxygène. Généralement le phosphore émet une lueur. Quand elle est dissipée, on retire le cylindre de phosphore en l'attirant et le fixant dans le mercure de la cuve.

Tout est alors disposé pour l'observation. Le mélange gazeux est certainement exempt d'oxygène, en même temps que l'espace qu'il occupe est saturé de la vapeur de phosphore qui préviendra la *fausse lueur*, lorsque, après l'exposition à la lumière, on fera passer sous la cloche le phosphore maintenu sous le mercure.

II. — *Le 9 septembre* 1868, huit fragments de feuilles de maïs venues dans la chambre noire, ayant ensemble une surface de 192 centimètres carrés, ont été placés dans le mélange d'acide carbonique et d'hydrogène. Leur teinte était :

Jaune 1 non rabattu.

L'exposition a eu lieu à l'ombre, de 10 heures du matin à 3 heures de l'après-midi. Ciel découvert; température 27 à 29 degrés.

Après l'exposition, le phosphore n'a pas signalé dans le mélange gazeux la présence de l'oxygène.

III.— *Le 10 septembre*, six feuilles de maïs sortant de la chambre noire, ayant la même teinte que les feuilles employées la veille, n'ont pas fourni l'indice de la décomposition de l'acide carbonique, après avoir été exposées à la lumière pendant huit heures.

IV. — *Le 10 septembre*, à 3 heures de l'après-midi, une culture de maïs faite à l'obscurité fut installée dans une pièce bien éclairée. Déjà le 11 septembre, à 9 heures du matin, les feuilles possédaient une nuance verte; cependant l'exposition à la lumière diffuse n'avait pas duré plus de six heures. Je ferai observer que cette nuance, très-faible d'ailleurs, ne s'était pas développée au même degré dans les expériences du 9 et du 10 septembre, bien que les feuilles fussent restées exposées pendant six à sept heures sous un jour assez vif, dans des mélanges d'hydrogène et d'acide carbonique. Faut-il admettre que la formation de la chlorophylle, indépendamment de la lumière, exige le concours simultané de l'oxygène et de l'acide carbonique? C'est un point que j'examinerai. Quoi qu'il en soit, les feuilles venues à l'obscurité, quand elles sont placées à la lumière en présence du gaz acide carbonique, n'émettent du gaz oxygène qu'après que, par leur exposition à l'air, elles ont acquis une certaine nuance de vert; c'est ce que je vais établir.

V.—*Le 12 septembre*, la teinte des feuilles de la culture de maïs, placée à la lumière le 10, était :

Jaune 4 non rabattu

des cercles chromatiques. Depuis le 11, il y avait eu un léger progrès dans le sens du vert, mais pour un œil peu exercé c'était encore du jaune.

Six fragments de feuilles, présentant une surface de 72 centimètres carrés, furent exposés à l'ombre de 10 à 4 heures dans le mélange d'acide carbonique et d'hydrogène. Après l'exposition, le cylindre de phosphore n'a pas donné l'indice de la présence de l'oxygène.

VI. — *Le 14 septembre*, les feuilles de la culture de maïs étaient plus vertes que le 12 septembre; leur teinte sur l'une et l'autre face a été trouvée :

Jaune vert 1 non rabattu.

Huit fragments, ayant ensemble une surface de 96 centimètres carrés, restèrent de 11 heures à 4 heures dans le mélange d'acide carbonique et d'hydrogène.

L'appareil fut placé au nord d'un bâtiment. Le ciel était

sans nuages. Après l'exposition, le cylindre de phosphore que l'on avait maintenu sous le mercure produisit immédiatement quelques vapeurs blanches, lorsqu'on le fit passer de la cuve sous la cloche.

Les feuilles, après avoir acquis la couleur verte répondant au jaune vert 1 non rabattu de noir des cercles chromatiques, ont par conséquent, à la lumière, décomposé de l'acide carbonique ; du moins il y a eu un faible indice d'apparition d'oxygène.

En conclurai-je qu'au-dessous de cette teinte, c'est-à-dire plus vers le jaune, les feuilles de maïs n'opèrent pas cette décomposition ? Je conclurai tout le contraire. En effet, je crois qu'aussitôt qu'il y a présence de chlorophylle, quelque minime qu'en soit la proportion, la feuille, aussi faiblement colorée qu'on la suppose, possède déjà la faculté décomposante. Je fonde mon opinion sur ce fait parfaitement établi, que si une plante venue à l'obscurité, dans un sol absolument stérile, dépourvu de toute substance saline, diminue constamment de poids, son poids augmente certainement aussitôt qu'elle est placée à la lumière. Or une feuille n'augmente de poids qu'en fixant du carbone et les éléments de l'eau, et la fixation du carbone implique nécessairement la décomposition de l'acide carbonique.

Mais pour rester, en ce qui concerne le maïs, dans les limites tracées par l'observation, cette décomposition ne devient manifeste qu'alors que la feuille a pris la teinte jaune vert 1 non rabattu.

Il ressort, il me semble, de ces expériences, que la décomposition de l'acide carbonique commence, à la lumière, aussitôt après la création de la chlorophylle, bien qu'elle ne devienne perceptible qu'alors que la feuille possède une nuance verte assez marquée, ou, si l'on veut, alors que l'oxygène, dont la présence est la preuve de la dissociation de l'acide carbonique, n'est plus fixé en totalité au fur et à mesure de son apparition par cette partie de l'organisme qui, dans les feuilles nouvelles, fonctionne à la lumière comme elle fonctionne dans l'obscurité.

La décomposition de l'acide carbonique par une feuille, commencée au soleil, s'arrête-t-elle aussitôt que la feuille est soustraite à l'action de la lumière ?

M. Van Tieghem a constaté un fait curieux, c'est que cette décomposition, opérée au soleil par une plante aquatique, continue dans l'obscurité pendant un certain temps ([1]).

Ainsi, le 11 juin, une branche du *Ceratophyllum demersum*, submergée dans de l'eau chargée d'acide carbonique, ayant été exposée au soleil à 8 heures, il y eut un dégagement très-actif d'oxygène. A $8^h 45^m$ la branche fut portée dans un lieu obscur ; elle continua à émettre du gaz :

A 9 heures, le dégagement était de 200 bulles par minute.
A $9^h 30^m$ » 125 » »
A 10 heures » 75 » »
A 11 heures » 25 » »

A $11^h 45^m$, le dégagement était encore de 2 à 3 bulles par minute ; ce n'est qu'après trois heures passées à l'obscurité que l'effet produit par l'insolation fut épuisé ([2]). D'après mes observations, une feuille isolée fonctionnant dans un milieu gazeux se comporterait tout autrement qu'une plante aquatique.

J'ai fait voir que, dans une atmosphère contenant de l'acide carbonique, une feuille produit instantanément du

---

([1]) M. Van Tieghem a reconnu depuis que la décomposition de l'acide carbonique, commencée au soleil, ne continue pas dans l'obscurité.

([2]) *Comptes rendus des séances de l'Académie des Sciences*, t. LXV, p. 867.

gaz oxygène, dès qu'elle est éclairée par le soleil. Il s'agissait de savoir si cette production d'oxygène cesserait instantanément quand la feuille passerait subitement de la lumière à l'obscurité.

I. — *Le 27 août* 1868, dans un mélange formé de 28 centimètres cubes d'acide carbonique, de 86 centimètres cubes d'hydrogène, on mit une feuille de laurier-rose ayant 70 centimètres carrés ; puis, à côté, parallèlement à la nervure principale et à 5 millimètres de distance, un cylindre de phosphore soutenu par un fil de platine.

> Hauteur du cylindre...... 9 centimètres.
> Diamètre............... 5 millimètres.

L'appareil monté dans la chambre noire fut porté au soleil à 1 heure. Aussitôt il y eut apparition de vapeurs blanches indiquant une rapide décomposition de l'acide carbonique. La température à l'ombre était 24 degrés.

Dix minutes après l'exposition, l'appareil fut porté dans la chambre noire où un observateur avait été enfermé pour que sa vue pût acquérir une sensibilité qui lui permît d'apercevoir la plus faible lueur.

Un autre observateur, muni d'un chronomètre, se tenait en dehors de la chambre pour lire les secondes à haute voix. Le transport de l'appareil de la lumière à l'obscurité s'effectuait en un instant.

Voici le résultat de la première observation.

Dans la chambre noire, le cylindre de phosphore était lumineux sur toute sa surface. La phosphorescence s'affaiblit graduellement ; elle cessa quand on eut compté quarante-six secondes.

Fallait-il en déduire que la décomposition de l'acide carbonique commencée au soleil avait persisté encore pendant quarante-six secondes dans l'obscurité ? Non, car la durée de la phosphorescence pouvait provenir de ce que, après l'introduction de l'appareil dans la chambre noire, le phos‹ phore n'avait pas fini d'absorber tout l'oxygène mis en liberté par la feuille durant son exposition au soleil. En d'autres termes, la surface de la feuille aurait émis à la lumière plus d'oxygène que la surface du phosphore n'avait pu en absorber. Ainsi qu'on va le voir, la phosphores- cence ne se serait pas manifestée si la surface du phosphore eût été plus grande.

II.— On fit une nouvelle expérience semblable à la pré- cédente quant aux dispositions générales, avec cette diffé- rence que le cylindre de phosphore, placé parallèlement à la nervure de la même feuille, avait de plus grandes dimen- sions :

Longueur.............. 24 centimètres.
Diamètre............... 1,2

Lorsque, au soleil, la décomposition de l'acide carbo- nique fut très-active, on porta l'appareil dans la chambre noire : on n'aperçut pas la moindre lueur.

L'appareil ayant été replacé au soleil, le phosphore répandit immédiatement des vapeurs, signe de sa combus- tion lente ; ces vapeurs disparurent dans l'obscurité.

En plaçant ainsi alternativement l'appareil à une vive lumière et dans une obscurité absolue, on acquérait la preuve que l'extinction de la phosphorescence dans la chambre noire n'était pas due à un état morbide de la feuille, mais réellement à ce qu'une fois soustraite à la lu- mière elle cessait d'émettre de l'oxygène. Une dernière ob- servation montrera que, malgré la présence du phosphore, cette feuille conservait sa faculté de décomposer l'acide carbonique, en même temps qu'elle corroborera l'explica- tion donnée à l'occasion de la première expérience, à savoir : que la continuation de la combustion lente dans l'obscu- rité provient de l'insuffisance de la surface absorbante du phosphore relativement à la surface émissive de la feuille.

III.— Le cylindre de phosphore placé à côté de la feuille avait :

En longueur.............. 1 centimètre.
En diamètre.............. 0,5

Après que l'appareil, d'abord exposé au soleil, eut passé dans la chambre noire, le cylindre présenta une très-vive phosphorescence, qui, en diminuant peu à peu d'intensité, ne s'éteignit qu'au bout de quatre-vingt-dix secondes ; le phosphore avait continué à briller avec le concours du gaz oxygène qu'il n'avait pas fixé pendant l'exposition au soleil, à cause du peu de surface qu'il offrait à l'atmosphère confinée sous la cloche.

En réalité, quand la combustion lente du phosphore provoquée par une feuille exposée au soleil persiste à l'obscurité, c'est à l'aide de l'oxygène élaboré sous l'influence de la lumière. L'action physiologique est terminée, l'action purement chimique continue.

Dans ces expériences, la phosphorescence dans la chambre noire, après le fonctionnement de la feuille au soleil, a duré d'autant plus que la surface du phosphore était moindre. Ainsi, la feuille ayant 70 centimètres carrés, on a eu :

	Durée de la phosphorescence.	Surface du cylindre de phosphore.
I..................	40^s	4,1 ^{cq}
II.................	0	90,5
III...............	90	1,6

Je crois donc être en droit de conclure que la décomposition du gaz acide carbonique commencée à la lumière par la feuille de laurier cesse instantanément dans l'obscurité.

SUR UNE MATIÈRE SUCRÉE

APPARUE SUR LES FEUILLES D'UN TILLEUL.

Le 21 juillet 1869, dans le jardin du Liebfrauenberg, on remarqua un tilleul dont les feuilles, sur leur face supérieure, étaient enduites d'une substance visqueuse extrêmement sucrée. L'arbre était atteint de la miellée ou miellat, sorte de manne que l'on observe assez fréquemment, non-seulement sur le tilleul, mais encore sur l'aulne noir, l'érable, le rosier ; je l'ai vue sur un prunier et, cas fort rare, sur un jeune chêne.

Le 22 juillet au matin, la miellée était assez abondante pour tomber sur le sol en larges gouttes ; c'était une pluie de manne ; à 3 heures de l'après-midi, sur les feuilles exposées au soleil, la matière sucrée ne coulait plus ; elle avait assez de consistance pour que l'on pût la toucher sans qu'elle adhérât aux doigts : elle formait une sorte de vernis transparent et flexible ; à l'ombre, la miellée reprenait rapidement l'état visqueux.

Le 23 juillet, à 7 heures du soir, on a lavé et épongé plusieurs feuilles occupant l'extrémité d'une branche attenant à l'arbre, de manière à enlever toute la matière sucrée.

Le 24 juillet, à 6 heures du matin, les feuilles lavées la veille semblaient exemptes de miellée ; cependant, à la loupe on apercevait des points luisants dus à de très-petites gouttelettes. Le soir, à 7 heures, les feuilles offraient le même aspect. La journée avait été chaude; à l'ombre, température 29 degrés.

Le 25 juillet, de nombreuses taches de miellée étaient réparties sur les feuilles; il n'y en avait pas sur les nervures principales; à 3 heures, température 30 degrés.

Le 26 juillet, pendant la nuit, une forte ondée enleva la plus grande partie de la miellée formée la veille. Il devint dès lors impossible de suivre, ainsi qu'on se l'était proposé, les progrès de la sécrétion sur les feuilles lavées le 22. Un essaim d'abeilles envahit le tilleul.

Le 27 juillet, la totalité de la miellée avait disparu, par suite d'une pluie survenue dans la soirée du 26. La température s'est maintenue entre 17 et 24 degrés.

Le 28 juillet au matin, les feuilles portaient des taches de miellée survenues pendant la nuit.

Le 29 juillet, la miellée avait augmenté; sur quelques feuilles, elle occupait le tiers de la surface. A 2 heures, température 29 degrés.

Le 30 juillet, la miellée était très-abondante; le tilleul en resta couvert jusqu'à l'arrivée de pluies persistantes, qui eurent lieu au commencement de septembre.

A deux époques, le 22 juillet et le 1er août, on lava les feuilles pour obtenir une dissolution de miellée. Dans les eaux de lavage conservées séparément, on versa du sous-acétate de plomb, qui détermina un précipité assez abondant; on fit intervenir un courant d'acide sulfhydrique pour enlever le sel de plomb mis en excès; après ce traitement, les solutions ne devaient plus renfermer d'albumine, de gomme, etc.

Par la concentration, on obtint un sirop à peine coloré, d'une saveur agréable, et dans lequel, au bout d'un certain temps, il se formait des cristaux de sucre; mais pour la détermination des matières sucrées, on ne jugea pas nécessaire de pousser la concentration jusqu'à la consistance sirupeuse.

I. — *Miellée recueillie le 22 juillet.*

Dans 100 centimètres cubes de dissolution, on a
dosé ([1]) :

Avant l'inversion par les acides,
   sucre réducteur . . . . 1^{gr},94
Après l'inversion 5,43
   Sucre réducteur acquis . . . $\overline{3,49}$ = sucre de canne. 3^{gr},315

Ainsi il y avait dans la miellée deux sortes de sucre : l'un
réduisant la liqueur cupropotassique directement, l'autre
n'opérant la réduction qu'après avoir été interverti par
l'intervention d'un acide, et analogue, par cette propriété,
au sucre de canne. Quant à la nature du sucre réducteur
dosé dans la solution, elle ne pouvait être révélée que par
l'observation optique.

La dissolution de miellée dans laquelle on avait dosé les
sucres, observée à la teinte de passage dans un tube de 2 décimètres, a occasionné une déviation de

+7°,9 (température 17°,5).
Après l'inversion par un acide . . . +1,6 (température 19,0).

La dissolution contenait, par conséquent, une substance
dextrogire, compensant et au delà la déviation à gauche
produite par les 3^{gr},495 de sucre interverti venant des
3^{gr},315 de sucre de canne.

Sans doute, le sucre réducteur, dont on avait dosé 1^{gr},94

([1]) 10^{cc} de liqueur cupropotassique réduits par sucre interverti,   0^{gr},0525
    Id.   réduits par 2^{cc},7 de dissolu-
                   tion = sucre réducteur . . .   0,0525
    Id.   réduits par 0,966 de disso-
                   lution intervertie.   0,0525

avant l'inversion, pouvait être du glucose ayant un pouvoir rotatoire de + 56 degrés, mais il pouvait aussi être du sucre de fruit lévogire ayant un pouvoir rotatoire de — 26 degrés (temp. 15 degrés), ou bien encore un mélange de ces deux sucres réducteurs.

Partant de la formule générale donnée par M. Berthelot, $D = \alpha \frac{V}{pl}$ (¹), on a, en renversant les termes, la déviation du sucre réducteur dosé après l'inversion, y compris, bien entendu, la déviation occasionnée par le sucre interverti dérivant du sucre de canne. A la température de 19 degrés, à laquelle a eu lieu l'observation, on aurait

$$- 24^{o}, 5 \times \frac{2 \times 5,43}{100} = - 2\overset{o}{,}66 \, (^{2}).$$

La déviation observée ayant été... $\underline{ + 1, 60}$

$$+ 4, 26$$

est la déviation de la substance dextrogire, qu'avait compensée en partie la déviation produite par les 5ᵍʳ, 43 de sucre interverti. Cette substance dextrogire n'était pas du glucose, car, ayant ajouté de la levûre de bière à la dissolution de miellée intervertie, la fermentation fut promptement déterminée, et quarante-huit heures après, le dégagement de gaz acide carbonique ayant cessé, le liquide fermenté n'exerçait plus aucune action sur le réactif cupropotassique. Cependant, après la destruction des matières sucrées, le li-

---

(¹) D exprimant le pouvoir rotatoire de la matière sucrée contenue dans la solution ;
   a la déviation observée ;
   V le volume du liquide renfermant le poids p de sucre ;
   l la longueur du tube d'observation.

(²) Le pouvoir rotatoire du sucre interverti — 26 degrés à 15 degrés variant de 0°,37 pour chaque degré du thermomètre au-dessus et au-dessous de 15 degrés.

quide déviait fortement vers la droite le plan de la lumière polarisée.

Cette expérience rendait extrêmement probable que la déviation constatée dans cette circonstance était due à de la dextrine, dextrine que M. Berthelot a découverte en forte proportion dans la manne du Sinaï et du Kurdistan, et que, plus tard, M. Buignet a rencontrée dans la manne en larmes.

Recherches de la dextrine et de la mannite.

100 centimètres cubes de la dissolution de miellée dans laquelle on avait dosé les sucres ont été évaporés à l'étuve. Le résidu, d'un jaune pâle, transparent, a été chauffé à 105 degrés, jusqu'à ce que le poids restât invariable.

Poids	$7,36$
Après combustion; cendres	$0,40$
Matières organiques sèches.	$6,96$

Par l'action successive de l'alcool faible et de l'alcool à 90 degrés, on est parvenu à extraire du sirop de miellée une matière à peine colorée, très-fragile après dessiccation, dont la solution déviait fortement vers la droite le plan de la lumière polarisée; la dextrine dominait évidemment, mais elle n'était pas exempt de sucre réducteur; en outre, elle laissait des cendres; on jugea qu'il était difficile, peut-être impossible, d'extraire de ce mélange de la dextrine suffisamment pure pour la doser directement.

Le sirop de miellée n'a pas fourni de mannite par les traitements alcooliques; en y ajoutant un demi-centième de cette substance, on la mettait aussitôt en évidence. J'ai dû rechercher la mannite avec d'autant plus d'attention, qu'un habile observateur, M. Langlois, l'a signalée dans une ma-

tière sucrée recueillie sur les feuilles d'un tilleul. La mannite est d'ailleurs si facile à reconnaître, que je n'élève
aucun doute sur sa présence dans le produit étudié par
M. Langlois ([1]).

Dans l'impossibilité où l'on était d'extraire la dextrine,
il y avait lieu de chercher à en apprécier la quantité par
l'observation optique. La déviation angulaire attribuée à
cette substance dans 100 centimètres cubes de la solution
de miellée étant $+ 4^o,26$, le pouvoir rotatoire de la dextrine étant $+ 138^o,7$ d'après Payen, on a, en dégageant
p de la formule

$$D = a \frac{V}{pl}, \quad + 138^o,7 = + 4^o,26 \times \frac{100}{2p}, \quad p = 1^{gr},53.$$

Comme contrôle de la nature et des proportions des substances agissant sur la lumière polarisée, dosées dans
100 centimètres cubes de la dissolution, l'on peut faire la
somme des déviations correspondant à chacune de ces substances, pour la comparer à la déviation observée.

Ainsi l'on a dosé dans la solution :

Sucre de canne. $3,315^{gr}$ $a = + 73,8^o \times \dfrac{2 \times 3,315}{100} = + 4,90^o$

Sucre interverti

(temp. 19°). $1,94$ $a = - 24,5^o \times \dfrac{2 \times 1,94}{100} = - 0,95$

Dextrine...... $1,53$ Déviation constatée . . . . . $+4,26$

Somme . . . . $+8,21$

Déviation observée. . . . . . $+7,9$

La différence ne dépasse pas $\frac{3}{10}$ de degrés.

On a, en même temps, la preuve que le sucre réducteur
dosé par la liqueur cupropotassique, $1^{gr},94$, était bien du
sucre interverti et non pas du glucose, car en supposant

([1]) *Annales de Chimie et de Physique*, 3º serie, t. VII, p. 348.

le glucose, dont le pouvoir rotatoire est $+56$ degrés, on aurait pour la déviation

$$a = + \frac{56° \times 2 \times 1,94}{100} = + 21°,73,$$

et pour la somme de déviation

$$+ 30°,9,$$

résultat inadmissible.

Dans de la solution de miellée du tilleul, recueillie le 22 juillet, on a trouvé :

		Pour 100 de miellée sèche.	Pour 100 de matières agissant sur la lumière polarisée.
Sucre de canne.....	3,315	45,04	48,86
Sucre interverti.....	1,94	26,36	28,59
Dextrine..........	1,53	20,79	22,55
Matières minérales..	0,40	5,43	
Matières organiques indéterminées....	0,175	2,38	
	7,360	100,00	100,00

II. — *Miellée recueillie le 1ᵉʳ août.*

La solution a été traitée par le sous-acétate de plomb ; concentrée, elle était incolore. Dans 100 centimètres cubes on a dosé :

Avant l'inversion par les acides, sucre réducteur. $3{,}685^{gr}$

Après l'inversion. ...... $12{,}375$

Sucre réducteur acquis... $8{,}690 =$ sucre de canne $8^{gr}{,}255$ [1].

---

[1] 10^{cc} de liqueur cupropotassique réduits par sucre interverti. $0{,}0505^{gr}$
Id.   réduits par $0^{cc}{,}94$ de dissolution..................
Id.   réduits par $0^{cc}{,}26$ de dissolution intervertie 2

La dissolution observée à la teinte de passage, dans un tube de deux décimètres, a occasionné :

Avant l'inversion, une déviation de.. $+ 18,2$; températ. $21,5$
Après l'inversion. . ... $+ 2,4$.

La déviation angulaire qu'ont dû produire les $12^{gr},375$ de sucre dosé après l'inversion était

$$23^o,6 \times \frac{2 \times 12,375}{100} = - 5,8$$

La déviation du liquide interverti étant $+ 2,4$
on a, pour la déviation attribuable à la

dextrine .... $+ 8,2 =$ dextrine $2,95$;

comme contrôle :

Sucre de canne

dosé........ $8,255$ à $= + \dfrac{73^o,8 \times 2 \times 8,255}{100} = + 12,18$

Sucre interverti. $3,685$ à $= - \dfrac{23^o,6 \times 2 \times 3,685}{100} = - 1,74$

Dextrine...... $2,095$ Déviation constatée... $+ 8,20$
                           Déviation calculée.... $+ 18,6$
                           Déviation observée.... $+ 18,2$

Dans 100 centimètres cubes de la dissolution de la miellée recueillie le 1er août on a :

Sucre de canne...............	8,255
Sucre interverti..............	3,685
Dextrine.....................	2,950
	14,890

pour 100 de matières agissant sur la lumière :

		Miellée du 22 juillet
Sucre de canne...	55,44	48,80
Sucre interverti..	24,75	28,59
Dextrine.	19,81	22,55
	100,00	100,00

On voit que les rapports entre les matières dosées n'ont plus été les mêmes dans les miellées recueillies à quelques jours d'intervalle: sans doute on ne pouvait s'attendre à trouver une composition fixe: ce qu'il y a de remarquable, c'est l'analogie de constitution de la miellée du tilleul et de la manne du mont Sinaï, analysée par M. Berthelot. Pour la miellée recueillie le 1er août, il y a identité de composition :

	Manne du Sinaï ([1]).
Sucre de canne..................	55
Sucre interverti.................	25
Dextrine...	20
	100

Il n'est peut-être pas sans intérêt d'avoir trouvé dans les Vosges la manne du mont Sinaï.

Comme la manne du Sinaï provenant du *Tamarix mannifera*, la manne du tilleul ne renferme pas de mannite.

Estimation de la quantité de miellée recouvrant les feuilles du tilleul.

Le 22 juillet 1869, la miellée était tellement abondante sur la face supérieure des feuilles du tilleul qu'elle tombait en gouttes sur le sol; malgré cette abondance, j'ai pu constater, sur un très-grand nombre de feuilles, que la face inférieure ne présentait pas la moindre trace de matière sucrée. Pour apprécier la quantité de miellée, on a détaché trois feuilles de même superficie que l'on a lavées de manière à faire passer la miellée qui les recouvrait dans 100 centimètres cubes d'eau.

Chaque feuille ayant une surface simple ([2]) de 166 cen-

([1]) BERTHELOT, *Annales de Chimie et de Physique*, 3e sér., t. LXVII, p. 82.
([2]) Par surface simple d'une feuille, on entend la superficie d'un côté du limbe.

timètres carrés, on a 498 centimètres carrés pour la surface dont on avait enlevé la miellée.

Dans les 100 centimètres cubes de solution on a trouvé ([1]) :

Sucre de canne................	$0,69$
Sucre interverti.	$0,36$
Dextrine................	$0,28$
Miellée sur une surface de 498 centimètres carrés..............	$1,33$

Par mètre carré, $26^{gr}.71$, contenant :

Sucre de canne................	$13,89$
Sucre interverti.	$7,21$
Dextrine....................	$5,61$
	$26,71$

La miellée dérive, à n'en pas douter, des matières sucrées des feuilles, modifiées vraisemblablement par l'état morbide qui en détermine l'exsudation ; il y avait, par conséquent, un certain intérêt à déterminer la nature et la proportion de ces matières dans des feuilles saines.

Recherches des matières sucrées dans les feuilles d'un tilleul non atteint de miellée.

Le 5 août 1869, des feuilles cueillies sur un tilleul placé dans le voisinage du tilleul malade ont été hachées et traitées de manière à leur enlever la totalité des matières solubles. Dans la décoction, de couleur brune, d'une saveur

---

([1]) On s'est borné à doser le sucre réducteur, et l'on a calculé les proportions de sucre de canne et de dextrine, d'après la composition moyenne de la miellée :

Sucre de canne................	52
Sucre interverti................	27
Dextrine	21
	100

sucrée, on a versé du sous-acétate de plomb. Le précipité séparé, le plomb ajouté en excès a été précipité à l'état de sulfure par un courant d'acide sulfhydrique. Le liquide décoloré a été concentré. Dans 100 centimètres cubes, on a dosé :

Avant l'inversion, sucre réducteur. $2,89^{gr}$ (¹)
Après l'inversion,   id. $9,16$

       Sucre réducteur acquis... $\overline{6,27}$ = sucre de canne $5^{gr},96$

Observation optique. — Le liquide mis dans un tube de deux décimètres :

Avant l'inversion, à la températ. de 9 degrés, déviation. $+7,02$
Après l'inversion,   id.   id. $-5,04$

Or, la déviation attribuable des $9^{gr},16$ de sucre réducteur dosé après l'inversion étant :

$$-28^\circ,2 \times \frac{2 \times 9,16}{100} = -5^\circ,16 \text{ (}^2\text{).}$$

La déviation $-5^\circ,04$ observée après l'inversion est la somme de la déviation due aux $2^{gr},89$ de sucre réducteur préexistant dans la solution, et de la déviation des $6^{gr},27$ de sucre réducteur provenant de l'inversion des $5^{gr},96$ de sucre de canne.

$$-28,2 \times \frac{2 \times 2,89}{100} = -1,63$$

$$-28,2 \times \frac{2 \times 6,27}{100} = -3,54$$

$$\text{Somme.... } \overline{-5,17}$$

(¹) 10^{cc} de liqueur cupropotassique réduits par sucre interverti. $0,0525^{gr}$
     Id.   réduits par $1^{cc},8$ de solution.
     Id.   réduits par $0^{cc},573$ de solu-
            tion intervertie..........

(¹) Le pouvoir rotatoire du sucre interverti connu — 26 degrés à la température de 15 degrés, — $28^\circ,2$ à la température de 9 degrés.

Comme contrôle, dans 100 centimètres cubes de solution non intervertie on a dosé :

Sucre de canne.... $5,96$ à $= + 73,8 \times \dfrac{2 \times 5,96}{100} = + 8,80$

Sucre interverti... $2,89$ déviation.......... $- 1,63$

Déviation calculée... $+ 7,17$

Déviation observée... $+ 7,2$

La dissolution, après l'inversion, ne renfermait donc pas de substances dextrogires dont la déviation eût été capable de neutraliser la déviation occasionnée par le sucre interverti résultant de la modification du sucre non réducteur; en effet, en concentrant la solution, on obtint un sirop dans lequel on ne put découvrir ni dextrine ni mannite. Après quelques semaines, on distinguait, dans le sirop, des cristaux de sucre.

Pour connaître leur teneur en sucre, on a épuisé 20 grammes de feuilles saines par l'eau. La dissolution, traitée par le sous-acétate de plomb et l'acide sulfhydrique, a été réduite à un volume de 66 centimètres cubes renfermant les matières non précipitées par le sel de plomb appartenant aux 20 grammes de feuilles. Dans les 66 centimètres cubes de liquide on a dosé ([1]).

Avant l'inversion, sucre réduct. $0,216$
Après l'inversion,   id. $0,619$

Sucre réducteur acquis... $0,403 =$ sucre de canne. $0^{gr},383$

([1]) 10^{cc} de Felhing réduits par sucre interverti............ $0,0525$
    Id.   réduits par 16^{cc} de solution $=$ sucre réducteur.................................. $0,0525$
    Id.   réduits par $5^{cc},6$ de solution intervertie $=$ sucre réducteur.................. $0,0525$

Dans 100 de feuilles :

Sucre de canne.... 1,915   Rapport... 1,8

Sucre interverti.... 1,080   »   ... 1,0

2,995

Dosage des sucres dans les feuilles du tilleul
qui avait été atteint de miellée en 1869.

Depuis 1869, la miellée n'avait pas reparu sur ce tilleul ; cette année, 1871, on a dosé les sucres dans des feuilles cueillies le 5 août.

On a fait passer les matières solubles de 50 grammes
    de feuilles fraîches dans 227 grammes d'eau... 227^{cc} (¹)
L'eau constitutionnelle des feuilles étant........   17

Eau totale............. 244

La solution a été décolorée par le sous-acétate de plomb.

Dans les 244 centimètres cubes de solution, on a dosé (²) :

Avant l'inversion, sucre ré- ^{gr}

ducteur 0,4257

Après l'inversion........ 2,2750

Sucre réduit ou acquis... 1,8493 = sucre de canne.. 1^{gr},757

Dans 100 de feuilles :

Sucre de canne..... 3,514^{gr} Rapport... 4,12

Sucre interverti..... 0,852   »   ... 1, »

4,366

(¹) Les feuilles séchées à l'étuve ont laissé 0,34 de matières fixes.

(²) 10^{cc} de liqueur de Felhing décolorés par sucre interverti.... 0,0525

    5^{cc} id.   décolorés par 16^{cc} de solution

                    = sucre réducteur.......... 0,0262

   10^{cc} id.   décolorés par 6^{cc} de solution inter-

                    vertie = sucre réducteur...... 0,0525

Dosage des sucres dans les feuilles d'un tilleul sain,
cueillies le 30 septembre 1871.

On a fait passer les matières solubles de 44 grammes de feuilles dans 179 grammes d'eau, y compris l'eau constitutionnelle.

Dans le liquide, après traitement par le sous-acétate de plomb, on a dosé :

Avant l'inversion, sucre in- ^{gr}
terverti.   0,395   (¹)
Après l'inversion   1,426
                                    _____
Sucre réducteur acquis. . .   1,031 = sucre de canne. . $0^{gr},979$.

Dans 100 de feuilles :

Sucre de canne. . . . . ^{gr} 2,225   Rapport. . . .   4 ¹⁄₂
Sucre interverti   0,898   »   . . .   1
                           _____
                            3,123

Résumé des dosages sur des feuilles saines.

Feuilles du tilleul atteint de miellée en 1869, dans 100 de feuilles fraîches.

En 1871, sur les feuilles saines, on a dosé :

Sucre de canne. . . . . ^{gr} 3,514   Rapport . . .   4,1
Sucre interverti   0,852   »   . . .   1,»
                           _____
                            4,366

(¹) 10^{cc} de liqueur cupropotassique réduits par sucre intervert. . 0,0526
    Id.   réduits par 23^{cc},8 de disso-
                       lution. . . . .
    Id.   réduits par 6^{cc},6 de dissolu-
                       tion intervertie . . . .

Feuilles du tilleul sain en 1869, on a dosé :

Sucre de canne..... 1,915^{gr} Rapport ... 1,8
Sucre interverti..... 1,080 » ... 1, »
                      ―――――
                      2,995

La proportion de matières sucrées dans les feuilles saines du tilleul atteint de miellée en 1869, et celle du tilleul qui, la même année, avait échappé à la maladie, est assez notable; peut-être cette différence est-elle due à ce que les deux arbres n'appartiennent pas à la même variété, le tilleul ayant porté de la miellée possédant des feuilles plus larges que le tilleul de la forêt. On a vu que, en 1869, le 22 juillet, 1 mètre carré de feuilles était recouvert par 26^{gr},71 de matières sucrées mêlées à de la dextrine.

	Sucre.	Sucre interverti.	Dextrine.	
En 1871, 1 mètre carré de feuilles saines détachées du même arbre pesait 101^{gr},5, et contenait, d'après les dosages.............	3,57^{gr}	0,86^{gr}	0,00^{gr}	= 4,43^{gr}
Sur 1 mètre carré de feuilles, en 1869, la miellée recueillie renfermait.......	13,89	7,21	5,61	= 26,71
Différences.....	10,32	6,35	5,61	= 22,28

L'accumulation de la matière sucrée exsudée par les feuilles malades est donc considérable, et, de plus, on constate dans cette matière une substance, la dextrine, qui n'existe pas dans les feuilles saines.

D'après des mesures prises sur un arbre du même âge et du même port, les feuilles du tilleul malade pouvaient présenter une surface de 240 mètres carrés, soit 120 mètres carrés, puisque l'exsudation ne s'est manifestée que sur un seul côté du limbe. Il en résulte que, le 22 juillet 1869, le

tilleul aurait porté 2 à 3 kilogrammes de miellée sèche,
déduction faite des matières éliminées par l'intervention
du sous-acétate de plomb.

Dans les conditions normales de la végétation, les sucres
élaborés par les feuilles, sous l'influence de la lumière et
de la chaleur, pénètrent dans l'organisme de la plante avec
la séve descendante. Dans l'état anormal qui détermine la
formation de la miellée, les matières sucrées sont accumu-
lées à la surface supérieure des feuilles, soit parce qu'elles
sont produites en fortes quantités, soit parce que le mouvement de la séve est interrompu ou ralenti par la visco-
sité résultant de la présence de la dextrine.

La miellée ne saurait être uniquement attribuée aux influences météorologiques, à des étés chauds et secs, ainsi
qu'on l'a prétendu. Sans doute, le tilleul du Liebfrauenberg a sécrété en abondance des matières sucrées, dans
une année où il y a eu des périodes de très-fortes chaleurs
accompagnées de grandes sécheresses, mais il ne faut pas
perdre de vue qu'un seul arbre fut atteint de la maladie et
que, à peu de distance, se trouvaient des tilleuls parfaitement sains.

On a prétendu que des pucerons, après avoir puisé la
miellée dans le parenchyme, la répartissent ensuite, en la
rendant à peine modifiée; c'est, contrairement aux résultats de l'analyse, lui assigner une composition semblable
à celle du suc des feuilles. Enfin, on accorde à certains
insectes la faculté de provoquer la production de la manne.

Ainsi, c'est à la piqûre d'un *Coccus* sur les feuilles du
Tamarix mannifera que MM. Ehrenberg et Hemprich attri-
buent la formation de la manne, que l'on trouve encore
de nos jours dans les montagnes du Sinaï. « La manne
tombe sur la terre des régions de l'air (c'est-à-dire du sommet d'un arbrisseau et non du ciel). Les Arabes l'appellent
man. Les Arabes indigènes et les moines grecs la recueillent
et la mangent sur du pain en guise de miel. Je l'ai vue tomber

de l'arbre, je l'ai recueillie, dessinée, apportée moi-même à Berlin avec la plante et les restes de l'insecte. Cette manne découle du *Tamarix mannifera* (Ehrenberg). De même qu'un grand nombre d'autres mannes, elle se produit sous l'influence de la piqûre d'un insecte : c'est, dans le cas présent, le *Coccus manniparus* [H. et Ehr.] ([1]). »

La manne du Liebfrauenberg n'aurait pas alors la même origine que la manne du Sinaï, bien qu'elle ait la même composition. Lors de son apparition sur le tilleul, on ne remarqua pas d'insectes ; ce fut plus tard que l'on vit quelques pucerons englués sur un certain nombre de feuilles. J'ai dit d'ailleurs, au commencement de ce Mémoire, qu'après avoir lavé l'extrémité d'une branche, on avait vu surgir, peu à peu, des points gluants, d'abord à peine perceptibles, augmentant chaque jour, jusqu'à recouvrir entièrement une des faces de la feuille. Cette extension lente et progressive de la miellée s'accomplissait évidemment sans le concours des pucerons, qui n'arrivèrent qu'ensuite, comme les mouches, comme les abeilles, pour se nourrir de la sécrétion sucrée ou pour la butiner.

([1]) Citation de M. Berthelot, *Annales de Chimie et de Physique*, 3e série, t. LXVII, p. 83. M. Berthelot commence son Mémoire sur la manne du Sinaï par ce passage (*Liber Exodi*, cap. XVI):

« Ils partirent d'Elim, et le peuple des fils d'Israël vint au désert de Sin, entre Elim et Sinaï, et toute la multitude des fils d'Israël murmura contre Moïse et Aaron ; et les fils d'Israël leur dirent : « Pourquoi nous avez-vous » conduits dans ce désert pour faire périr de faim toute cette multitude? » Or Dieu dit à Moïse : « Voici que je ferai pleuvoir le pain du ciel... » et l'on vit apparaître dans le désert une substance menue et comme pilée, semblable à de la gelée blanche. A cette vue, les fils d'Israël se dirent les uns aux autres : « *Manhu?* » ce qui signifie : « Qu'est-ce cela? » Et la maison d'Israël appela cette substance *man*. Son goût était pareil à celui du miel. Or les fils d'Israël mangèrent la manne pendant quarante ans. Ils s'en nourrirent jusqu'à ce qu'ils fussent parvenus aux frontières de la terre de Chanaan. »

SUR

LA GERMINATION

DES

GRAINES OLÉAGINEUSES,

Par M. A. MÜNTZ.

Le but de ce travail est d'étudier les transformations que subit la matière grasse des graines oléagineuses pendant la germination et la première phase du développement de l'embryon.

La diminution de la matière grasse pendant la germination a été constatée par différents expérimentateurs. Elle paraît remplir le même rôle que la matière amylacée, dont elle est l'équivalent dans certaines semences. Elle a ainsi une double fonction : celle de servir de combustible respiratoire en même temps que de fournir le glucose, point de départ des autres hydrates de carbone qui constituent les éléments essentiels de la jeune plante.

J'ai entrepris, dans la première partie de ce Mémoire, de rechercher s'il y avait dans le travail végétatif de la germination une décomposition des huiles en glycérine et en acides gras, et, dans le cas affirmatif, si l'un de ces éléments disparaissait avant l'autre.

En soumettant à la putréfaction des graines ou des fruits contenant des matières grasses, il y a production d'acides gras libres (¹); l'huile de coco, formée en grande partie

---

(¹) Boussingault, *Économie rurale*, t. I, p. 300 et 307.

par des acides gras, est extraite après la putréfaction du coco ; auparavant, ce fruit ne contient qu'une huile neutre.

M. Pelouze a vu (¹) des graines broyées, enfermées dans des flacons, subir une fermentation lente dont l'effet était d'opérer la dissociation de la matière grasse, qui, au bout de quelques mois, était presque complète dans certaines graines.

On n'a pas recherché ce que devenait la glycérine dans ces circonstances, mais il est probable qu'elle sert au ferment d'élément respiratoire.

La ressemblance de certaines fonctions de l'embryon avec celles des ferments m'a fait supposer qu'une action pareille pouvait avoir lieu pendant la germination. Cette supposition a été entièrement confirmée par les expériences qui vont suivre.

Je n'ai opéré que sur trois espèces de graines, celles du radis, du colza et du pavot ; mais je crois qu'on pourra étendre à toutes les graines oléagineuses les faits que j'ai observés.

Les germinations s'effectuaient soit sur du papier à filtrer maintenu humide, soit sur de l'asbeste imbibé d'eau. Elle a eu lieu à l'obscurité, sauf dans la première expérience. La graine germée (²) était épuisée par l'eau bouillante, afin d'enlever la matière soluble qui se serait retrouvée en partie dans l'huile, d'où elle est difficile à extraire.

La solution obtenue était évaporée et l'extrait traité par l'alcool absolu ou par un mélange d'alcool et d'éther. Malgré le soin qu'on a mis à cette recherche, on n'a pu découvrir dans la solution alcoolique aucune trace de glycérine.

(¹) *Annales de Chimie et de Physique*, 3ᵉ série, t. XLV, p. 319.
(²) Le papier et l'asbeste adhérents aux radicules étaient traités avec la plante.

Il n'existait donc pas de glycérine libre dans l'organisme de la jeune plante.

Après le traitement par l'eau, on desséchait la plante, on la broyait et on l'introduisait dans un tube à déplacement, où elle était épuisée par l'éther. La solution éthérée, recueillie dans une capsule, était desséchée à 110 degrés. Plus la germination était avancée, plus l'huile obtenue était colorée. On n'a pas réussi à lui enlever cette coloration en la traitant par plusieurs dissolvants. A une époque plus avancée de la germination, l'huile paraissait être de plus en plus épaisse.

On a déterminé approximativement la quantité d'acides gras mis en liberté par des traitements par l'alcool absolu, qui dissout une grande quantité de ces derniers et une petite quantité seulement d'huile neutre, et, d'une manière plus exacte, par le procédé de M. Pelouze (¹), en saponifiant la matière grasse obtenue par la chaux monohydratée à 215 degrés et décomposant par l'acide chlorhydrique le savon calcaire. Je me suis encore servi d'une lessive de potasse pour opérer la saponification. Dans ces deux cas les acides gras, bien lavés à l'eau, étaient redissous par l'éther, puis desséchés et pesés.

I. — *Germination du radis à la lumière diffuse* (²).

	Matière grasse obtenue. gr
1. 5 grammes de graine non germée,............	1,750
2. 5 grammes de graine après deux jours de germination, la longueur de la tigelle étant 0ᵐ,003 à 0ᵐ,005....	1,635

(¹) *Annales de Chimie et de Physique*, 3ᵉ série, t. XLVII, p. 371.

(²) Pendant la dessiccation, la radicule a acquis une coloration bleue très-prononcée, due probablement à la formation d'une matière semblable à l'indigo : ce fait se rencontre dans différentes plantes, notamment dans le

3. 5 grammes de graine après trois jours de germi-
nation, la longueur de la tigelle étant $0^m,008$ à $0^m,012$... $1,535$[gr]

4. 5 grammes de graine après quatre jours de germination, la longueur de la tigelle étant $0^m,015$ à $0^m,020$;
cotylédons commençant à verdir................. $0,790$

La matière grasse de la graine non germée était neutre
au papier de tournesol, celle des graines germées avait une
réaction fortement acide.

Les huiles obtenues ont été traitées chacune par 6 fois
son poids d'alcool absolu qui a dissous :

		Pour 100 d'huile.
1...............	$0,178$[gr]	$10,17$
2...............	$0,893$	$54,62$
3...............	$1,215$	$79,25$
4...............	$0,751$	$95,06$

La proportion d'acide gras libre allait donc en augmentant rapidement.

II. — *Germination du pavot à l'obscurité.*

	Matière grasse obtenue.
1. 20 grammes de graine non germée	$8,915$[gr]
2. 20 grammes de graine après deux jours de germi-nation, la longueur de la tigelle étant $0^m,008$ à $0^m,010$....	$6,815$
3. 20 grammes de graine après quatre jours de germi-nation, la longueur de la tigelle étant $0^m,015$ à $0^m,020$....	$3,900$

(2 et 3, réaction acide au tournesol.)

Mercurialis perennis. Dans cette germination, comme dans celle du colza, le
papier blanc sur lequel les plantes se développaient acquérait une coloration d'un rouge vineux dont les alcalis ne changeaient pas la teinte. Aucune partie de la plante ne présentait cette coloration.

Les huiles obtenues ont été traitées chacune par 6 fois son poids d'alcool absolu qui a dissous :

		Pour 100 d'huile.
	gr	
1............	0,975	10,93
2....	3,640	53,41
3.............	3,770	96,92

III. — *Germination du colza à l'obscurité.*

	Matière grasse obtenue.
	gr
1. 20 grammes de graine non germée...........	8,540
2. 20 grammes de graine après trois jours de germination, la longueur de la tigelle étant $0^m,015$ à $0^m,020$....	5,235
3. 20 grammes de graine après cinq jours de germination, la longueur de la tigelle étant $0^m,020$ à $0^m,030$....	3,700

(2 et 3, réaction acide au tournesol.)

Les huiles obtenues ont été traitées chacune par 6 fois son poids d'alcool absolu qui a dissous :

		Pour 100 d'huile.
	gr	
1.............	0,946	11,07
2.....	3,642	69,56
3....	3,628	98,05

Dans ces deux dernières expériences il y a encore augmentation rapide dans la proportion d'acide libre.

Les quantités de matière soluble dans l'alcool sont loin de représenter les proportions d'acides gras libres, parce que l'alcool lui-même — et surtout quand il est déjà chargé d'acides gras — dissout une certaine quantité d'huile neutre. Mais ces expériences prouvent suffisamment la formation et l'augmentation de l'acide libre.

IV. — *Germination du pavot à l'obscurité.*

On a extrait par l'éther :

1° L'huile de la graine non germée;

2° L'huile de la graine ayant germé pendant trois jours, la longueur de la tigelle étant $0^m,010$ à $0^m,015$;

3° L'huile de la graine ayant germé pendant cinq jours, la longueur de la tigelle étant $0^m,015$ à $0^m,025$.

On a pris 20 grammes de chacune des huiles obtenues, desséchées à 110 degrés, qu'on a saponifiées par la chaux, d'après le procédé que j'ai indiqué.

	Huile employée.	Acides gras obtenus.	Acides gras dosés pour 100 d'huile.
	gr	gr	
1............	20	19,005	95,025
2...........	20	19,641	98,205
3....	20	19,842	99,210

V. — *Germination du colza à l'obscurité.*

On a extrait par l'éther :

1° L'huile de la graine non germée ;

2° L'huile de la graine ayant germé pendant trois jours, la longueur de la tigelle étant $0^m,015$ à $0,020$;

3° L'huile de la graine ayant germé pendant cinq jours, la longueur de la tigelle étant $0^m,020$ à $0^m,030$.

25 grammes de chacune de ces huiles ont été traités comme dans l'expérience IV.

	Huile employée.	Acides gras obtenus.	Acides gras dosés pour 100 d'huile.
	gr	gr	
1..	25	23,873	95,492
2........... .	25	24,482	97,928
3..	25	24,898	99,592

VI. — *Germination du pavot à l'obscurité.*

On a extrait par l'éther :

1° L'huile de la graine non germée ;

2° L'huile de la graine ayant germé pendant six jours, la longueur de la tigelle étant 0^m,025 à 0^m,030.

20 grammes de chaque huile ont été saponifiés par la potasse.

	Huile employée.	Acides gras obtenus.	Acides gras dosés pour 100 d'huile.
	gr	gr	
1............	20	19,113	95,565
2............	20	19,963	99,815

VII. — *Germination du colza à l'obscurité* (¹).

On a extrait par l'éther :

1° L'huile de la graine non germée ;

2° L'huile de la graine ayant germé pendant six jours, la longueur de la tigelle étant 0^m,025 à 0^m,035.

25 grammes de chaque huile ont été saponifiés par la potasse.

	Huile employée.	Acides gras obtenus.	Acides gras dosés pour 100 d'huile.
	gr	gr	
1............	25	23,913	95,652
2............	26	24,931	99,724

La proportion des acides gras libres augmente donc rapidement pendant la germination. Après cinq ou six jours, la matière grasse des jeunes plantes ne contient donc plus qu'une quantité insignifiante d'huile neutre.

(¹) Je donne, pour le dosage des acides gras par la saponification, les quatre expériences qui me paraissent mériter le plus de confiance. Les premières tentatives que j'ai faites à ce sujet ne m'ont donné que des résultats peu satisfaisants, le maniement des corps gras exigeant une grande habitude quand il faut opérer avec précision.

Les recherches de différents auteurs (¹) tendent à prouver que, pendant la germination des graines oléagineuses, c'est la matière grasse qui fournit le glucose d'où dérivent les autres hydrates de carbone, principaux éléments de développement de l'embryon (²). Elle remplirait ainsi un rôle absolument identique à celui de la matière amylacée dans les graines qui en contiennent.

Il m'a paru intéressant d'examiner si, pour arriver à cette transformation, les acides gras ne passaient pas par un état intermédiaire, et, dans le cas affirmatif, quel serait le corps ainsi produit. C'est le but que je me suis proposé dans cette seconde partie de mon travail.

D'un côté, la propriété des acides gras d'absorber de l'oxygène et de se transformer en des composés analogues aux résines, de l'autre la composition des résines, qui peut être considérée, surtout au point de vue de la teneur en oxygène, comme intermédiaire entre celle des acides gras et celle des hydrates de carbone, m'ont fait supposer que l'état de résine pouvait être la première transformation que subiraient ces acides par une sorte de combustion incomplète.

Mes recherches ont été dirigées dans ce sens, et l'analyse organique m'a paru le procédé le plus propre à constater s'il y avait une absorption d'oxygène.

Th. de Saussure, dans un travail sur la germination des graines oléagineuses (³), fait voir que ces graines se distinguent des graines amylacées en absorbant, pour germer, une quantité d'oxygène très-supérieure à celle de l'acide

---

(¹) J. SACHS, *Physiologie végétale*, traduction Micheli. — PETERS, *Landw. Versuchsstat*, 1861, fascicule VII, p. 1. — FLEURY, *Annales de Chimie et de Physique*, 4ᵉ série, t. IV, p. 38.

(²) D'autres expérimentateurs ont établi la transformation inverse des hydrates de carbone en matière grasse pendant la maturation des graines. (H. VON MOHL, *Die Vegetabilische Zelle*, p. 250.— S. DE LUCA, *Comptes rendus*, 1862, p. 506; etc.)

(³) *Bibliothèque universelle de Genève*, t. XL, p. 368.

carbonique qui se produit en même temps. M. Fleury (¹), s'appuyant sur le travail de de Saussure, dit que l'action de l'hydrogène pourrait se borner à brûler le carbone et l'hydrogène en excès dans les corps gras pour les amener à la composition des hydrates de carbone, mais que l'expérience avait montré que l'action oxydante allait plus loin et qu'elle fixait l'oxygène sur la matière grasse. Aucune expérience directe n'a cependant été faite pour prouver cette supposition, et le fait de l'absorption d'oxygène par la graine n'implique pas nécessairement une oxydation de la matière grasse; il m'a donc semblé utile de traiter cette question directement.

Les acides gras sur lesquels j'opérais étaient obtenus de la manière suivante. La graine, germée ou non, était épuisée par l'eau bouillante (²), séchée et broyée puis traitée par l'éther. L'huile obtenue était saponifiée par une lessive de potasse; le savon formé, décomposé par l'acide chlorhydrique, et l'acide gras, lavé à l'eau, dissous par l'éther et séché.

Dans toute cette série d'opérations, j'ai cherché à éviter autant que possible le contact de l'air, qui, en introduisant de l'oxygène dans la matière grasse, aurait jeté des incertitudes sur les résultats.

Les savons de résine et les savons gras se distinguent entre eux en ce que les premiers ne sont pas précipités de leurs dissolutions par le sel marin, tandis que les seconds le sont entièrement. Le savon obtenu de l'huile de la graine non germée et celui provenant de l'huile de graines qui avaient

---

(¹) Mémoire cité.

(²) Pour les graines non germées, cette précaution n'était pas indispensable; je ne l'ai employée qu'afin que tous les acides gras sur lesquels j'opérais eussent un mode de préparation absolument identique. C'est par la même considération que j'ai saponifié l'huile des graines dont la germination était avancée, quoique j'aie montré qu'elle était uniquement composée d'acides gras.

germé pendant dix jours étaient tous les deux entièrement précipités par une dissolution de chlorure de sodium. Cette première distinction n'existe donc pas entre les acides correspondant à ces savons.

L'analyse organique n'a pas non plus révélé une différence très-considérable dans leur composition; cependant cette différence existe, et les résultats que je vais exposer montrent nettement qu'il y a une absorption lente, mais progressive, d'oxygène par les acides gras pendant l'accroissement de l'embryon. Cette absorption ne leur a fait gagner que 2 à 3 pour 100 d'oxygène, quantité beaucoup trop faible pour les convertir en résines.

Je n'ai fait aucune recherche sur la nature des huiles ou des acides gras, ne voulant pas dépasser les limites que j'avais assignées à mon travail. Les acides oléique, margarique et brassicique (?) du colza devaient former la presque totalité des acides sur lesquels j'opérais. J'ai, du reste, considéré l'action oxydante dans son ensemble, quoiqu'elle ait surtout dû porter sur l'acide oléique, qui absorbe l'oxygène avec une grande facilité.

I. *Acides gras du colza avant la germination.* — Couleur légèrement ambrée; liquides à 20 degrés; au-dessous de 20 degrés, il se forme quelques aiguilles; au dessous de 15 degrés, presque toute la masse est prise en cristaux.

Matière employée......................... 0,4055^{gr}

ont donné :

Eau................... 0,430^{gr}
Acide carbonique........ 1,140

Composition centésimale.
C.......... 76,67
H........ 11,78
O..... 11,55

II. *Acides gras du colza après trois jours de germination* (¹). — Longueur de la tigelle 0^m,005 à 0^m,008; liquides de 15 à 20 degrés, sensiblement colorés.

Matière employée.... .... 0,4120^{gr}

ont donné :

Eau...................... 0,424^{gr}
Acide carbonique....... 1,127

Composition centésimale.

C........ 74,60
H 11,43
O........ 13,97

III. *Acides gras du colza après six jours de germination.* — Liquides à 15 degrés; coloration olive; longueur de la tigelle 0^m,015 à 0^m,030.

Matière employée........................ 0,4085^{gr}

ont donné :

Eau................... 0,423^{gr}
Acide carbonique....... 1,111

Composition centésimale.

C........ 74,17
H 11,50
O 14,33

IV. *Acides gras du colza après dix jours de germination.* — Liquides à 15 degrés; coloration olive foncé; longueur de la tigelle 0^m,040 à 0^m,050.

Matière employée...................... 0,4380^{gr}

ont donné :

Eau................... 0,455^{gr}
Acide carbonique....... 1,186

(¹) Cette germination et les suivantes ont eu lieu à l'obscurité.

Composition centésimale.

C 73,85
H 11,31
O 14,84

V. *Acides gras du pavot avant la germination.* — Incolores; déposant entre 15 et 20 degrés des cristaux blancs.

Matière employée. . . . . 0,4435^{gr}

ont donné :

Eau. . . . . 0,465^{gr}
Acide carbonique. 1,235

Composition centésimale.

C 75,94
H 11,65
O 12,41

VI. *Acides gras du pavot après six jours de germination.* — Liquides de 15 à 20 degrés; peu colorés; longueur
de la tigelle 0^m,015 à 0^m,025.

Matière employée. . . . . 0,4380^{gr}

ont donné :

Eau . . . . 0,445^{gr}
Acide carbonique. 1,205

Composition centésimale.

C 75,03
H 11,29
O 13,68

VII. *Acides gras du pavot après dix jours de germination.* — Liquides à 15 degrés; sensiblement colorés; longueur de la tigelle 0^m,025 à 0^m,035.

Matière employée. . . . . 0,4205^{gr}

ont donné :

Eau. . . . . 0,420^{gr}
Acide carbonique. 1,149

Composition centésimale.

C 74,52
H 11,09
O 14,39

Tous ces nombres sont résumés dans le tableau suivant :

	AVANT la germination.	APRÈS trois jours de germination.	APRÈS six jours de germination.	APRÈS dix jours de germination.
Acides gras du colza.				
Carbone	76,67	74,60	74,17	73,85
Hydrogène	11,78	11,43	11,50	11,31
Oxygène	11,55	13,97	14,33	14,84
	100,00	100,00	100,00	100,00
Acides gras du pavot.				
Carbone	75,94	"	75,03	74,52
Hydrogène	11,65	"	11,29	11,09
Oxygène	12,41	"	13,68	14,39
	100,00	"	100,00	100,00

On remarque qu'à mesure que la germination avance l'oxygène augmente et le carbone diminue ; l'hydrogène ne paraît diminuer que dans une proportion très-faible.

Je ne chercherai à tirer aucune déduction théorique de ce travail, me bornant à exposer les résultats que j'ai obtenus, savoir que :

1° Pendant la germination des graines oléagineuses, la matière grasse se dédouble progressivement en glycérine et en acides gras ;

2° La glycérine disparaît à mesure qu'elle est mise en liberté ;

3° A une certaine époque, la jeune plante ne contient plus que des acides gras libres ;

4° Par l'accroissement de l'embryon, ces acides gras subissent une absorption lente, mais progressive, d'oxygène, qui, dans les limites dans lesquelles j'ai opéré, n'a pas dépassé 3 à 4 pour 100.

STATIQUE

DES

CULTURES INDUSTRIELLES;

PAR M. A. MÜNTZ.

LE HOUBLON.

Ce travail est destiné à faire suite à une série de recherches entreprises par M. Boussingault, et dont la première partie (*Statique des Cultures industrielles, le Tabac*) a été publiée il y a quelques années ([1]).

Il forme une suite d'autant plus naturelle à cette publication que, les expériences ayant été exécutées dans la même localité, les résultats offrent des points de comparaison plus exacts.

Le but principal de ce travail est de déterminer les quantités de principes assimilés pendant le développement du houblon et, par suite, les éléments définitivement enlevés au sol par la récolte.

Dans les cultures industrielles exigeant de fortes fumures, il semble que l'on fait plutôt une avance qu'une dépense réelle d'engrais, par cette raison que les matières fertilisantes exportées ne forment qu'une fraction, plus ou moins considérable, de celles qu'on a dû donner à la terre pour obtenir le produit exportable, c'est-à-dire, dans le cas du houblon, les cônes. On sait que les tiges et les

---

([1]) *Agronomie*, t. IV, p. 100.

feuilles, dans un domaine bien dirigé, restent pour aller aux engrais ou à l'étable.

Un but secondaire de ces recherches a été l'étude de l'assimilation des principaux éléments à diverses phases du développement de la plante; on a, par conséquent, comparé la composition des différents organes à deux époques de la végétation.

Dans les déterminations des matières minérales, à l'occasion des importantes recherches de M. Peligot sur la diffusion de la soude dans les végétaux, on a mis un soin tout particulier à déterminer quelle était la part attribuable à cet alcali, comme élément constitutif, dans les difrentes parties du houblon. J'ai employé, à cet effet, le procédé de séparation de la potasse et de la soude, que M. Schlœsing a récemment décrit (¹).

Une houblonnière située à Wœrth, à la base du Liebfrauenberg (Bas-Rhin), a servi à ces expériences.

Sa contenance est de 38 ares; le nombre de perches est de 1200, dont chacune supporte deux plants; elle reçoit annuellement sept voitures de fumier de ferme ou leur équivalent.

Au mois d'avril, les jeunes pousses commencent à se développer; à cette époque, on bêche tout le sol de la plantation et un peu plus tard on procède à la ligature des plants que l'on continue à mesure que la plante s'allonge, jusqu'à ce qu'elle ait une longueur de 6 à 7 mètres. Vers le milieu du mois de juin a lieu le binage; c'est à cette époque que j'ai fait la première prise d'échantillons. Des plants semblables à ceux que je prélevais étaient marqués et ont servi à la seconde prise d'échantillons, qui a été effectuée en septembre, au moment de la cueillette.

Les dessiccations ont été faites à 110 degrés, à l'étuve ou

(¹) *Comptes rendus des séances de l'Académie des Sciences*, t. LXXIII, p. 1269.

au bain de cire ; le carbone, l'hydrogène, l'oxygène ont été dosés par l'analyse organique ; l'azote par la chaux sodée et l'acide sulfurique titré. Les incinérations ont été opérées dans le moufle à gaz, à la température la plus basse possible.

L'acide phosphorique et la magnésie ont été précipités à l'état de phosphate ammoniaco-magnésien, avec intervention de l'acide citrique (¹), et pesés à l'état de pyrophosphate. La potasse et la soude ont été déterminées de la manière suivante : traitement des cendres par l'acide chlorhydrique ; évaporation à sec ; traitement de la dissolution par l'eau de baryte ; séparation de l'excès de baryte par le carbonate d'ammoniaque ; volatilisation de l'excès de carbonate d'ammoniaque, pesée du mélange de chlorure de potassium et de sodium ; transformation de ces chlorures en perchlorates (²) ; séparation par l'alcool ; transformation du perchlorate de soude en sulfate qu'on pèse après en avoir séparé les traces de magnésie qu'il contient presque toujours. Le poids de la potasse s'obtient par différence (³).

Pour doser l'acide carbonique retenu dans les cendres et échappant par conséquent à l'analyse organique, on a traité les cendres restant dans la nacelle après la combustion par un poids déterminé d'acide antimonique (environ deux

---

(¹) Ce procédé, simple et commode, est très-recommandable ; les résultats qu'il donne sont satisfaisants dans la plupart des cas.

(²) SCHLOESING, Mémoire cité.

(³) J'ai cru devoir apporter cette légère modification au procédé de M. Schlœsing, pour cette raison que le dosage du perchlorate de potasse présente quelquefois des difficultés à cause de la tendance de ce sel à grimper et souvent à déborder la petite capsule de porcelaine dans laquelle on fait le traitement et la pesée. De la manière dont j'opérais, n'ayant pas à peser le perchlorate de potasse, j'ai pu effectuer le traitement dans des capsules assez grandes pour empêcher tout débordement des cristaux. — Je me suis assuré, par quelques expériences synthétiques, que ce procédé de séparation donne d'excellents résultats, comme M. Schlœsing l'a démontré dans son Mémoire.

fois le poids des cendres); le mélange, imbibé d'eau, était
chauffé à 100 degrés; tout l'acide carbonique se dégageait;
après la dessiccation on élevait la température, sans toutefois atteindre le rouge sombre. De cette manière, on
chassait toute l'eau combinée en évitant la décomposition
de l'acide antimonique. La différence de poids donnait
exactement l'acide carbonique contenu dans la matière
minérale. Je crois que ce procédé peut s'employer avec
succès pour doser l'acide carbonique dans les cendres qui
ne contiennent, comme dans le cas du houblon, que des
proportions insignifiantes de chlorures et de sulfates. Il
n'exige que peu de temps et très-peu de matière.

La détermination des surfaces a été faite en étalant quelques feuilles, choisies pour pouvoir représenter la moyenne,
sur du papier qu'on découpait en suivant le bord de la
feuille. Le poids du mètre carré de ce papier étant déterminé, on n'avait qu'à peser les parties découpées pour
trouver la surface qui représentait celle des feuilles.

Le 22 juin, on a procédé à la première prise; on a prélevé deux plants attachés à la même perche; il n'existait
pas encore de branches; les feuilles étaient directement
insérées sur la tige. Les deux plants pesaient 806 grammes,
comprenant 376 grammes de tiges et 430 grammes de
feuilles.

Longueur de la tige, 6 mètres.

Poids des tiges fraîches, 376 grammes; sèches..... 131.25
Matière sèche pour 100 de tiges fraîches......... 34.90

Surface des deux tiges........................... $29,6$ dc
Surface des feuilles, les deux faces.............. $375,7$

Surface des deux plants, fonctionnant dans l'atmosph. $405,3$

Composition des tiges (¹).

	Pour la perche en expérience.	Pour 100 de tige	
		fraiche.	sèche.
Eau.................	244,5o^{gr}	64,98^{gr}	»^{gr}
Carbone.............	63,31	16,84	48,2o
Hydrogène..........	7,66	2,04	5,81
Oxygène............	55,7o	14,8o	42,2o
Azote..............	1,729	0,46o	1,317
Acide phosphorique....	0,628	0,167	0,478
Magnésie...........	0,586	0,156	0,447
Potasse............	1,517	0,4o3	1,155
Soude.............	0,012	0,003	0,009
Matières minér. non dét.	0,358	0,151	0,384
	376,000	100,000	100,000

(¹)   *Dosage du carbone et de l'hydrogène.*

Matière brûlée. $0,439^{gr}$ = matière sèche. $0,4o3^{gr}$ + eau hygrom. $0,036^{gr}$

Obtenu : cendres, $0,0123$, contenant CO^2 $0,0038^{gr}$

Eau.. $0,248^{gr}$ — eau hygrom....... $0,036^{gr}$ = HO $0,212^{gr}$ = H $0,02355^{gr}$
CO^2.. $0,709$ + CO^2 des cendres... $0,0038$ = CO^2 $0,7128$ = C $0,1944$

Dosage de l'azote.

Matière sèche employée. $0,4352^{gr}$

Titre de l'acide : avant. $26,3^{cc}$ (10 centim. cubes acide = $0,0175^{gr}$ d'azote.)
—   après.. $11,4$
$14,9$ = Azote $0,00573^{gr}$.

Dosage de la potasse, de la soude, de l'acide phosphorique et de la magnésie.

Matière sèche incinérée.... $44,4^{gr}$

Obtenu : Chlorures de potass. et de sodium.... $0,820^{gr}$

Sulf. de soude. $0,009^{gr}$ = Chlor. de sod. $0,008$ = Soude.. $0,0039^{gr}$
Chlorure de potassium.. .... $0,812$ = Potasse. $0,5130$

Liqueur contenant l'acide phosphorique et la magnésie, 463 centimètres cubes, divisée en 2 parties.

Pour ac. phosph. 25o^{cc}; pyrophosph. de magn. $0,181$ = Ac. phosph. $0,1147^{gr}$
Pour les 44^{gr},4....   » $0,2124$
Pour magnésie 213; pyrophosph. de mag. $0,249$ = Magnésie.. $0,0912^{gr}$
Pour les 44^{gr},4.. . .   » $0,1983$

Poids des feuilles fraîches, 430 grammes; sèches.. 107,1 gr

Matière sèche pour 100 de feuilles fraîches...... 24,90

Composition des feuilles (¹).

	Pour la perche en expérience.	Pour 100 de feuilles	
		fraîches.	sèches.
	gr	gr	gr
Eau.................	322,93	75,10	»
Carbone............	47,24	10,99	44,11
Hydrogène...........	5,57	1,29	5,20
Oxygène.........	36,32	8,45	33,91
Azote...............	4,631	1,077	4,326
Acide phosphorique.....	1,126	0,262	1,051
Magnésie.............	1,336	0,311	1,248
Potasse..............	1,375	0,320	1,284
Soude...............	0,004	0,001	0,004
Matières min. non déterm.	9,468	2,199	8,867
	430,000	100,000	100,000

(¹) *Dosage du carbone et de l'hydrogène.*

Matière brûlée. 0,445 gr = Matière sèche. 0,401 gr + eau hygrom. 0,044 gr

Obtenu : cendres. 0,0675, contenant CO² 0,0175 gr.

Eau.. 0,235 gr — eau hygrom...... 0,044 gr = HO 0,188 gr = H 0,02089 gr

CO².. 0,631 + CO² des cendres.. 0,0175 = CO² 0,6485 gr = C 0,1769 gr

Dosage de l'azote.

Matière sèche employée... 0,4338 gr ; 2 pipettes d'acide.

Titre de l'acide : avant.. 26,3 cc

   —   après.. 24,4

              1,9

    + 26,3

        28,2 = Azote.. 0,01876 gr

Dosage de la potasse, de la soude, de l'acide phosphorique et de la magnésie.

Matière sèche incinérée..... 44,21 gr

Obtenu : Chlorures de potass. et de sodium... 0,9020 gr

Sulf. de soude. 0,004 gr = Chlor. de sod. 0,0035 = Soude.. 0,00175 gr

Chlorure de potassium....... 0,8985 = Potasse. 0,5677

Liqueur contenant l'acide phosphorique et la magnésie, 443 centimètres cubes, divisée en 2 parties.

Pour ac. phosph. 250 cc; pyrophosph. de magn. 0,414 gr = Ac. phosph. 0,2623 gr

          Pour les 443 gr, 21...... » 0,4648

Pour magnésie 193; pyrophosph. de magn. 0,656 = Magnésie.. 0,2403

          Pour les 443 gr, 21..... » 0,5516

Composition d'un plant le 22 juin.

Eau...........................	283,83[gr]
Carbone.......................	55,27
Hydrogène.....................	6,61
Oxygène.......................	46,04
Azote.........................	3,180
Acide phosphorique............	0,877
Magnésie......................	0,961
Potasse.......................	1,446
Soude.........................	0,008
Matières minérales non déterminées...	4,778
	403,000

Partant de cette composition, on trouve que le 22 juin les matières assimilées étaient :

	Pour les 2400 plants de la parcelle cultivée de 38 ares.	Pour les 6316 plants que contiendrait un hectare.
	kil	kil
Eau...........................	681,192	1792,670
Carbone.......................	132,648	349,085
Hydrogène.....................	15,864	41,749
Oxygène.......................	110,496	290,789
Azote.........................	7,632	20,083
Acide phosphorique............	2,987	7,860
Magnésie......................	3,354	8,826
Potasse.......................	4,548	11,967
Soude.........................	0,022	0,059
Matières minérales non déterminées.	8,457	22,260
	967,200	2545,348

Il y avait donc eu, pendant la période de végétation comprise entre le commencement d'avril, époque à laquelle les bourgeons apparaissent, et le 22 juin, époque de la prise d'échantillons, environ quatre-vingt-deux jours, une assimilation moyenne par jour :

	Pour un plant.	Pour les plants d'un hectare.
	gr	kil
Carbone	0,674	4,257
Azote.	0,039	0,246
Acide phosphorique. . .	0,011	0,069
Matière sèche.	1,453	8,177

Les 4^{kil},257 de carbone, assimilés par jour sur un hectare, proviennent de 15^{kil},609 d'acide carbonique, qui représentent un volume de 7^{mc},895 de ce gaz, c'est-à-dire l'acide carbonique contenu normalement dans 19738 mètres cubes d'air.

Le 17 septembre, on a procédé à la deuxième prise ; on a prélevé deux plants attachés à la même perche. Les tiges avaient des ramifications nombreuses, portant les feuilles et les cônes. Les deux plants pesaient 5^{kil},236, comprenant 1^{kil},158 de tiges, 943 grammes de branches, 955 grammes de feuilles et 2^{kil},180 de cônes.

Les tiges avaient une longueur de 11^{m},1.

		dc
Surface des tiges		55,50
Surface des branches.		64,78
Surface des feuilles, les deux faces.		1,050,58
Surface fonctionnant dans l'atmosphère,		———
les cônes exceptés.		1,170,86

		gr
Poids des tiges fraîches, 1^{kil},158 ; sèches. . .		432,5
Matière sèche pour 100 de tiges fraîches. . . .		38,21
Poids des branches fraîches, 943 gr. ; sèches. .		351,7
Matière sèche pour 100 de branches fraîches.		37,29

Composition des tiges et branches (¹).

	De la perche en expérience.	Pour 100 de tiges et branches	
		fraîches.	sèches.
Eau................	1316,80	62,67	»
Carbone	381,36	18,15	48,63
Hydrogène..	47,37	2,26	6,04
Oxygène............	336,11	16,00	42,86
Azote..............	7,758	0,369	0,989
Acide phosphorique....	1,807	0,086	0,230
Magnésie............	2,294	0,109	0,293
Potasse.............	4,095	0,194	0,522
Soude..............	0,055	0,003	0,007
Matières min. non déterm.	3,351	0,159	0,429
	2101,000	100,000	100,000

(¹) **Pris des parties proportionnelles de tiges et de branches.**

Dosage du carbone et de l'hydrogène.

Matière brûlée. $0,444$ = Matière sèche. $0,4061$ + eau hygrom. $0,0379$

Obtenu : cendres. $0,0085$ contenant. CO^2 $0,0025$.

Eau.. $0,2590$ — eau hygrom..... $0,0379$ = HO $0,2211$ = H $0,02456$
CO^2.. $0,7215$ + CO^2 des cendres.. $0,0025$ = CO^2 $0,7240$ = C $0,1975$

Dosage de l'azote.

Matière sèche employée. $0,4573$

Titre de l'acide : avant.. 26,3
— après.. 19,7

6,6 = Azote. $0,00452$

Dosage de la potasse, de la soude, de l'acide phosphorique et de la magnésie.

Matière sèche incinérée. 156,8

Obtenu : Chlorures de potassium et de sodium. 1,212

Sulf. de soude. $0,013$ = Chlor. de sod. $0,011$ = Soude.. $0,0057$

Chlorure de potassium..... 1,201 = Potasse. 0,8190

Liqueur contenant l'acide phosphorique et la magnésie, 320 centimètres cubes, divisée en deux parties.

Pour ac. phosph. 170 ; pyrophosph. de magn. $0,303$ = Ac. phosph. 0,192
Pour les 156gr,8,.... » 0,3614
Pour magnésie 150 ; pyrophosph. de magn. $0,550$ = Magnésie... 0,2015
Pour les 156gr,8..... » 0,4587

Les feuilles ont été divisées en trois catégories, suivant leur grandeur :

1º Feuilles à pétiole inséré sur la tige, grandes, commençant à se faner :

Poids des feuilles fraîches, 315 grammes; sèches. 118^{gr},1

Matière sèche, pour 100 de feuilles fraîches... 37,5

2º Feuilles à pétiole inséré sur les branches, moins grandes, encore en pleine végétation :

Poids des feuilles fraîches, 165 grammes; sèches. 56^{gr},8

Matière sèche, pour 100 de feuilles fraîches.... 34,4

3º Feuilles insérées à la base du pédoncule portant la fleur, petites, vertes et tendres :

Poids des feuilles fraîches, 475 grammes; sèches. 154^{gr},5

Matière sèche, pour 100 de feuilles fraîches.... 32,5

Poids total des feuilles fraîches, 955^{gr}; sèches. 329,4

Composition des feuilles [1]

	De la perche en expérience.	Pour 100 de feuilles	
		fraiches.	sèches.
Eau................	625,60	65,51	»
Carbone...........	143,92	15,07	43,69
Hydrogène.........	16,37	1,71	4,97
Oxygène...........	124,51	13,04	37,80
Azote..............	7,699	0,701	2,337
Acide phosphorique....	0,984	0,103	0,299
Magnésie...........	2,639	0,276	0,801
Potasse............ ..	2,755	0,288	0,836
Soude	0,041	0,004	0,013
Matières min. non déterm.	30,482	3,298	9,254
	955,000	100,000	100,000

[1] Pris des parties proportionnelles de chaque catégorie de feuilles.

Dosage du carbone et de l'hydrogène.

Matière brûlée. $0,4935 =$ Matière sèche. $0,4390 +$ eau hygrom. $0,0545$

Obtenu : cendres. $0,0655$ contenant CO_2. $0,0163$.

Eau. $0,251 -$ eau hygrom .... $0,0545 = HO$ $0,1965 = H.0,02183$
CO_2. $0,687 + CO_2$ des cendres. $0,0163 = CO_2$ $0,7033 = C.0,1918$

Dosage de l'azote.

Matière sèche employée.. $0,3558$

Titre de l'acide : avant. $26,3$
après.. $13,8$

$12,5 =$ Azote. $0,00834$

Dosage de la potasse, de la soude, de l'acide phosphorique et de la magnésie.

Matière sèche incinérée. $65,9$

Chlorures de potassium et de sodium....... $1,0550$

Sulfate de soude. $0,019 =$ Chlorure de sod. $0,0156 =$ Soude.. $0,0083$

Chlorure de potassium......... $1,0394 =$ Potasse. $0,551$

Liqueur contenant l'acide phosphorique et la magnésie, 575 centimètres cubes divisés en 2 parties.

Pour ac. phosph. 300 ; pyrophosph. de magn. $0,162 =$ Ac. phosph. $0,1026$
Pour les 65^{gr},9... » $0,1967$
Pour magnésie 275 ; pyrophosph. de magn. $0,680 =$ Magnésie.. $0,2524$
Pour les 65^{gr},9.... » $0,5278$

Cônes, le 17 septembre, au moment de la cueillette :

Poids des cônes frais, 2^{kil}, 180; secs........ 553,6 ^{gr}
Matière sèche, pour 100 de cônes frais...... 25,39

Composition des cônes [1]

	De la perche en expérience.	Pour 100 de cônes.	
		frais.	secs.
Eau.................	1626,40 ^{gr}	74,61	»
Carbone............	305,75	14,02	55,23
Hydrogène	36,21	1,66	6,54
Oxygène............	176,32	8,09	31,85
Azote..............	13,409	0,615	2,422
Acide phosphorique....	4,397	0,202	0,794
Magnésie............	2,779	0,128	0,502
Potasse.............	6,392	0,293	1,155
Soude..............	0,049	0,002	0,009
Matières min. non déterm.	8,294	0,380	1,498
	2180,000	100,000	100,000

[1] *Dosage du carbone et de l'hydrogène.*

Matière brûlée. 0,2295 ^{gr} = Matière sèche. 0,2017 ^{gr} + eau hygrom. 0,0278 ^{gr}

Obtenu : cendres. 0,0115 ^{gr}, contenant CO^2. 0,0035 ^{gr}

Eau. 0,1465 − eau hygrom...... 0,0278 ^{gr} = HO 0,1187 ^{gr} = H 0,01319 ^{gr}
CO^2. 0,4050 + CO^2 des cendres... 0,0035 = CO^2 0,4085 = C 0,1114

Dosage de l'azote.

Matière sèche employée. 0,3516 ^{gr}

Titre de l'acide : avant. 26,3 ^{cc}
après. 13,5
——
12,8 = Azote. 0,00852 ^{gr}

Dosage de la potasse, de la soude, de l'acide phosphorique et de la magnésie.

Matière sèche incinérée.. 89,0 ^{gr}

Chlorures de potassium et de sodium...... 1,6420 ^{gr}

Sulfate de soude. 0,018 ^{gr} = Chlorure de sod. 0,0156 = Soude... 0,0079 ^{gr}

Chlorure de potassium.......... 1,6264 = Potasse.. 1,0276

Liqueur contenant l'acide phosphorique et la magnésie, 275 centimètres cubes, divisée en 2 parties.

Pour ac. phosph. 200 ^{cc}; pyrophosph. de magn. 0,595 ^{gr} = Ac. phosph. 0,3776 ^{gr}
Pour les 89 grammes. » 0,7069
Pour magnésie 175; pyrophosph. de magn. 0,569 = Magnésie 0,2085
Pour les 89 grammes » 0,4467

Composition d'un plant, le 17 septembre (tiges, branches, feuilles et cônes).

Eau.........................	1784,40
Carbone....................	415,51
Hydrogène..................	49,96
Oxygène....................	318,46
Azote......................	14,430
Acide phosphorique..........	3,594
Magnésie...................	3,856
Potasse....................	6,620
Soude......................	0,072
Matières minérales non déterminées.	25,098
	2618,000

Partant de cette composition, on trouve que, le 17 septembre, les éléments assimilés étaient :

	Pour les 2400 plants de la parcelle cultivée de 38 ares. kil	Pour les 6316 plants que contiendrait 1 hectare. kil
Eau...............	4282,560	11270,270
Carbone............	997,224	2624,361
Hydrogène.........	119,904	315,547
Oxygène...........	764,304	2011,393
Azote	34,633	91,141
Acide phosphorique...	8,625	22,699
Magnésie...........	9,254	24,352
Potasse	15,888	41,812
Soude.............	0,173	0,455
Matières minérales non déterminées	50,635	133,278
	6283,200	16535,288

Dans la seconde période de végétation, du 22 juin au 17 septembre, comprenant quatre-vingt-quatre jours, et

s'arrêtant à l'époque de la cueillette, il y avait eu une assi
milation moyenne par jour :

	Pour un plant.	Pour les plants d'un hectare.
Carbone	4,290 gr	27,087 kil
Azote.	0,134	0,846
Acide phosphorique.	0,032	0,177
Matière sèche.	8,600	53,718

Les 27^{kil},087 de carbone, assimilés chaque jour sur
1 hectare, correspondent à un volume de 64^{mc},955 d'acide
carbonique, représentant la quantité de ce gaz que contiennent normalement 162,389 mètres cubes d'air.

Si nous comparons l'assimilation journalière de la
première période à celle de la seconde, nous trouvons
qu'elle est bien plus énergique dans cette dernière. Cela
tient évidemment à ce que la surface de la plante fonctionnant dans l'atmosphère est devenue bien plus considérable. La quantité de matière fixe, assimilée par jour et
pouvant, jusqu'à un certain point, servir de mesure à la
force végétative, paraît être proportionnelle à la surface
que présente la plante, une plus grande surface pouvant
enlever à l'atmosphère une plus grande quantité de carbone
et, en même temps, par une évaporation plus abondante,
attirer dans la plante une plus grande quantité des principes contenus dans la terre.

Si nous comparons, en effet, les surfaces moyennes pendant les deux périodes aux quantités moyennes de matière
sèche fixée par jour, nous trouvons un rapport très-sensi-
blement égal.

Ce rapport n'est cependant pas le même pour toutes les
substances assimilées, et il ressort de ces expériences que
dans les premiers temps de la végétation du houblon la
matière fixée contient une bien plus grande proportion des
principes dits fertilisants, tels que l'azote, l'acide phosphorique, la potasse, qu'à une époque plus avancée de la vie

de la plante. Ainsi, dans la seconde période, l'assimilation journalière a été en matière sèche 6.1 et en carbone 6.4 fois plus grande que dans la première, tandis que pour l'azote elle n'a été que 3.4 et pour l'acide phosphorique 3.0 fois plus grande.

Nous remarquons encore qu'à l'époque où la fleur, les cônes, ont acquis tout leur développement, les feuilles et les tiges sont devenues bien plus pauvres en azote, en acide phosphorique, en potasse, ces principes s'étant portés sur la fleur qui en contient une quantité considérable. Ce fait a lieu habituellement à la maturation des fruits, et il est intéressant de le constater pour la fleur.

La soude, que j'ai déterminée avec un grand soin, se présente dans les différents organes en quantité si faible qu'on peut considérer son rôle comme nul dans le développement du houblon. La plus forte proportion qu'on ait rencontrée (dans les feuilles de deuxième prise) atteint à peine $\frac{1}{70}$ de la potasse. Dans les autres parties de la plante, cette proportion est bien plus faible encore, variant de $\frac{1}{100}$ à $\frac{1}{300}$ de la potasse. L'engrais qu'avait reçu la terre contenait cependant notablement de sel marin. Ces expériences prouvent que la soude peut être complétement négligée dans les amendements qu'on donne à la houblonnière.

Abordant maintenant la partie de ce travail qui intéresse plus spécialement l'économie rurale, et ne considérant que les principes que l'on doit fournir au sol, sous forme de fumier, pour obtenir une culture avantageuse, nous trouvons que sur 1 hectare les plants de **houblon** enlèvent à la terre :

Azote.	Acide phosphorique.	Magnésie.	Potasse.
kil	kil	kil	kil
91,141	22,699	24,352	41,812

La partie exportée du domaine, les cônes, contiennent :

42,347	13,886	8,775	20,185

Il reste donc dans le domaine :

48,794	8,813	15,577	21,627

En prenant pour type de l'engrais le fumier de ferme, avec la composition que lui a trouvée M. Boussingault ([1]), nous remarquons que les plants venus sur 1 hectare ont assimilé pendant leur développement l'azote provenant de 18 244 kilogrammes de fumier ([2]). Pour fournir la potasse, il en aurait fallu 10 223 kilogrammes, pour la magnésie 6617 kilogrammes, et pour l'acide phosphorique seulement 3161 kilogrammes.

Les 18 244 kilogrammes représentent le minimum de fumier à donner annuellement à la terre. Dans la pratique, on dépasse notablement cette quantité; ainsi dans la culture qui sert de base à ces recherches l'hectare en recevait 18 voitures $\frac{1}{2}$, environ 23 000 kilogrammes.

Il résulte de ces comparaisons qu'on doit surtout rechercher, pour la culture du houblon, des engrais riches en azote, cet élément étant assimilé dans une plus forte proportion que les autres. Aussi voit-on avec succès employer comme amendement dans les houblonnières les matières animales constituant les déchets de certaines industries.

On remarque encore que, quand on se sert du fumier de ferme, une quantité très-considérable de potasse, de magnésie et surtout d'acide phosphorique, s'accumulent dans la terre, et sont ainsi sinon perdus, du moins rendus inactifs pendant une période qui peut être assez longue. Ce fait est d'autant plus regrettable que le houblon ne se prête pas à la rotation, sa mise en culture étant très-dispendieuse.

Enfin, en ne considérant que les cônes, seule partie dé-

([1]) *Agronomie*, t. IV, p. 120.
([2]) Nous considérons l'azote introduit dans la terre par les engrais comme étant la seule source de l'azote assimilé, l'ammoniaque et les composés nitrés existant dans l'atmosphère étant en proportion trop faible pour être pris en considération dans ce travail. Nous n'admettons pas une autre origine de l'azote assimilable

finitivement exportée du domaine, on voit qu'ils ne contiennent qu'environ la moitié des principes essentiels que la plante avait enlevés à la terre. Il résulte de cette discussion que le houblon est loin de consommer tout le fumier dont il a besoin pour se développer, une grande partie des éléments fertilisants de ce fumier restant acquise à la terre, une autre partie très-considérable se retrouvant dans les tiges et les feuilles et retournant aux engrais.

C'est donc réellement une avance d'engrais que fait l'agriculteur, et c'est à tort qu'il regarde comme entièrement sacrifiée la fumure qu'il donne à la houblonnière.

Ce travail se rapporte à l'année 1870, année moyenne au point de vue de la production du houblon. La houblonnière, dans la quatrième année de sa culture, était dans une période de végétation normale. On ne peut cependant appliquer les chiffres obtenus qu'à l'année à laquelle ils se rapportent, la quantité de récolte étant loin d'être constante et pouvant varier du simple au décuple et au delà, suivant les influences météorologiques.

Les résultats de ces recherches n'en remplissent pas moins le but que je m'étais proposé, de prouver que le houblon rentrait dans la classe des cultures qui, tout en exigeant des quantités d'engrais considérables, n'en enlèvent cependant au domaine qu'une fraction relativement faible.

La culture du houblon étant une branche importante de l'agriculture dans certaines contrées, et tendant à prendre plus d'extension d'année en année, ce travail peut avoir quelque intérêt pratique. J'eusse désiré y joindre un tableau donnant le rendement, les frais de culture, le bénéfice réalisé; mais mes observations n'embrassent pas un nombre d'années assez considérable pour pouvoir en tirer des moyennes rationnelles. M. Boussingault a, du reste, donné un tableau de ce genre dans l'*Économie rurale*.

SUR

LA FERMENTATION DES FRUITS.

TROISIÈME PARTIE.

FERMENTATION DES MYRTILLES.

Les myrtilles, raisins des bois, sont les baies de l'airelle (*vaccinium*), petit arbrisseau très-commun dans les forêts du Nord. On en connaît plusieurs variétés. Celles des montagnes boisées des Vosges portent un fruit oblong généralement bleu violet, d'une saveur sucrée. Cette plante fleurit au commencement du printemps, avant le complet développement des feuilles ; les fruits mûrissent au milieu de l'été, et comme la maturation a lieu successivement, suivant les expositions, la cueillette se prolonge jusqu'en automne.

Les populations forestières tirent un grand parti des baies de l'airelle comme aliment sucré ; aux États-Unis on en fait des confitures sèches d'une facile conservation. En Europe, dans la Forêt-Noire, les baies sont mises à fermenter pour en retirer de l'eau-de-vie.

Pour connaître la nature du principe sucré des myrtilles, on a soumis des baies à la presse : le jus, d'un bleu très-foncé, a été traité par une solution de sous-acétate de plomb. Le précipité, très-abondant, séparé par le filtre, avait retenu toute la matière colorante. Dans le jus décoloré on a fait passer un courant d'acide sulfhydrique pour enlever le plomb ajouté en excès. Par la liqueur cupropotassique on a dosé dans 100 centimètres cubes de jus 8 grammes de sucre réducteur ; on a constaté l'absence de sucre interversible.

V.   6

Sur une épaisseur de 2 décimètres, à la température de 20 degrés, le jus de myrtilles a dévié le plan de la lumière polarisée de $4°,6$ vers la gauche.

On a, pour le pouvoir rotatoire du sucre dissous,

$$-4°,6 \times \frac{100}{16} = -28°,7$$

Correction pour la température... $\frac{1,9}{-26,8}$

C'est, à peu de chose près, le pouvoir rotatoire du sucre interverti à la température de 15 degrés.

Le 12 août 1868, on a introduit dans un flacon tubulé en relation avec une cuve à mercure $9^{kil},4865$ de baies de myrtilles; la fermentation devint apparente le 17 et continua sans interruption, mais très-lentement. Le gaz acide carbonique se dégageait par intermittence, par secousse, bien que la pression de mercure qu'il eût à vaincre n'excédât pas 5 millimètres. A partir du 1er septembre, l'émission du gaz était peu prononcée eu égard au poids des fruits contenus dans l'appareil. Le 16 septembre, on considéra la fermentation comme terminée. Dans les dernières vingt-quatre heures, on ne recueillit que 100 centimètres cubes de gaz entièrement absorbable par la potasse.

Les myrtilles n'étaient pas recouvertes de liquide; les baies avaient conservé leur forme; celles qui se trouvaient en contact avec le jus fermenté étaient d'un rouge vif. On ne voyait aucune trace de moisissure. Le flacon ouvert, il s'en échappa une odeur vineuse. Le suc fermenté était légèrement acide et d'une saveur styptique.

Examen des myrtilles.

100 grammes des baies mises à fermenter ont été broyés avec de l'eau, de manière que les parties solubles fussent renfermées dans un litre de liquide A.

Dosage du sucre réducteur.

Dans 100 grammes de myrtilles, dosé : sucre, 6^{gr},31 [1].

Le dosage par la liqueur cupropotassique a été exécuté après la décoloration du liquide par le noir animal.

Acidité. — Dans 100 grammes de myrtilles, dosé : 6^{gr},78 d'acide exprimé en SO^3,HO [2].

Myrtilles après fermentation.

Le produit fermenté, versé sur une passette, a, par une légère pression, laissé écouler 6^{lit},025 d'un liquide rouge d'une densité de 1012 à la température de 19 degrés. La pulpe restée sur la passette a pesé 3^{kil},069.

Liquide fermenté.

La liqueur cupropotassique liquide n'a pas indiqué de sucre réducteur.

Alcool. — Dans 300 centimètres cubes de liqueur, dosé : alcool en volume, 11^{cc},1 (température 15 degrés) [3].

Acidité. — Dans 100 centimètres cubes de liqueur fermentée, dosé : 0^{gr},760 d'acide exprimé en SO^3HO [4].

---

[1] 20 centimètres cubes de liqueur cupropotassique décolorés par 0^{gr},106 de sucre réducteur.

20 centimètres cubes de liqueur cupropotassique décolorés par 16^{cc},8 du liquide A.

[2] 0^{gr},06125 SO^3HO saturés par 28^{cc},9 d'eau de chaux.

10 centimètres cubes du liquide A, après expulsion de CO^2, ont été saturés par 3^{cc},2 d'eau de chaux.

[3] 300 centimètres cubes du liquide fermenté soumis à la distillation. Retiré 100 centimètres cubes marquant 11°,1 à l'alcoomètre; température 15 degrés.

[4] 0^{gr},06125 SO^3HO saturés par 28^{cc},9 d'eau de chaux.

10 centimètres cubes du liquide fermenté, après expulsion de CO^2, saturés par 35^{cc},8 d'eau de chaux.

6.

Pulpe fermentée.

300 grammes de pulpe ont été broyés avec de l'eau pour faire passer les parties solubles dans un litre de liquide B.

Alcool. — Dans 300 centimètres cubes du liquide B, dosé : alcool en volume, $2^{cc},3$ (température 15 degrés);

Dans 1 litre : alcool en volume, $7^{cc},7$; en poids, $6^{gr},114$;

Dans 300 grammes de pulpe dont les matières solubles étaient contenues dans un litre du liquide B : alcool, $6^{gr},114$;

Dans 1 kilogramme de pulpe : alcool, $20^{gr},40$ ([1]).

Acidité. — Dans 300 grammes de pulpe, dosé : $1^{gr},866$ d'acide exprimé en $SO^3 HO$;

Dans 1 kilogramme de pulpe : acide, $6^{gr},22$ ([2]).

Résumé des dosages.

Dans 100 de myrtilles : sucre réducteur, $6^{gr},31$. Acide exprimé en $SO^3 HO$, $6^{gr},78$;

Dans 1 litre de jus fermenté pesant 1012 grammes : sucre réducteur, 0 gramme; alcool en poids, $29^{gr},38$; acide exprimé en $SO^3 HO$, $7^{gr},60$;

Dans 100 grammes de pulpe : alcool, $2^{gr},04$; acide exprimé en $SO^3 HO$, $0^{gr},622$.

Mis à fermenter le 12 août 1869, myrtilles. . . . . . . $9486,5^{gr}$

Après fermentation, le 16 septembre, retiré :

Liquide, $6^{lit},025$; densité, 1012; poids. . $6097,3^{gr}$ ⎫
Pulpe. . . . . $3069,0$ ⎬ $9166,3$

Perte pendant la fermentation. . . . . $320,2$

([1]) 300 centimètres cubes du liquide B distillés : retiré 100 centimètres cubes marquant $2^{cc},3$ à l'alcoomètre; température 15 degrés.

([2]) $0^{gr},06125$ $SO^3 HO$ saturés par $28^{cc},9$ d'eau de chaux.
10 centimètres cubes du liquide B, après expulsion de CO^2, saturés par $8^{cc},8$ d'eau de chaux. Dans 1 litre du liquide B renfermant les matières solubles de 300 grammes de pulpe acide, $1^{gr},866$.

	Alcool.	Acide.
	gr	gr
Dans les 6^{lit},025 de liquide fermenté...	177,02	45,79
Dans les 3069 grammes de pulpe......	62,61	19,09
Dans le produit de la fermentation.....	239,63	64,88

Résumé de l'expérience.

	Poids.	Sucre.	Alcool.	Acide exprimé en SO^3 HC.
	gr	gr	gr	gr
Myrtilles........	9486,5	598,60	0,0	64,32
Après fermentation	9166,3	0,0	239,63	64,88
Différence.....	—320,2	—598,60	+239,63	+00,56

Le sucre réducteur disparu aurait dû donner 305^{gr},9 d'alcool : on en a obtenu 239^{gr},63, les $\frac{78}{100}$.

Les 239^{gr},6 de l'alcool produit représentent une émission de 229^{gr},3 de gaz acide carbonique; la perte de poids constaté après la fermentation a été 320^{gr},2. Il n'y a pas eu d'augmentation bien prononcée dans la proportion d'acide.

FERMENTATION DU VIN BLANC DES VIGNES DE LAMPERTSLOCH.

En septembre 1868, on a pris dans la cuve, pendant le foulage du raisin, 9 litres de moût trouble, mais dont on avait séparé les rafles, les pellicules et les pepins, en faisant passer le liquide à travers un panier d'osier. En cet état le moût avait une densité de 1079,5 à la température de 17 degrés. Ce moût trouble tenait en suspension des matières que l'on devait retrouver dans la lie après la fermentation. Les 9 litres de moût trouble pesaient, d'après la densité, 9715^{gr},5.

Pour faire le dosage du sucre et de l'acide, on a été obligé de filtrer le liquide. Dosé :

Sucre. — Dans 100 centimètres cubes de moût : sucre réducteur, $18^{gr},761$ [1].

On a reconnu l'absence de sucre interversible.

Acidité. — Dans 100 centimètres cubes de moût : acide exprimé en $SO^3 HO$, $0^{gr},442$ [2].

Le moût a été mis dans un flacon muni d'un tube dont l'extrémité plongeait dans du mercure.

Le 25 septembre, le dégagement du gaz acide carbonique commença; il devint bientôt très-abondant.

Le 26, on prit 169 centimètres cubes de moût pour l'examiner.

Densité. — 1032, à la température de 18 degrés.

Sucre. — Dans 100 centimètres cubes, dosé : sucre réducteur, $7^{gr},571$ [3].

Acidité. — Dans 100 centimètres cubes, dosé : acide exprimé en $SO^3 HO$, $0^{gr},514$ [4].

On n'a pas dosé l'alcool.

Le 29 septembre, le dégagement du gaz acide carbonique

---

[1] 20 centimètres cubes de liqueur cupropotassique réduits par sucre interverti $0^{gr},106$.

20 centimètres cubes de liqueur cupropotassique réduits par $0^{cc},565$ de moût.

[2] $0^{gr},06125$ — $SO^3 HO$, saturés par eau de chaux $28^{cc},9$.

$4^{cc},5$ de moût, privé de CO^2, saturés par eau de chaux, $9^{cc},4$ d'eau de chaux.

[3] 20 centimètres cubes de liquide cupropotassique, réduits par sucre interverti $0^{gr},106$.

20 centimètres cubes de la même liqueur réduits par $1^{cc},4$ du moût en fermentation.

[4] $0^{gr},06125$ saturés par $28^{cc},9$ d'eau de chaux.

$8^{cc},9$ du moût en fermentation, après expulsion de CO^2, saturés par $21^{cc},6$ d'eau de chaux.

avait diminué depuis le 26; on préleva 400 centimètres cubes du liquide en fermentation.

Densité. — 1006, à la température de 20 degrés.

Sucre. — Dans 100 centimètres cubes de moût en fermentation, dosé : sucre réducteur, $2^{gr},466$ [1].

Acidité. — Dans 100 centimètres cubes, dosé : acide exprimé en $SO^3 HO$, $0^{gr},524$ [2].

Alcool. — Dans 100 centimètres cubes, dosé : alcool en volume, $9^{cc},47$; en poids, $7^{gr},519$ [3].

Le 1er octobre, le dégagement du gaz acide carbonique avait cessé.

Le 2, le ferment était déposé; le vin éclairci, d'un jaune paille, on en prit 300 centimètres cubes pour les essais.

Densité. — 995, à la température de $18^0,1$.

Sucre. — En opérant sur 20 centimètres cubes de vin, la réduction de la liqueur cupropotassique fut à peine appréciable.

Acidité. — Dans 100 centimètres cubes de vin, dosé : acide exprimé en $SO^3 HO$, $0^{gr},531$ [4].

Alcool. — Dans 100 centimètres cubes de vin, dosé : alcool en volume (température, 15 degrés), $10^{cc},93$; en poids, $8^{gr},678$ [5].

---

[1] $4^{cc},3$ du moût ont réduit 20 centimètres cubes de liqueur cupropotassique = sucre $0^{gr},106$.

[2] 10 centimètres cubes du moût, après expulsion de CO^2, saturés par 24 centimètres cubes d'eau de chaux.
28 centimètres cubes d'eau de chaux saturant $0^{gr},06125$ de $SO^3 HO$.

[3] Distillé 150 centimètres cubes de moût en fermentation. Retiré 50 centimètres cubes marquant $28^0,4$ à l'alcoomètre; température 15 degrés.

[4] $0^{gr},06125$ $SO^3 HO$ saturés par eau de chaux $27^{cc},8$.
10 centimètres cubes du vin, après expulsion de CO^2, saturés par eau de chaux $24^{cc},1$.

[5] Distillé 300 centimètres cubes de vin, retiré 100 centimètres cubes marquant $32^0,8$ à l'alcoomètre, à la température de 15 degrés.

Résumé des dosages.

Moût, 23 septembre :

	Poids.	Sucre réducteur.	Alcool.	Acide exprimé en SO³HO.
Dans 1 litre pesant.	1079,55^{gr}	187,61^{gr}	»^{gr}	4,42^{gr}
Dans 1 kilogramme.	»	173,79	»	4,09

26 septembre :

Dans 1 litre pesant.	1032,0	75,71	non dosé	5,14
Dans 1 kilogramme.	»	73,36	»	4,98

29 septembre :

Dans 1 litre pesant.	1006,0	24,66	75,19	5,24
Dans 1 kilogramme.	»	24,51	74,86	5,21

2 octobre :

Dans 1 litre pesant.	995,0	traces	86,78	5,31
Dans 1 kilogramme.	»	»	87,26	5,34

Le 23 septembre, le moût mis à fermenter pesait 9715^{gr},5.

Le 2 octobre, le vin retiré du flacon a pesé.... 7900,7^{gr}

Prélevé pour les dosages :

Le 26 septembre..	169,0^{cc}	pesant..	174,4^{gr}	
Le 29 septembre..	400,0	» ..	402,4	
Le 2 octobre.....	500,0	» ..	477,5	
			1054,3	1054,3^{gr}

Le vin aurait pesé...................... 8955,0

Moût mis à fermenter.................. 9715,5

Perte........................... 760,5

Résumé de l'expérience.

	Poids.	Sucre réducteur.	Alcool.	Acide exprimé en SO^3HO.
Moût..........	9715,5 gr	1688,46 gr	0,0 gr	39,74 gr
Après fermentation	8955,0	traces	781,41	47,82
Différence.....	−760,5	−1688,46	+781,41	+8,08

Les 1688gr,46 du sucre disparu devaient donner, d'après la formule, 862gr,60 d'alcool; on en a obtenu 781,41, près des $\frac{91}{100}$.

L'alcool produit représente 747m,8 d'acide carbonique dégagé pendant la fermentation; la perte a été de 760gr,5.

Si l'on compare, à deux périodes de la fermentation, le poids de l'alcool produit au poids du sucre disparu, on constate la même différence, à très-peu près, entre l'alcool obtenu et l'alcool calculé d'après la formule de Lavoisier. Rapportant à un litre, on a :

Première période :

	Sucre réducteur.	Alcool.	Acide exprimé en SO^3HO.
23 septembre, moût....	187,61 gr	0,0 gr	4,42 gr
29 septembre.........	24,66	75,19	5,24
Différence........	− 162,95	+ 75,19	+ 0,82

Deuxième période :

	Sucre réducteur.	Alcool.	Acide exprimé en SO^3HO.
29 septembre.........	24,66 gr	75,19 gr	5,24 gr
2 octobre............	traces	86,78	5,31
Différence.........	−24,66	+11,59	+0,07

Dans la première période, on a obtenu les $\frac{90}{100}$; dans la seconde période les $\frac{91}{100}$ de l'alcool théorique.

Variation dans le pouvoir rotatoire du sucre pendant la fermentation.

Pouvoir rotatoire du sucre contenu dans le moût le 23 septembre.

Le moût filtré, placé dans un tube de 2 décimètres, a produit une déviation de — 10°,3 à la température de 19 degrés.

Dans 100 centimètres cubes de moût : sucre réducteur, 18^{gr},76.

$$- 10°,3 \times \frac{100}{37,52} = 27,40 \; (^1).$$

Correction pour la température... $\qquad$ 1,50

$$\overline{25,90}$$

C'est le pouvoir rotatoire du sucre interverti, à la température de 19 degrés.

Pouvoir rotatoire du sucre réducteur dans le moût en fermentation, prélevé le 26 septembre.

Dans 100 centimètres cubes du liquide, dosé : sucre réducteur : 7^{gr},57.

Sur une épaisseur de 2 décimètres : déviation — 8°,4 (température 18 degrés).

$$- 8°,4 \times \frac{100}{15,14} = - 55°,5.$$

Pouvoir rotatoire : supérieur à celui du sucre interverti — 26° $= y$
inférieur à celui de la *lévulose* .... — 106 $= x$

$$x + y = 7,57$$

$$\frac{x}{100} \times - 106 + \frac{y}{100} \times 26 = \frac{7,57}{100} \times - 55°,5$$

$$y = 4,77 \text{ sucre interverti}$$
$$x = 2,80 \text{ lévulose}$$
$$\overline{7,57}$$

(^{1}) $\quad$ D $= a \dfrac{V}{pl}$ $\quad$ $a = - 10°,3,$ $\quad$ P $= 18,76,$ $\quad$ $l = 2$ décimètres.

En effet

$$-\frac{24°,9 \times 2 \times 4,77}{100} = -2°,4 \ (^1)$$

$$-\frac{106 \times 2 \times 2,8}{100} = -5°,9$$

$$\overline{ -8°,3}$$

Déviation observée $\quad -8°,4$

Pouvoir rotatoire du sucre réducteur contenu dans le moût
en fermentation, prélevé le 29 septembre.

100 centimètres cubes du liquide renferment : sucre réducteur $2^{gr},466$.

Sur une épaisseur de 2 décimètres, déviation $-4°,1$ (température 20 degrés).

Pouvoir rotatoire $-4°,1 \times \dfrac{100}{4,93} = -83°,20$.

$$x + y = 2^{gr},466$$

$$y = 0^{gr},70 \quad \text{sucre interverti.}$$

$$x = 1^{gr},77 \quad \text{lévulose.}$$

$$\overline{ 2^{gr},47}$$

Le 2 octobre, la fermentation achevée, on n'a plus trouvé qu'une quantité impondérable de sucre. Le vin était devenu inactif.

Dans 1 litre :

	Sucre interverti.	Lévulose.	Pouvoir rotatoire.
23 sept., moût............	$187,6^{gr}$	0^{gr}	$-26°$
26 sept., moût en fermentation	$47,7$	$28,0$	$-55,5$
29 sept., idem	$7,0$	$17,7$	-83
2 oct., fermentation terminée	»	»	0

On peut représenter ce dédoublement sous une autre

(¹) Pouvoir rotatoire du sucre interverti étant $-25°,9$, à la température 18 degrés.

forme en admettant avec M. Dubrunfaut que le sucre interverti est formé de poids égaux de glucose et de lévulose.

Dans 1 litre :

	Glucose.	Lévulose.
23 sept	93,8	93,8
26 sept.	23,85	51,85
29 sept.	3,5	21,2
2 oct.	0	0

On voit plus nettement sur ce tableau que c'est sur le glucose que le ferment agit d'abord, ainsi que l'a établi M. Dubrunfaut.

FERMENTATION DU MIEL.

630 grammes d'alvéoles remplies de miel furent mises dans $3^{lit},6$ d'eau froide. On jeta sur un linge pour séparer la cire.

Le liquide légèrement trouble, d'un jaune pâle, avait une densité de 1046 à la température de 18 degrés.

Le volume de la dissolution était	$3^{lit},645$, son poids	$3812^{gr},67$
On ajouta levûre de bière lavée et délayée.	0,200	200,00 (¹)
	3,845	4012,67

Dosage du sucre et de l'acidité dans la dissolution.

Avant l'addition des 200 centimètres cubes d'eau dans laquelle on avait délayé la levûre, le volume de la dissolution était $3^{lit},645$.

_____

(¹) Dans une expérience préliminaire, on avait reconnu qu'une dissolution de miel était restée exposée à l'air pendant huit jours sans qu'il y eût indice de fermentation. C'est cette circonstance qui décida à faire intervenir la levûre.

On a dosé dans 100 centimètres cubes :

Sucre réducteur.................. 10,^{gr}39 (¹)
Acide exprimé en SO³HO......... 0,0169 (²)

Rapportant ces dosages au liquide additionné de 200 centimètres cubes de levûre délayée, ayant alors un volume de 3^{lit},845, on a pour 100 centimètres cubes :

Sucre réducteur........ 9,^{gr}85
Acide................. 0,0160

Le 23 septembre, la fermentation commença. Six jours après, le 29, elle était terminée. Le liquide avait conservé l'odeur caractéristique du miel. Sa saveur était *plate* par manque d'acidité. Au fond du vase, on apercevait un léger dépôt blanc.

La liqueur fermentée avait un volume de 3^{lit},837; elle pesait 3^{kil},823 ; la densité était par conséquent de 996,35. La liqueur cupropotassique n'a accusé qu'une trace de sucre réducteur.

Dans 100 centimètres cubes de liquide fermenté, on a dosé :

Acide exprimé en SO³HO.. .... 0,^{gr}08 (³)
Alcool en volume à température de 15 degrés,
 5^{cc},83 en poids.................... 4,63 (⁴)

(¹) 10 centimètres cubes de liqueur cupropotassique, décolorés par sucre
  interverti 0^{gr},053.
  10 centimètres cubes de liqueur cupropotassique, décolorés par 0^{cc},51
  de la dissolution de miel. On avait reconnu l'absence de sucre
  interversible dans la dissolution.
(²) 0^{gr},06125 — SO³HO, saturés par eau de chaux 28^{cc},9.
  15 centimètres cubes de la dissolution de miel, saturés par eau de
  chaux 1^{cc},2.
(³) 0,06125 — SO³HO, saturés par eau de chaux 28^{cc},9.
  10 centimètres cubes de liqueur fermentée, saturés par eau de chaux
  3^{cc},7.
(⁴) Distillé 300 centimètres cubes, retiré 100 centimètres cubes marquant
  17°,5 à l'alcoomètre, à la température de 15 degrés.

Résumé des dosages.

Avant la fermentation, dans un litre de dissolution pesant (après l'addition de la levûre) $1043^{gr},61$:

Sucre réducteur............. $98,^{gr}50$

Acide exprimé en $SO^3 HO$....... $0,16$

Après la fermentation, le litre pesait $996^{gr},35$:

Sucre réducteur............. traces

Acide exprimé en $SO^3 HO$...... $0,^{gr}80$

Alcool.................... $46,30$

Résumé de l'expérience.

	Volume.	Poids.	Sucre réducteur.	Alcool.	Acide exprimé en $SO^3 HO$.
Avant la fermentation	$3,845$ lit.	$4012,87$ gr	$378,73$ gr		$0,62$
Après la fermentation	$3,837$	$3823,00$	traces	$177,65$	$3,07$
Différences	$-0,008$	$-189,87$	$-378,73$	$+177,65$	$+2,45$

Le sucre réducteur disparu aurait dû produire $193^{gr},57$ d'alcool : on en a obtenu $177^{gr},65$, les $\frac{91}{100}$. D'après l'alcool produit, il y aurait eu un dégagement de 170 grammes d'acide carbonique; la perte de poids pendant la fermentation a été 190 grammes.

SUR LA SORBITE,

MATIÈRE SUCRÉE ANALOGUE A LA MANNITE TROUVÉE DANS LE JUS DES BAIES DU SORBIER DES OISELEURS.

En continuant mes recherches sur les fruits utilisés pour la fabrication de l'eau-de-vie, j'ai été conduit à étudier la fermentation des baies du sorbier, avec lesquelles, dans certaines contrées forestières, on prépare soit une boisson analogue au cidre, soit de l'alcool. Mes expériences, entreprises à un point de vue pratique, ont principalement pour objet de constater la différence, souvent considérable, existant entre la quantité d'alcool obtenue par les *brûleurs* et la quantité d'alcool qu'auraient dû fournir les matières sucrées contenues dans les fruits, conformément à l'équation de Lavoisier

$$C^{12}H^{12}O^{12} = 2(C^4H^6O^2) + 4(CO^2).$$

Les sorbes, comme les cerises, les pommes, le raisin, etc., ne rendent pas, à beaucoup près, l'alcool correspondant à leur teneur en sucre ; on en jugera par le résultat de leur fermentation, accomplie dans d'excellentes conditions.

Fermentation du jus de sorbes.

Les sorbes avaient été cueillies le 1er novembre 1867, après une gelée ; l'arbre ne portait plus de feuilles. Par la presse, on a extrait du fruit $4^{lit},50$ de jus pesant 4995 grammes, qu'on a introduit dans un flacon muni d'un tube dont l'extrémité plongeait dans du mercure. La densité du jus était 1110. La fermentation est devenue manifeste le 4 novembre, la température étant de 15 à 16 degrés ; le 8 novembre elle était très-active, puis le dégagement de gaz se ralentit. Le 10 novembre, la fermentation était terminée. Le liquide, quand il fut éclairci, avait une teinte d'un rouge orange.

Le vin de sorbes possédait une odeur alcoolique très-prononcée, une saveur styptique peu agréable. Son volume, y compris celui du ferment, était de $4^{lit},493$; son poids $4855^{gr},60$.

Examen du jus de sorbes avant la fermentation.

Dans 100 centimètres cubes de jus extrait par la presse, on a dosé :

Sucre réducteur (¹)............	$8,^{gr}288$
Acide exprimé en $SO^3 HO$ (²)....	$1,120$

Jus de sorbes après la fermentation.

Dans 100 centimètres cubes de jus fermenté, on a dosé :

Sucre réducteur (³)............	$1,^{gr}709$
Acide exprimé en $SO^3 HO$ (⁴)....	$1,098$

(¹) 10 centimètres cubes de liqueur cupropotassique réduits par $0^{gr},0547$ de sucre interverti.

10 centimètres cubes de liqueur cupropotassique réduits par $0^{cc},66$ de jus de sorbes.

(²) $0^{gr},06125$ de $SO^3 HO$ saturés par eau de chaux, $2,0^{cc}$

5 centimètres cubes de jus de sorbes, privé d'acide carbonique, saturé par eau de chaux, $26^{cc},5$.

(³) 20 centimètres cubes de liqueur de Fehling réduits par $0^{gr},1094$ de sucre interverti.

20 centimètres cubes de liqueur de Fehling réduits par $6^{cc},4$ de jus fermenté.

(⁴) $0^{gr},06125$ de $SO^3 HO$ saturés par eau de chaux $29^{cc},0$.

5 centimètres cubes de jus fermenté, après expulsion de CO^2, saturés par eau de chaux, $26^{cc},5$.

3oo centimètres cubes de jus fermenté, soumis à la distillation :
Retiré 100 centimètres cubes marquant :

| Alcoomètre...... | 11°,0 | Température....... | 13° |
| » | 11°,4 | » | 15° |

Dans 100 centimètres cubes de jus fermenté, alcool 3^{cc},8, en poids 3^{gr},020.

RÉSUMÉ.

	Volume.	Poids.	Sucre réducteur.	Alcool.	Acide exprimé en SO³HO.
	lit.	gr	gr	gr	gr
Jus avant la fermentation.	4,500	4995,0	372,96	0	50,40
Jus fermenté	4,493	4855,6	76,79	135,69	49,33
Différences	−0,007	−139,4	−296,17	+135,69	−1,07

Les 296^{gr},17 de sucre disparus représenteraient, théoriquement, 151^{gr},37 d'alcool ; on en a obtenu 135^{gr},69, c'est-à-dire les $\frac{90}{100}$.

La perte de poids constatée pendant la fermentation a été de 139^{gr},4. Or les 296^{gr},17 de sucre que l'on n'a plus retrouvés dans le vin de sorbes, en admettant qu'ils aient été détruits par le ferment, auraient dû laisser dégager 144^{gr},8 de gaz acide carbonique, 4 à 5 grammes de plus que la perte accusée par la balance, différence bien faible, si l'on considère que les 4^{lit},49 du liquide fermenté ont nécessairement retenu du gaz acide. En somme, il est très-vraisemblable que les 296^{gr},17 de sucre manquant ont été transformés en alcool et en acide carbonique, et qu'une partie de l'alcool a donné naissance à ces produits que l'on rencontre dans tous les liquides fermentés : la glycérine, l'acide succinique, etc. Dans le vin de sorbes, il est resté 76^{gr},8 de sucre réducteur, environ 17 grammes par litre, proportion beaucoup plus forte que celle que l'on constate ordinairement dans les moûts de

V   7

fruits après qu'ils ont fermenté. Comme Pelouze a découvert dans les baies du sorbier des oiseleurs un sucre
non fermentescible, la *sorbine,* il était naturel de supposer
que, dans le vin de sorbes, c'était cette matière sucrée qui
avait échappé à la fermentation ; il y avait donc lieu de la
rechercher.

En conséquence, le vin de sorbes fut traité par le sous-
acétate de plomb; le précipité, très-abondant, séparé, on
fit passer dans la liqueur un courant de gaz acide sulfhydrique pour précipiter à l'état de sulfure le plomb ajouté
en excès, puis le liquide fut évaporé jusqu'à consistance
sirupeuse.

Le sirop ne laissa pas déposer de cristaux, même après
plusieurs mois. Or on sait avec quelle facilité la sorbine
cristallise. Cette tentative d'extraction de la sorbine fut
réitérée en 1868 et 1869, sans plus de succès. Les sirops,
maintenus pendant un mois dans une étuve dont la température était entretenue à 60 ou 80 degrés, prirent l'apparence de la gélatine, translucides, d'un jaune pâle, cédant sans adhérence à l'impression du doigt. On enferma
cette matière dans un flacon, où elle passa l'hiver. Au
printemps, elle avait éprouvé une transformation complète. C'était une masse visqueuse renfermant une multitude de petits cristaux aciculaires ; en la soumettant à une
forte pression, on en fit sortir le sirop, contenant des acé-
tates alcalins et un sucre réducteur. Le marc lavé à froid
avec de l'alcool, pressé de nouveau, séché à l'air, était
blanc, d'une saveur fraîche et sucrée, bien qu'il ne s'y
trouvàt pas la moindre trace de sucre réducteur. Sa solution n'exerçait aucune action sur la lumière polarisée.
Cette substance sucrée est soluble dans l'eau en toute proportion ; elle forme un sirop très-difficilement cristalli-
sable; il a fallu plus de six semaines pour y voir apparaître quelques cristaux en aiguilles très-déliées, d'un
aspect nacré. On accéléra la cristallisation en posant sur

le sirop concentré exposé à la lumière un petit cristal, ainsi que me le conseilla M. Berthelot (¹).

Si cette matière sucrée est à peine soluble dans l'alcool froid, l'alcool chaud, même l'alcool absolu, la dissout en proportion notable. J'ai mis à profit cette propriété pour l'obtenir à l'état de pureté. En traitant le marc comprimé par l'alcool absolu porté à l'ébullition et filtrant, il reste un léger résidu jaune poisseux. Par le refroidissement, la matière sucrée donne un volumineux dépôt transparent, opalin, disposé en mamelons de l'aspect le plus singulier. Si l'alcool dans lequel les mamelons sont disposés est décanté et exposé à une température inférieure à zéro, il se forme dans cet alcool sursaturé de nombreux cristaux agglomérés en houppes soyeuses.

Le dépôt opalin formé par suite du refroidissement de la solution alcoolique, placé dans le vide sec, se contracte considérablement en devenant opaque, d'une grande blancheur, assez consistant pour être pulvérisé. Dissoute dans une petite quantité d'eau, cette matière forme un sirop qui, après une longue exposition à l'air, se prend en une agglomération de cristaux aciculaires d'une apparence nacrée. En comprimant fortement ces cristaux entre des linges fins, pour faire sortir le sirop qui pourrait y adhérer, on obtient une plaque d'une grande blancheur, dure, à grains cristallins.

Cette substance, à saveur fraîche et sucrée, ne réduit pas la liqueur cupropotassique ; elle est inactive et ne subit pas la fermentation alcoolique. Si l'on ajoute à ces caractères la solubilité dans l'alcool chaud, l'insolubilité dans l'alcool froid, on est amené à la considérer comme analogue à la mannite et à la dulcite ; mais elle possède d'autres propriétés qui ne permettent pas de la confondre

---

(¹) M. Berthelot se trouvait alors au Liebfrauenberg, chez mon père. Il m'engagea à poursuivre l'étude de cette matière sucrée, malgré les difficultés que présentait sa préparation.

avec l'une ou l'autre de ces matières, bien que, comme on va le voir, elle en ait la composition ; elle paraît donc constituer un sucre nouveau appartenant au groupe de la formule $C^{12}H^{14}O^{12}$, que je désignerai, à cause de son origine, sous le nom de *sorbite*.

Analyse.

La sorbite a d'abord été desséchée dans le vide sec à une température comprise entre 100 et 115 degrés. Elle a commencé à fondre vers 60 degrés, ensuite elle a pris un peu plus de consistance tout en restant visqueuse, état qui rendit la dessiccation fort lente.

I. — *Sorbite préparée en* 1869.

Matière brûlée. $0,4040^{gr}$ Acide carbonique. $0,5796^{gr}$ = carbone... $0,1581^{gr}$

Eau............ $0,2789$ = hydrogène. $0,0310$

II. — *Sorbite préparée en* 1869.

Matière brûlée. $0,3954^{gr}$ Acide carbonique. $0,5685^{gr}$=carbone... $0,15503^{gr}$

Eau............ $0,2730$=hydrogène. $0,03303$

III. — *Sorbite préparée en* 1868.

Matière brûlée. $0,4583^{gr}$ Acide carbonique. $0,6575^{gr}$=carbone... $0,1793^{gr}$

Eau .... $0,3155$=hydrogène. $0,03505$

	I.	II.	III.
Carbone.......	39,13	39,21	39,12
Hydrogène.....	7,67	7,67	7,67
Oxygène.......	53,20	53,12	53,21
	100,00	100,00	100,00

C'est la composition assignée à la mannite.

	Liebig et Pelouze [1].	Fabre [2].
Carbone.	39,01 — 39,13	39,23
Hydrogène	»	7,84
Oxygène	»	52,93
		100,00

Exposée à une température supérieure à 110 à 115 degrés, la sorbite cristallisée abandonne de l'eau. On a dû rechercher si l'eau qu'elle perd pendant la dessiccation s'y trouve en proportion définie. De la sorbite en aiguilles fines à reflet nacré a été brûlée après qu'on l'eut fortement comprimée et exposée à l'air.

Matière... 0,4593   Acide carbonique... 0,6055 = carbone.... 0,16512

Eau.............. 0,3122 = hydrogène.. 0,03460

C.	37,58
H.	7,88
O.	54,54
	100,00

Composition représentée par

$$C^{12} H^{15} O^{13} = C^{12} H^{14} O^{12} + HO.$$

Les cristaux de sorbite formés par l'évaporation spontanée de la solution aqueuse renferment par conséquent

---

[1] En calculant le carbone avec l'équivalent 75 établi par M. Dumas. Avec l'ancien équivalent 76, on a : carbone 39,55 — 39,78, nombres qui s'accordent mieux avec la formule $C^{12} H^{11} O^{12}$.

C.	39,56
H.	7,69
O.	52,75
	100,00

(*Annales de Chimie et de Physique*, 2e série, t. LV, p. 140; 1833).

[2] *Annales de Chimie et de Physique*, 3e série, t. XI, p. 72.

un équivalent d'eau qu'ils abandonnent à une température supérieure à 100 degrés.

La sorbite analysée................ 0,4393 gr.

renfermait eau..................... 0,0207

Sorbite sèche.................... 0,4186

dont la composition serait, d'après l'analyse précédente :

C........... ... 39,45
H........... 7,73
O........... 52,82
_____
100,00

La sorbite serait donc un isomère de la mannite et de la dulcite, mais elle se distingue de ces matières par certains caractères. Ainsi, unie à un équivalent d'eau, elle fond à environ 100 degrés; à 110 ou 111, quand elle est anhydre. Je rappellerai ici que la mannite fond à 165, la dulcite à 182 degrés. La sorbite forme avec l'eau un sirop dans lequel les cristaux n'apparaissent qu'après un temps très-long. Une solution aqueuse de mannite ne prend pas la consistance sirupeuse. Traitée par l'acide nitrique, la sorbite ne produit pas d'acide mucique, comme cela a lieu avec la dulcite.

La mannite cristallise en prismes à base quadrilatère;

La dulcite en prismes rhomboédriques obliques.

La sorbite se présente en cristaux tellement déliés qu'il sera difficile d'en déterminer la forme.

Elle a d'ailleurs des caractères communs aux sucres de la formule $C^{12}H^{14}O^{12}$. Mêlée au sulfate de cuivre, elle empêche la précipitation de l'oxyde par la potasse. J'ai déjà dit qu'elle est inactive et qu'elle ne réduit pas la liqueur cupropotassique. L'acide sulfurique, même à chaud, ne la carbonise pas, et si la dissolution acide est saturée par le carbonate de baryte, on obtient un sel soluble barytique dont je me propose d'examiner la constitution.

La sorbite trouvée dans le vin de sorbes ne paraît pas être produite pendant la fermentation. On a pu l'extraire du jus de sorbes pris à la sortie du pressoir, et transformé en sirop avant que ce sirop ait pu subir la moindre modification.

SUR

LA CONGÉLATION DE L'EAU.

La force avec laquelle l'eau tend à se dilater pendant la congélation est considérable, puisqu'elle doit être égale à la pression qu'il faudrait exercer sur un morceau de glace pour en diminuer le volume de 0,08 ([1]); aussi cette force d'expansion est-elle capable de briser les enveloppes les plus résistantes : c'est ce qu'on a constaté depuis long-temps. Les Académiciens de Florence, en exposant à un froid intense une sphère de cuivre remplie d'eau, en déterminèrent la rupture, bien que l'épaisseur du métal fût de $\frac{67}{100}$ de pouce ([2]). Huyghens, en 1667, fit éclater en deux endroits, par l'effet de la congélation de l'eau, un canon de fer ayant *un doigt* d'épaisseur ([3]).

Ces expériences sont devenues classiques. J'ai pensé qu'il y aurait un certain intérêt à les reproduire, en essayant de faire congeler l'eau dans un cylindre d'un métal doué d'une ténacité bien supérieure à celle du fer : un canon d'acier, par exemple, supportant, même pour de faibles épaisseurs de parois, une pression de plusieurs cen-

---

([1]) La densité de la glace étant 0,92.

([2]) *Saggi di naturali esperienze fatte nell' Accademia del Cimento*, terza edizione fiorentina, p. 84. Le métal dont était formé l'appareil employé par les Académiciens de Florence est désigné sous le nom d'*ottone*. La sphère était par conséquent en cuivre jaune ou en laiton.

([3]) *Tubus ferreus, cujus crassities erat unus digitus, aquá impletus et rite occlusus fuit; post* 12 *horas duobus in locis scissus est.* (Du Hamel, *Acad. reg.*, lib. I, § 2, cap. 1.

taines d'atmosphères, dans les épreuves réglementaires que
l'artillerie fait subir aux canons de fusils. En supposant
que l'acier offrit une résistance suffisante, on devait alors
constater si, conformément à la prévision théorique, l'eau
enfermée dans le canon conserverait l'état liquide, malgré
l'abaissement de la température, et cela par suite de l'obstacle opposé à la dilatation qui accompagne son refroidissement à partir de $+ 4°,1$.

Un cylindre d'acier fondu et forgé de 46 centimètres a
été foré jusqu'à une profondeur de 24 centimètres.

Le diamètre intérieur était de $1^c,3$; l'épaisseur des parois, 8 millimètres.

Le bas du canon, en acier plein, avait une forme hexa-
gonale, afin de pouvoir être saisi dans la mâchoire d'un
étau.

Le haut du canon, à partir de l'ouverture, portait un
pas de vis sur lequel s'ajustait, comme un écrou, une pièce
d'acier évidée, au fond de laquelle, pour assurer la fermeture, on plaçait une forte rondelle de plomb. Une bille
d'acier, placée dans l'intérieur, devait indiquer par sa
mobilité ou par son immobilité si l'eau contenue dans le
canon était ou non solidifiée.

La capacité du canon était d'environ 55 centimètres
cubes.

I. Le 26 *décembre* 1870, le canon d'acier, préalablement
refroidi à $+ 4$ degrés, a été rempli avec de l'eau distillée
non bouillie, également à $+ 4$ degrés. Après l'avoir fermé,
en vissant le couvercle à l'aide d'une clef à levier (c'est la
partie la plus difficile de l'expérience), en retournant le
canon, on entendait très-distinctement le tintement métallique produit par la chute de la bille d'acier.

A 9 heures du matin, l'appareil fut exposé sur une terrasse; la température de l'air était de $- 13$ degrés. A midi
(température $- 12$ degrés), on put s'assurer par le mouvement de la bille que l'eau était restée liquide. Jusqu'au

soir l'air se maintint à — 9 degrés. L'eau conserva sa fluidité.

Le 27 *décembre,* à 8 heures du matin, le thermomètre marquait — 24 degrés; la mobilité de la bille d'acier prouva que l'eau avait échappé à la congélation.

Le 30 *décembre,* on procéda à l'ouverture du canon, la température étant de — 10 degrés. A peine eut-on commencé à dévisser le couvercle, que l'on vit surgir une légère végétation de givre. L'eau gela instantanément, aussitôt que la pression qu'elle supportait fut supprimée. En chauffant le canon de manière à détruire l'adhérence, on en retira un cylindre de glace d'une grande transparence. Dans l'axe de ce cylindre, il y avait une rangée de très-petites bulles d'air.

Le 2 *janvier* 1871, au soir, le canon fut rempli d'eau à + 4°,2 et exposé sur la terrasse à un froid de — 13 degrés.

Le 3 *janvier,* au matin, la température étant de — 18 degrés, l'eau n'était pas congelée; la bille d'acier se mouvait en toute liberté.

A 11 heures, le couvercle du canon fut dévissé, l'air étant à — 10 degrés. La congélation eut lieu immédiatement; comme dans la première expérience, quelques petites bulles de gaz étaient disposées dans l'axe du cylindre de glace. Ainsi, dans un canon d'acier fondu, à paroi assez épaisse pour être considéré comme inextensible, l'eau introduite à + 4 degrés a, pendant plusieurs jours, conservé l'état liquide à de très-basses températures. La congélation a eu lieu aussitôt qu'on eut supprimé, en ouvrant le canon, l'obstacle qui s'opposait à la dilatation de l'eau refroidie.

C'est la confirmation de l'opinion émise par Charles Hutton, en discutant les expériences faites à Québec par le major Edwards Williams, sur la rupture des bombes remplies d'eau et exposées au froid : que si la résistance des parois du vase excédait la force expansive développée pendant l'acte de la congélation, cette résistance deviendrait un obstacle à la formation de la glace et que l'eau resterait liquide, à la plus basse température (^{1}).

(^{1}) From the ingenious experiments, we may draw several conclusions. As First, we hence observe the amazing force of the expansion of the ice, or the water, in the act of freezing; which is sufficient to overcome perhaps any resistance whatewer; and the consequence seems to be, either that the water will freeze, and, by expanding, burst the containing body, be it ever so thick and strong; or else, if the resistance of the containing body exceed the expansive force of ice, or of the water in the act of freezing, then, by preventing the expansion, it will prevent the freezing, and the water will remain fluid, whatever the degree of cold may be. (*Transactions of the Royal Society of Edinburgh*, vol. II, p. 27.)

DU

FER CONTENU DANS LE SANG

ET

DANS LES ALIMENTS.

Ayant eu, dans mon enseignement, à traiter de l'alimentation de l'homme et du développement du bétail nourri à l'étable, j'ai été conduit à discuter l'influence de certaines substances qui n'entrent qu'en très-minimes proportions dans les rations alimentaires : du sel marin d'abord, et ensuite du fer, élément essentiel du sang.

Pelouze a dosé ce métal dans le sang de divers animaux De 100 grammes, il a retiré :

Fer exprimé à l'état métallique.

Sang de l'homme.	Bœuf.	Porc.	Oie.	Dinde.	Poulet.	Canard.	Grenouille.
gr	gr	gr	gr	gr	gr	gr	gr
0,051	0,055	0,059	0,037	0,033	0,037	0,034	0,042
0,054	0,048	0,051	0,033	0,034	»	»	»

Le sang était brûlé à une température peu élevée dans un vase de platine. On dosait le fer dans les cendres par l'excellente méthode volumétrique due à M. Margueritte. J'ai suivi le même procédé. Les quantités de métal que j'ai rencontrées dans le sang du bœuf et du porc ne diffèrent pas notablement de celles trouvées par Pelouze.

Le sang avait été pris à la sortie de la veine, pesé, desséché, incinéré sous un moufle chauffé au gaz. Dans 100 grammes, dosé :

	Sang de bœuf.	Sang de porc.
Fer exprimé en métal....	gr 0,0375	gr 0,0634

La cendre du sang de porc présentait la couleur et l'aspect du sesquioxyde ferrique.

Une fois établi que le fer est une des parties constituantes du sang, il devient évident que les aliments doivent en renfermer, y compris, bien entendu, les aliments végétaux, puisque ce métal entre dans la composition du sang des herbivores et des granivores.

De ces faits il ressort deux conséquences : la première, c'est que s'il était possible de former un régime privé de fer, l'animal que l'on y soumettrait succomberait infailliblement, par la raison que le sang ne pourrait pas être constitué; la seconde conséquence, c'est que le fer paraît être tout aussi indispensable à la vie végétale qu'à la vie animale.

On sait d'ailleurs que le prince de Salm-Horstmar, dans des expériences remarquables sur le rôle des substances minérales dans la végétation, a communiqué la chlorose à l'avoine, au colza, en les faisant naître dans un sol exempt de fer; chlorose qu'il fit disparaître par l'intervention de l'élément ferrugineux ([1]). Toutefois, c'est Eusèbe Gris qui, le premier, en 1849, rattacha la chlorose des feuilles à l'absence ou à l'insuffisance des sels de fer. N'oublions pas néanmoins que l'analogie, selon moi assez éloignée, que l'on cherche à établir aujourd'hui entre la matière verte des plantes et la matière rouge du sang, est née de cette assertion de M. Verdeil : que le fer existe en forte proportion dans la chlorophylle à l'état où il est dans l'hématosine; par suite, on a introduit, en physiologie végétale, le mot *chlorose*, emprunté à la pathologie, pour exprimer l'étiolement des feuilles.

Le fer existant dans les aliments, probablement même dans tous les aliments, il restait, en se plaçant à un point

---

([1]) *Annales de Chimie et de Physique*, 3ᵉ série, t. XXXII, p. 461 : « Sans fer, la couleur verte manque plus ou moins à la plante, qui ressemble à un végétal venu dans l'obscurité. »

de vue pratique, à en fixer la quantité, non-seulement dans les substances servant à la nourriture de l'homme, mais encore dans les fourrages, afin d'être à même d'en apprécier la proportion dans les rations alimentaires. Les données analytiques que j'ai déjà pu rassembler intéresseront, je l'espère, les physiologistes, et aussi les éleveurs, s'il est vrai que la bonne constitution du sang exerce une influence favorable sur la santé, la vigueur, en un mot, sur la qualité des animaux et sur celle de leurs produits.

En ce qui concerne les aliments, les dosages ont été exécutés à l'état où ils sont consommés, c'est-à-dire avec leur eau constitutionnelle ([1]). J'ai cru devoir doser le fer dans le vin, dans la bière et dans quelques-unes des eaux distribuées à Paris, que notre confrère M. Belgrand a bien voulu me procurer avec une obligeance dont je ne saurais trop le remercier. J'ai à peine besoin d'ajouter que l'eau, soit comme boisson, soit en intervenant dans la coction des viandes et des légumes, apporte nécessairement un faible contingent du métal objet de ces recherches.

Voici les résultats des dosages que j'ai pu faire jusqu'à présent :

Fer exprimé à l'état métallique.

Dans 100 grammes de matière :

	gr		gr
Sang de bœuf	0,0375	Arêtes d'aigrefin, séchées	
Sang de porc	0,0634	à l'air	0,0372
Sang blanc de limace	0,0007	Morue dessalée (chair)	0,0042
Chair musculaire de bœuf	0,0048	Lait de vache	0,0018
Chair musculaire de veau	0,0027	Lait de chèvre	0,0004
Chair musculaire de porc	0,0029	Œufs de poule, sans la coque	0,0057
Chair de poisson (merlan)	0,0015	Jaune d'œuf	0,0068
Merlan, poisson entier	0,0082	Blanc d'œuf	0,0005
Arêtes fraîches de merlan	0,0100	Coquille d'œuf	0,0374

([1]) Comme il s'agissait de doser de très-minimes quantités de fer, on devait se mettre à l'abri, dans les manipulations, de toute introduction accidentelle de ce métal. La chair musculaire était depecée avec un couteau en obsidienne; les fruits, les feuilles coupées avec une lame en platine.

	gr		gr
Colimaçon, sans la coquille.	0,0036	Pommes	0,0020
Coquilles de colimaçons..	0,0298	Fraises	0,0010
Limaces	0,0120	Feuilles d'épinards	0,0045
Nacre	0,0119	Chiendent; feuilles	0,0080
Os de bœuf (frais)	0,0120	Chou, intérieur, étiolé...	0,0009
Os de pied de mouton....	0,0209	Chou, feuilles vertes	0,0039
Ivoire	0,0298	Chou pommé, feuilles	
Corne de bœuf (sèche)...	0,0083	vertes	0,0022
Cheveux noirs (homme de		Chou pommé, intérieur	
quarante ans)	0,0755	étiolé	0,0008
Cheveux châtains	0,0186	Champignons de couche.	0,0012
Crins de cheval	0,0507	Neottia nidus avis (3)...	0,0013
Plumes de pigeon	0,0179	Guy	0,0034
Laine de mouton	0,0402	Pin laricio; aiguilles ver-	
Peau de lapin, fraîche, épi-		tes, anciennes	0,0080
lée	0,0039	Aiguilles pâles, nouvelles	0,0010
Poils de lapin	0,0210	Cônes	0,0019
Poils blancs de chien....	0,0305	Écorce	0,0032
Poils noirs de chien (1)..	0,0499	Bois	0,0004
Souris (entière)	0,0110	Fleurs de lis, pétales....	0,0007
Urine d'homme (moyenne)	0,0004	Foin	0,0078
Urine de cheval	0,0024	Paille de froment	0,0066
Excréments de cheval, hu-		Warech, séché à l'air...	0,0548
mides	0,0138		
Pain blanc de froment....	0,0048	*Boissons, dans 1 litre.*	
Excréments de limace (2).	0,0750	Vin rouge du Beaujolais.	0,0109
Maïs	0,0036	Vin blanc d'Alsace	0,0076
Riz	0,0015	Bière	0,0040
Haricots blancs	0,0074	Eau de Seine, Bercy	
Lentilles	0,0083	(14 mai), filtrée	0,00040
Pois	0,0051	Eau de la Marne (10 avril)	0,00105
Avoine	0,0131	Eau de la Dhuys (10 avril)	0,00104
Pommes de terre	0,0016	Eau du puits de Grenelle.	0,00160
Carottes (racines)	0,0009	Eau du puits de Passy...	0,00280
Feuilles de carottes	0,0066	Eau de la mer (Nice) (4).	0,00070

Établissons maintenant, avec les données précédentes, la quantité de fer contenue dans divers régimes alimentaires.

(¹) Les poils pris sur le même chien.

(²) Cendres rougeâtres.

(³) Parasite pris sur la racine d'un pin.

(⁴) Cette eau, prise il y a quelques années, était dans un flacon bouché à l'émeri.

Ration du marin français.

Fer contenu.

	gr		gr
Pain	750	ou l'équivalent en biscuit	0,0360
Viande	300	ou l'équivalent en viande salée . .	0,0144
Légumes secs	120	haricots, lentilles	0,0101
Café	20	mis en infusion	»
Beurre	15	et huile d'olive 6gr	»
Choux	20	. . . .	0,0005
Vin	460	. . . .	0,0051
Eau-de-vie	60	. . . .	»
Sel marin	22	. . . .	»
		Fer dans la ration	0,0661

Dans la ration du soldat, peu différente de celle du marin : fer 0,0780

Ration d'un ouvrier anglais.

Ouvrier travaillant au chemin de fer de Rouen, d'après M. de Gasparin.

	gr		gr
Pain	750	. . . .	0,0360
Viande	650	. . . .	0,0312
Pommes de terre	1000	. . . .	0,0160
Bière	2lit	. . . .	0,0080
		Fer dans la ration	0,0912

Dans la ration journalière des ouvriers en Irlande, la pomme de terre remplaçant le pain ([1]) :

	gr		gr
Pommes de terre	6000	. . . .	0,0960
Lait	500	. . . .	0,0090
Bière	1lit	. . . .	0,0040
			0,1090

Ration du forçat soumis au travail.

	gr		gr
Pain	917	. . . .	0,0440
Légumes secs à l'huile ou au lard	120	. . . .	0,0099
Vin	48clit	. . . .	0,0052
			0,0591

([1]) PAYEN. *Substances alimentaires*, page 507.

Ration du cheval de la cavalerie de réserve.

			Fer.
Foin.................	5000^{gr}	....	0,3900^{gr}
Avoine..............	3600	....	0,4716
Paille p. nourrit. et litière.	5000	moitié pour nourriture...	0,0150
			1,0166

Ration du cheval attelé à de lourdes voitures.

Foin.................	7000^{gr}	....	0,5460^{gr}
Avoine..............	7750	....	1,0152
			1,5612

			Fer.
Une vache du poids de 600 kilogrammes consommant par jour.	Foin.	17,05^{kil} reçoit	1,365^{gr}
Produit en moyenne............	Lait .	7,52 contenant.	0,135
Au maximum de rendement.....		14,42	0,260
Un veau, pendant l'allaitement, consomme, en moyenne	Lait ..	10,3 contenant.	0,185

Chez un individu ayant atteint son complet développement, le fer compris dans la ration ne fait que traverser l'organisme, en apparence du moins. Je dis en apparence, parce que, le métal donné chaque jour avec la nourriture remplaçant celui qu'éliminent chaque jour les fonctions vitales, on retrouvera dans les excrétions une quantité de fer égale à celle qui aura été introduite. Le sang brûlé, expulsé par le rein après la combustion respiratoire, entraîne évidemment une partie du fer entrant dans sa constitution. La présence du métal dans l'urine de l'homme, dans les déjections du cheval, établit la réalité de cette élimination.

Pour un animal en voie de croissance, tout le fer ne sera pas éliminé, et il y aura chaque jour du fer fixé dans l'organisme, comme il y a, dans cette condition, fixation d'azote, de phosphates, de phosphore, de soufre, par cela même qu'il y a production de sang, augmentation de chair musculaire, dont le fer est partie intégrale. Ajoutons que les

V.   8

os, les poils, la peau, les plumes chez les oiseaux, retiennent
ce métal en notable quantité.

Il a paru intéressant de rechercher en quelle proportion
le fer se trouvait dans l'organisme d'un animal.

Mouton. — A l'occasion d'observations sur l'engraissement, on fut obligé de peser les divers organes, le squelette,
la peau, la laine, la graisse, la chair, le sang d'un mouton
pesant $32^{kg},07$ après qu'on eut vidé les intestins ([1]).

En appliquant les dosages, on trouve que le fer contenu
doit approcher de $3^{gr},38$, soit $0,00011$ du poids du mouton.

Souris. — Dans la cendre d'une souris du poids de
27 grammes et brûlée dans le moufle, on a dosé :

Fer, $0^{gr},0030$, les $0,00011$ du poids de l'animal.

Poisson. — Un merlan pesant 182 grammes a laissé une
cendre très-blanche, dans laquelle on a dosé :

Fer, $0^{gr},0149$, les $0,000082$ du poids du poisson.

Il n'y aurait donc pas au delà de $\frac{1}{10000}$ de fer. Pour les
invertébrés ne renfermant ni os ni arêtes, la fraction serait
encore moindre : elle n'a pas atteint $0,00004$ dans les colimaçons, et n'a pas dépassé $0,000012$ dans des limaces
auxquelles on avait enlevé les intestins.

Tout infime que soit la quantité de fer constatée, elle
n'en est pas moins indispensable, puisque, sans elle, il n'y
aurait probablement pas de sang constitué. Il y a là un
nouvel exemple de l'intervention efficace d'infiniment
petits dans les phénomènes de la vie.

C'est au fer que, généralement, on attribue la couleur
du sang. L'hématosine, matière colorante des globules, en
contiendrait au nombre de ses éléments ; mais la présence

([1]) BOUSSINGAULT, *Économie rurale*, t. II, p. 628, 2e édition.

de ce métal n'expliquerait peut-être pas d'une manière satisfaisante la coloration en rouge de l'hématosine, puisqu'il résulte des expériences de MM. Mulder et van Goudoever qu'elle en peut être dépouillée complétement sans que sa couleur soit modifiée ([1]). Ensuite on est amené à n'accorder à la couleur du sang qu'une importance limitée, par cette raison qu'elle semble manquer entièrement dans le sang de presque tous les animaux invertébrés ([2]). « Si l'on ouvre le cœur d'un colimaçon ou d'une huître, on y trouve un liquide dont le rôle physiologique est le même que celui du sang d'un animal vertébré ; seulement, au lieu d'être rouge, il est incolore. C'est bien du sang au même titre que le fluide nourricier de l'homme ou du cheval, mais c'est du sang blanc au lieu d'être du sang rouge ([3]). » Or les observations microscopiques montrent que le sang incolore est à peu près constitué comme le sang coloré des vertébrés. Chez les mollusques, les globules du sang blanc sont circulaires, plus ou moins aplatis ([4]).

Il y avait lieu de rechercher le fer dans ce sang. N'ayant pu d'abord m'en procurer en quantité suffisante, j'ai dû me borner à doser ce métal dans un mollusque.

140 grammes de colimaçons *dégorgés,* c'est-à-dire privés de nourriture depuis longtemps, ont été séparés de leurs coquilles, desséchés et brûlés sous le moufle.

Dans les cendres, on a trouvé $0^{gr},0050$ de fer. Pour 100 grammes, fer $0^{gr},0036$.

Ainsi la chair de ces colimaçons injectée de sang blanc renfermait à peu près autant de fer que la chair musculaire du bœuf, du veau et du porc injectée de sang rouge.

Ce résultat n'apportait néanmoins aucune donnée cer-

[1] Milne Edwards, *Leçons de Physiologie,* t. I, p. 179.
[2] Milne Edwards, p. 104.
[3] Milne Edwards, p. 91.
[4] Milne Edwards, p. 96.

8.

taine sur la proportion de fer dans le sang et dans la chair du mollusque; d'abord parce que l'escargot sécrète continuellement un mucilage calcaire destiné à former la coquille, dans laquelle il y a autant de fer que dans les os des mammifères; ensuite il n'est pas vraisemblable que, même après une diète prolongée, l'intestin soit complétement vidé; de sorte que dans les cendres il pourrait y avoir du métal étranger à l'organisme proprement dit. Une recherche directe du fer dans le sang d'un invertébré était donc indispensable; mais la quantité de sang blanc qu'il fallait se procurer créait une difficulté réelle que l'on surmonta cependant.

Les limaces jaune-orange, si communes dans les forêts et dans les potagers, ont les deux cavités, où logent les poumons et le cœur, protégées par un disque charnu placé sur le devant du dos. Après avoir bien étudié la position des organes, on ouvrait le cœur avec une pointe en platine; il n'en sortait ordinairement qu'une ou deux gouttes de liquide; on jugera par là combien de cœurs de limaces il a fallu percer pour en recueillir une centaine de grammes.

Ce sang est presque incolore, légèrement opalin, teinté de jaune; liquide au moment de l'extraction, il prend bientôt une consistance demi-gélatineuse; au microscope, on y aperçoit de nombreux globules plus ou moins aplatis, elliptiques, serrés l'un contre l'autre; çà et là de petites flaques de liquide sans globules, quelques granules, quelques lambeaux cellulaires, de rares fragments d'un aspect cristallin. Quant à la dimension des globules, elle différait peu de celle des globules du sang de vache pris pour terme de comparaison. En piquant la chair d'une limace à une certaine distance du cœur, il en sort une lymphe incolore, sans globules, et dans laquelle, en s'aidant d'un fort grossissement, on distingue des granules sphériques.

Le sang blanc des limaces est alcalin.

Dans 100 grammes on a trouvé :

Matières sèches......	3,^{gr}905	eau 96,^{gr}095
Cendres blanches.....	0,767	»
Fer exprimé en métal.	0,00069	»

Le fer est en proportion tellement faible que l'on peut hésiter à le considérer comme un élément du sang blanc ; s'il en est une des parties constituantes, la chair de limaces ne devrait en renfermer que des traces ; du moins a-t-on reconnu que pour les animaux supérieurs la chair contient beaucoup moins de fer que le sang rouge.

En raisonnant par analogie, la proportion de fer entrant dans l'ensemble de l'organisme de l'invertébré pouvait donc jeter du jour sur la question de savoir si le métal trouvé dans le sang blanc appartient à ce fluide ; on a, en conséquence, dosé le fer dans les limaces, et pour éloigner les causes d'erreurs qu'auraient occasionnées les cendres des aliments qui n'auraient pas été digérés, les déjections qui n'auraient pas été rendues, on a enlevé les intestins avant de procéder à la combustion.

100 grammes de limaces ont donné :

Matières sèches.......	15,^{gr}12;	eau 84,^{gr}88
Cendres blanches......	3,00	»
Fer exprimé en métal..	0,00176	»

A poids égaux, la limace renfermerait donc deux fois autant de fer que le sang ; mais comme il entre dans le sang beaucoup plus d'eau que dans la chair, la comparaison doit porter sur les matières sèches.

	Fer.
	^{gr}
Dans 100 grammes de sang sec........	0,0177
Dans 100 grammes de limaces sèches.....	0,0078

La différence est dans le même sens que pour les mammifères, mais elle est bien moins grande.

Ainsi, pour le bœuf, si l'on discute les données présentées au commencement de ce travail, on a

	Matières fixes.	Fer.
Dans 100 grammes de sang.....	22,0	0,0525
Dans 100 grammes de chair.....	22,5	0,0048

Après dessiccation :

	Fer.
Dans 100 grammes de sang sec..........	0,239
Dans 100 grammes de chair sèche.........	0,021

On remarque qu'à l'état normal le sang de limaces contiendrait $\frac{1}{15}$ du fer trouvé dans le sang de bœuf. Peut-être pourrait-on soutenir que c'est à cause de l'exiguïté de la proportion de fer que le sang des invertébrés n'est pas sensiblement coloré. Il n'est pas probable cependant qu'il y ait dans le sang blanc à globules elliptiques un composé analogue à l'hématosine, même en minime quantité, par cette raison que, en le concentrant, il ne prend pas la nuance brune caractéristique de la matière colorante du sang rouge.

Les invertébrés n'absorberaient donc que dans une limite extrêmement restreinte les principes ferrugineux des aliments. Les limaces consomment comme nourriture des feuilles vertes dans lesquelles il y a, pour 100 grammes, 0gr,004 à 0gr,007 de fer, dont la plus grande partie a été retrouvée dans les excréments. Dans 100 grammes de déjections humides on a dosé : fer 0gr,075. Aussi ces déjections ont-elles laissé des cendres rougeâtres.

Répartition du fer dans les matériaux du sang.

On s'est proposé de rechercher comment le fer est réparti dans les trois principes essentiels du sang rouge : la fibrine, la matière des globules, l'albumine.

Le sang duquel on a retiré ces principes provenait d'une vache demi-grasse.

Fibrine.

La fibrine a été extraite par le battage du sang encore chaud ; lavée sous un filet d'eau, elle est devenue à peu près incolore.

100 grammes, lavés, bien égouttés, ont donné :

Fibrine sèche. . . . . 29,15^{gr}
Après combustion, cendres. 0,627
Dans lesquelles on a dosé, fer (métal). 0,01357

Rapportant à la fibrine desséchée, 100 grammes contiendraient :

Substances minérales. . . . . 2,1510^{gr}
Fer (métal). 0,0466

Globules.

Les globules ont été préparés par le procédé de M. Dumas, fondé sur une de leurs propriétés bien remarquable, celle d'être insolubles, tant qu'ils sont en contact avec l'oxygène, tant que le sang défibriné, mêlé à une solution de sulfate de soude, est traversé par un courant d'air rapide et continu. L'albumine du sérum est entraînée par la dissolution saline. Les globules sont desséchés dans le vide, traités par l'alcool et l'éther pour les rendre insolubles, puis lavés avec de l'eau afin de leur enlever le sulfate de soude dont ils sont imprégnés ([1]).

4 grammes de la matière des globules, séchée dans le vide, ont laissé :

Cendres rouges volumineuses. . 0,053^{gr} pour 100, 1,325^{gr}
On a dosé : fer exprimé en métal. 0,01399   0,350

([1]) DUMAS, *Recherches sur le sang*. (*Annales de Chimie et de Physique*, 3e série, t. XVII, p. 452.)

Les cendres n'étaient évidemment pas uniquement formées de sesquioxyde, car $0^{gr},35$ de métal équivalent à
$0^m,5o$ de Fe^2O^3.

Il y avait, par conséquent, avec le sesquioxyde d'autres
substances minérales; on a, en effet, reconnu dans les
cendres des globules : de l'acide phosphorique, de la chaux
et de la magnésie.

Albumine-sérum.

La coagulation du sang défibriné n'a eu lieu que très-
incomplétement. Le sérum restait fortement coloré; il
apparut des vibrions.

On réussit mieux avec le sang de vache non défibriné.
Le caillot se déposait encore avec lenteur ; cependant on
put, par décantation, retirer un sérum d'une teinte légèrement rouge, dans lequel au microscope on n'apercevait
pas de globules.

Dans 1o3 grammes de sérum, on a dosé :

Matières sèches......	$9,78$	pour 100,	$9,5o$
Substances minérales..	$0,853$	»	$0,828$
Fer exprimé en métal.	$0,0o842$	»	$0,0o82$

Rapportant à 1oo de sérum sec :

Substances minérales...........	$8,715$
Fer (métal)...................	$0,o86$

Résumé.

Dans 1oo de matières sèches :

	Substances minérales.	er exprimé en métal.
Fibrine...........	$2,15\text{\small i}$	$0,o466$
Globules..........	$\text{\small i},325$	$0,35oo$
Albumine (sérum sec).	$8,715$	$0,o863$

Ainsi on a dosé, dans les globules, sept fois autant de

fer que dans la fibrine, quatre fois autant que dans l'albumine.

Voyons si, avec ces données, on retombera sur la quantité de fer trouvée dans le sang par les dosages exécutés sur ce fluide.

Les analyses ont établi ainsi qu'il suit la composition du sang. Pour 100 :

	Sang de l'homme ([1]).	Sang de vache ([2]).
Fibrine.............	0,3	0,4
Albumine....... ...	7,0	7,4
Globules...........	12,7	10,5
Substances minérales.	1,0	1,0 ([3])
Eau...............	79,0	80,7
	100,0	100,0

D'après la répartition des substances minérales et du fer dans les trois substances azotées constituant le sang, on aurait :

Sang de l'homme.

		Substances minérales.	Fer.
	^{gr}	^{gr}	^{gr}
Fibrine...	0,3	0,00645	0,00014
Albumine.	7,0	0,61005	0,00604
Globules..	12,7	0,16827	0,04445
		0,78477	0,05063

Sang de la vache.

		Substances minérales.	Fer.
	^{gr}	^{gr}	^{gr}
Fibrine...	0,4	0,00860	0,00019
Albumine.	7,4	0,64491	0,00639
Globules..	10,5	0,13912	0,03675
		0,79263	0,04333

([1]) DUMAS.

([2]) GAVARET.

([3]) On avait dosé comme albumine la matière sèche du sérum. On a supposé que dans cette albumine se trouvait 1 de substances minérales.

Par le dosage direct, on a trouvé :

Dans 100 grammes de sang de l'homme, fer (métal). $0,051$

Dans 100 grammes de sang de bœuf, fer (métal).. $0,048$

En prenant la totalité des dosages directs, dans 100 grammes du sang des herbivores, on a rencontré $0^{gr},038$ à $0^{gr},055$ de fer.

Le fer contenu dans le sang, calculé d'après sa répartition dans la fibrine, l'albumine et les globules, ne diffère pas sensiblement du fer dosé directement.

La forte proportion de fer dans les globules rouges tient, à n'en pas douter, à la présence de la matière colorante.

L'hématosine, extraite du sang défibriné, est d'un brun foncé, insipide, insoluble dans l'eau pure, soluble dans l'eau et dans l'alcool rendus légèrement alcalins. Les cendres qu'elle laisse sont très-riches en sesquioxyde de fer.

De l'hématosine, préparée par MM. Tabourin et Lemaire, professeurs à l'École vétérinaire de Lyon, après avoir été séchée dans l'extricateur, a donné pour 100 :

Cendres rouges................ $10,750$

Dans lesquelles on a dosé, fer..... $6,330$

$6,33$ de métal équivalent à $9,043$ de sesquioxyde ; il reste $1,707$ de substances minérales unies ou mêlées à l'oxyde de fer. La réaction du nitrate de cérium ayant signalé la présence de l'acide phosphorique, on a procédé à l'analyse des cendres.

Dans 100 grammes de cendres de l'hématosine, on a dosé :

Sesquioxyde de fer........... $84,121$

Acide phosphorique....... ... $13,512$

Chaux.................... $2,980$
_____
$100,619$

Si l'on considère la chaux comme étant à l'état de

PhO^5, $3CaO$, et l'acide phosphorique restant, après la saturation de la chaux, constituant le phosphate de fer $3PhO^5$, $2Fe^2O^3$, la composition des cendres serait représentée par :

Sesquioxyde de fer............ 75,97^{gr}

Phosphate de fer............. 19,14

Phosphate de chaux........... 5,51

100,62

Sans se préoccuper de la constitution des phosphates qu'elle renferme, la composition de l'hématosine examinée peut être exprimée par :

Matières organiques............ 89,25^{gr}

Sesquioxyde de fer.. 9,04

Acide phosphorique........... 1,45

Chaux...................... 0,72

100,46

Un fait assez inattendu, révélé par ces recherches, c'est que, dans la chair musculaire, il y a bien moins de fer que dans le sang. La différence est même fort notable.

	Dans 100 grammes de sang.	Dans 100 grammes de chair.
Bœuf, fer......	0,047	0,005^{gr}
Porc, fer	0,058	0,003

Cependant le sang et la chair renferment à peu près la même quantité de matières fixes : ce qui a fait dire que le sang est de la chair liquide. L'expression manque peut-être de justesse, parce que le sang, dérivant directement des aliments, comprend nécessairement tout ce qui contribue à constituer l'organisme, tandis que, la chair musculaire étant seulement un des matériaux de l'organisme, on ne doit plus y retrouver, du moins dans la même proportion, les principes du sang dont une partie, les phosphates, concourent au développement des os ; nul doute que du fer accompagne ces phosphates; et c'est ainsi que, dans les concrétions minérales où le calcaire domine, phosphate des os, carbonate des coquilles, on trouve ce métal en assez forte proportion, puisque dans 100 grammes d'os, de coquilles, il y en a quelquefois $0^{gr},04$.

Que le fer soit indispensable à la vie des animaux, cela ressort de sa présence constante, non-seulement dans le sang rouge, mais encore dans le sang blanc; dans le sang des limaces sec, il y en a, pour 100 grammes, $0^{gr},018$, et bien qu'il n'entre pas dans un composé à coloration intense, tel que l'hématosine, ce métal peut fort bien contribuer à l'apparition des faibles teintes jaunes, bleues, roses que prend assez souvent le sang blanc par son exposition à l'air. Le sang des annélides est rouge; et, d'après quelques essais encore incomplets, il s'y trouverait plus de fer que dans le sang des limaces (¹).

L'état morbide, la chlorose, dont les plantes à feuillage vert sont affectées quand le fer vient à manquer dans le sol, prouve la nécessité de son intervention dans la vie des végétaux; on le rencontre, en effet, dans les feuilles vertes, dans les fleurs, les fruits, les tiges, l'écorce et les racines. On ne saurait être aussi affirmatif lorsqu'il s'agit des plantes dénuées de parties vertes; sans doute il y a du fer dans les cryptogames : 100 grammes d'*Agaricus campestris*, de *Neottia nidus avis* en ont donné $0^{gr},0013$, soit environ $0,013$ pour 100 grammes de plante sèche; mais on ne doit pas oublier qu'un végétal puise à la fois dans le sol les substances qui lui sont utiles et les substances qui ne lui sont pas nuisibles; en sorte que le fer pourrait être à un état passif. Une expérience, dont on comprendra

---

(¹) 100 grammes de vers de terre *vidés* ont donné :

Matières sèches... .... $17,^{gr}81$
Cendres rougeâtres .... $4,22$
Fer.......... .. . ... $0,03653$

toutes les difficultés d'exécution, devait seule décider si
le fer entrait réellement dans la constitution de la plante :
il s'agissait de suivre un végétal d'un ordre inférieur dans
son développement, en lui assignant pour sol un milieu
pourvu d'agents fertilisants apportant l'azote, le carbone,
les éléments de l'eau, l'acide phosphorique, les bases alcalines et terreuses. Il fallait, en outre, que l'observateur
pût, à volonté, exclure de ce milieu les sels de fer ou les
faire intervenir, afin d'apprécier nettement leur influence.
Ce sujet a été traité avec une rare persévérance et un
grand talent d'observation par M. Raulin (¹). Il résulte
de son travail qu'une mucédinée, l'*Aspergillus niger*, à
égalité de fertilité du milieu ensemencé de spores, à égalité de température et d'humidité, ne donne des récoltes
maxima qu'autant qu'un sel de fer est au nombre des
agents fertilisants. Par exemple :

Sans l'intervention du fer, la récolte
    sèche pèsera de................ 4 à 7 grammes.
Avec l'intervention du fer, la récolte
    sèche pèsera de................ 19 à 25 »

M. Raulin déduit d'expériences multipliées que 1 gramme
de fer introduit à l'état de sel déterminerait un excédant
de récolte de 857 grammes.

Lorsque l'on n'ajoute pas de fer au *milieu*, la mucédinée
se développe néanmoins dans certaines limites ; on a une
récolte minima. C'est que, en réalité, ainsi que le fait
remarquer M. Raulin, l'élément que l'on croit avoir supprimé existe encore à titre d'impureté. Si le *milieu* dans
lequel on sème les spores pèse, comme c'est souvent le
cas, 3000 grammes, il suffit qu'il s'y trouve un ou deux
millionièmes de fer pour que l'action du métal se mani-

(¹) RAULIN, *Recherches sur le développement d'une mucédinée dans un milieu artificiel*, Thèse présentée à la Faculté des Sciences de Paris.

feste. Il n'en serait autrement que si l'eau, les poussières de l'air, les agents fertilisants employés, même les spores de la mucédinée que l'on sème, étaient absolument exempts de fer, condition que tout observateur considérera comme impossible à réaliser.

Que dans la végétation de l'*Aspergillus*, ainsi que l'insinue M. Raulin, le rôle du fer consiste à empêcher la formation d'une substance vénéneuse nuisant à la végétation, ou bien que le fer entre dans la constitution de la mucédinée, toujours est-il qu'il disparait ; l'observation l'établit, et le sol, après l'avoir perdu, retombe dans l'état de fertilité incomplète où il était avant son intervention. L'*Aspergillus* récolté doit donc contenir du fer. Je n'y ai pas cherché ce métal, mais je l'ai cherché dans du *Penicillum*, obtenu en semant des spores sur du glucose dissous dans le liquide fertilisé de M. Raulin [1], renfermant $0^{gr},064$ de sulfate de fer.

La récolte de *Penicillum* humide a pesé $8,2^{gr}$
          »   sèche a pesé... $1,37$
On a dosé : fer (métal)............... $0,0015$
Le fer du sulfate ajouté devait peser..... $0,0013$

Le fer du milieu fertile avait donc pénétré dans le *Penicillum* récolté.

Après cette discussion, dans laquelle je me suis surtout appuyé sur les belles recherches de M. Raulin, je suis porté à croire que le fer trouvé dans les champignons, dans le *Neottia nidus avis,* dans le *Penicillum,* appartient à la constitution de ces cryptogames, et que, tout au moins, il est indispensable à leur développement.

M. Raulin a reconnu que le fer n'est pas le seul métal agissant avec efficacité sur le développement de l'*Aspergillus;* le zinc posséderait la même faculté ; et si je n'ai

---

[1] RAULIN, p. 115.

pas insisté sur ce fait fort intéressant, c'est que, dans les conditions ordinaires de la vie végétale, le fer seul intervient, parce qu'il est partout : dans la terre, dans l'eau, dans l'humus.

Ainsi que je l'ai dit, on a cherché à établir une analogie entre la matière colorante verte des feuilles et la matière colorante rouge du sang, en se fondant sur ce fait, dont je ne trouve nulle part une confirmation suffisante, que le fer existerait en forte proportion dans la chlorophylle et à l'état où il est dans l'hématosine. D'abord une analyse de M. Plaunder n'y indiquerait qu'une trace de ce métal. Il est, au reste, difficile de raisonner sur la constitution d'une matière que l'on n'a pas encore obtenue pure, et entrant pour si peu dans l'organisme, que Berzélius estimait que toutes les feuilles d'un grand arbre n'en fourniraient peut-être pas 10 grammes. Tout ce que l'on sait, sous le rapport physiologique, c'est que la chlorophylle paraît dériver du protoplasma, qu'elle se répand dans toute la cellule et qu'elle n'est pas autre chose que du protoplasma vert (¹). Mais si l'on ne connaît pas sa nature, son rôle chimique est bien déterminé ; sous l'action de la lumière, elle dissocie l'acide carbonique.

En partant de cette opinion, que le fer est un élément constant de la chlorophylle, on est amené à supposer dans les feuilles vertes une proportion de métal beaucoup plus élevée que dans les feuilles non colorées, que dans les feuilles étiolées. J'avoue que je ne crois pas qu'il en soit toujours ainsi, à moins que la feuille non colorée appartienne à une plante venue dans un sol privé de fer ; mais alors, même à la lumière solaire, la feuille resterait blanche. Il y a certainement dans ce fait, que je crois parfaitement établi, une preuve de l'influence des sels de fer sur l'apparition de la chlorophylle. Dans le cas où la plante aurait

---

(¹) Sachs, *Physiologie végétale*, p. 341 (traduction).

crû dans un sol pourvu de fer, une feuille étiolée, par suite
de sa situation dans l'obscurité, contiendra, comme une
feuille verte, du fer originaire de la terre. Il est vrai que
l'analyse semble indiquer plus de fer dans les feuilles
vertes; mais cette différence pourrait tenir en partie à ce
que, dans les feuilles non colorées, il y a une beaucoup
plus forte quantité d'eau constitutionnelle; c'est ce qu'il
faut examiner.

Un chou pommé a ses feuilles externes épanouies enveloppant des feuilles internes contournées, fortement ser-
rées, que la lumière ne peut plus atteindre; cet étiolement,
opéré naturellement au centre du chou, les jardiniers le
produisent lorsqu'ils veulent *blanchir,* pour les attendrir,
les salades et certains légumes, en ramassant et liant au
sommet les feuilles extérieures, de manière à emprisonner
les feuilles intérieures.

Dans 100 grammes de feuilles vertes de
    choux dosé, fer................... $0,00224$

Dans 100 grammes de feuilles blanches, fer. $0,00080$

Il y aurait près de trois fois autant de fer dans les feuilles
vertes que dans les feuilles blanches. La cause de cette
différence dépend-elle seulement de la présence de la
chlorophylle dans les feuilles vertes? Non : elle provient
aussi de ce que les feuilles non colorées sont plus aqueuses.

100 grammes de feuilles vertes ont donné :

Matières sèches................ $15,2$

Cendres....................... $3,04$

100 grammes de feuilles blanches :

Matières sèches................ $7,6$

Cendres .... $0,63$

Les feuilles vertes, exposées au soleil, contenaient **deux**
fois autant de matières sèches, cinq fois autant de sub-

stances minérales que les feuilles non colorées. Ces différences sont la conséquence de leur position.

La transpiration et, par suite, la fixation des substances
venant du sol ont été naturellement bien plus prononcées
chez les feuilles vertes ; de sorte que, en ramenant à l'état
sec, la différence entre les quantités de fer est singulièrement amoindrie, bien qu'elle persiste cependant.

Dans 100 de feuilles vertes sèches, fer.. $0,01475$
Dans 100 de feuilles blanches sèches, fer. $0,01053$

Le fer existe donc dans les feuilles non colorées comme
dans les feuilles vertes ; il suffit d'ailleurs de les exposer au
soleil, de leur donner de l'air pour qu'elles prennent la
teinte verte. Sous l'action de la lumière, la chlorophylle est
constituée par le concours du fer préexistant.

Je ne crois pas inutile de présenter ici deux observations
tendant à corroborer les faits que l'on vient d'exposer, en
établissant toutefois qu'il y a une plus forte proportion de
métal dans les feuilles les plus colorées. On a d'abord dosé
le fer dans les aiguilles d'un pin *laricio*.

I. Dans 100 grammes d'aiguilles d'anciennes pousses
d'un vert foncé :

Fer.................. ... .. $0,0080$
Matières sèches.............. $44,30$
Cendres.................... $1,36$

Dans 100 grammes d'aiguilles de nouvelles pousses d'un
vert très-pâle :

Fer................ .. .. $0,00096$
Matières sèches.... .... $29,70$
Cendres........ .... $0,58$

Dans les aiguilles anciennes, les plus vertes, il y aurait
dix fois autant de métal que dans les aiguilles les moins colorées.

V.   9

Ramenant à l'état sec :

Dans 100 grammes d'aiguilles vertes, fer . . . . $0,0180$

Dans 100 grammes d'aiguilles peu colorées, fer. $0,0034$

Les aiguilles fortement colorées renfermaient six fois plus de fer que les aiguilles d'un vert pâle.

Les feuilles fraîches sont décolorées quand elles restent en digestion dans l'alcool. La matière verte est dissoute, et, avec elle, la chlorophylle; en conséquence, s'il entre du fer dans la chlorophylle, on le retrouvera parmi les cendres de l'extrait alcoolique; car les autres principes immédiats solubles dans l'alcool, les substances grasses, les résines, sont exempts de ce métal.

100 grammes d'aiguilles anciennes du pin *laricio* ont été épuisés par l'alcool. La solution, d'un beau vert, laissa un résidu brun pesant :

Sec . . . . $6,50$

Après combustion . . . . $0,09$

Dans les cendres on a dosé, fer (métal). $0,0018$

A 100 d'extrait alcoolique sec répondrait $0,0277$ de métal, un peu moins de $\frac{3}{10000}$; mais, dans l'extrait, il n'y avait certainement qu'une bien faible quantité de chlorophylle, sur laquelle il faudrait reporter les $0^{gr},0018$ de fer dosé.

L'alcool n'avait enlevé avec les principes dissous que le quart du fer existant dans les aiguilles du pin *laricio*.

Dans 100 grammes, on avait dosé, fer. $0,0080$

Dans l'extrait alcoolique, provenant des
100 grammes d'aiguilles, fer. . . . . . . $0,0018$

II. Dans 100 grammes de feuilles de chiendent, on avait trouvé :

Fer . . . . $0,0080$

Matières sèches . . . . $18,25$

Cendres . . . . $2,30$

100 grammes des mêmes feuilles, épuisées par l'alcool, étaient complétement décolorées.

La solution alcoolique, d'un beau vert-émeraude, a laissé un extrait sec, pesant. . . . $4^{gr},90$

Après combustion de l'extrait, cendres. . . . $1,10$

Dans les cendres, on a trouvé, fer (métal). $0,00254$

A 100 d'extrait répondait $0,052$ de métal, $\frac{5}{10000}$, attribuable à la quantité inconnue de chlorophylle comprise dans les $4^{gr},90$.

L'alcool avait enlevé un peu plus que le tiers du fer trouvé dans les feuilles de chiendent.

Il résulte de ces expériences que, dans les feuilles, il y a certainement du fer engagé dans une combinaison colorée, soluble dans l'alcool et entrant très-probablement dans la constitution de la chlorophylle. Le métal que l'alcool n'enlève pas avec la matière verte est dans l'organisme de la plante au même titre que les autres substances minérales. Le fer est réparti de la même manière dans les animaux. Dans les globules du sang, il est engagé dans l'hématosine, soluble dans l'alcool rendu alcalin ; le métal qui n'entre pas dans la constitution de la matière colorante rouge est, avec d'autres substances minérales, dans l'albumine et la fibrine.

En parcourant le tableau où les dosages sont consignés, on est frappé de la minime quantité de fer contenue dans certains aliments ; ce fait s'explique en partie par la forte proportion d'eau que retiennent les substances végétales vertes ; aussi, en ramenant ces substances à l'état sec, la proportion de fer augmente naturellement, et les différences sont moins prononcées.

	Fer dosé.	Eau.	Matière sèche.	Dans 100gr de matière sèche. Fer.
	gr	gr	gr	gr
Pommes de terre.	0,0016	76,0	24,0	0,0067
Carotte........	0,0009	87,0	12,4	0,0073
Choux.........	0,0008	90,1	9,9	0,0081
Maïs..........	0,0036	17,0	83,0	0,0044
Riz...........	0,0015	14,6	85,4	0,0018
Haricots.......	0,0074	15,0	85,0	0,0087
Lentilles	0,0083	12,5	87,5	0,0095
Pois	0,0051	14,0	86,0	0,0059
Lait de vache...	0,0018	87,0	13,0	0,0138

On remarquera toutefois que la proportion de fer dans les substances alimentaires végétales sèches est encore bien inférieure à celle des substances animales ramenées aussi à l'état sec.

Dans 100 grammes :

	Fer dosé.	Eau.	Matière sèche.	Dans 100gr de matière sèche. Fer.
	gr	gr	gr	gr
Chair de bœuf.	0,0048	78,0	22,0	0,022
OEufs........	0,0057	80,0	20,0	0,020

C'est que, dans les aliments végétaux, et l'on peut y comprendre le lait, il y a deux ordres de principes immédiats : les principes azotés, accompagnés de phosphates, comme l'albumine, la viande végétale; puis les principes non azotés, tels que la cellulose, l'amidon, les sucres, les graisses, ne laissant aucun résidu après l'incinération, et dans lesquels, par conséquent, le fer n'existe pas; de sorte que, si on les éliminait, on retrouverait concentré dans la viande végétale, ainsi isolée, le métal que l'on aurait dosé dans l'aliment complet. En partant de la composition des substances nutritives (¹), il est possible de déterminer ce

---

(¹) Boussingault, *Économie rurale*, t. II, p. 356, 2ᵉ édit.

qu'elles contiennent de matières azotées et de rechercher si, dans ces matières, la proportion de fer se rapproche de celle de la chair des animaux.

Dans 100 grammes d'aliments à l'état normal :

	Fer dosé.	Viande végétale.	Dans 100gr de Viande végétale. Fer.
Pommes de terre.	0,0016	3,3	0,048
Carotte.........	0,0009	2,5	0,036
Choux.........	0,0008	3,1	0,026
Maïs..........	0,0036	3,1	0,027
Riz...........	0,0015	8,0	0,019
Haricots......	0,0074	30,4	0,024
Lentilles......	0,0083	27,2	0,030
Pois..........	0,0051	26,6	0,019
Lait de vache...	0,0018	4,6	0,039

La moyenne $0^{gr},029$, dans 100 grammes de la matière azotée sèche, préexistant dans l'aliment végétal, ne diffère pas notablement du fer de la chair musculaire du bœuf.

Ainsi la substance azotée, l'aliment plastique élaboré par la plante, contient le métal que l'on trouvera plus tard dans la chair des herbivores; élément essentiel du végétal, il devient un élément essentiel de l'organisme animal. Le fer, après avoir appartenu à la matière colorante verte des feuilles, la chlorophylle, appartiendra plus tard à la matière colorante rouge du sang, à l'hématosine.

De toutes les substances nutritives consommées par l'homme, le sang est certainement l'aliment le plus riche en fer, et je puis ajouter en fer assimilable, par la raison qu'il a déjà été assimilé. En Europe, le sang de porc est à peu près le seul que l'on accepte comme nourriture; le sang des autres animaux de boucherie a une saveur, une odeur particulière, qui font qu'on le repousse. Cependant, dans les steppes de l'Amérique du Sud, on le mange après

l'avoir coagulé et assaisonné avec des condiments très-sa-
pides. C'est un usage fort ancien. Lors de la conquête, les
Espagnols constatèrent avec étonnement que les Indiens de
Cibola (Nouvelle-Espagne) recueillaient avec soin, pour
s'en nourrir, le sang des bisons qu'ils tuaient dans leurs
chasses ([1]).

([1]) Lopez de Gomara, *Historia general de las Indias*, année 1552.

—◦•◦—

SUR LE

DÉVELOPPEMENT PROGRESSIF DE LA MATIÈRE VÉGÉTALE

DANS LA CULTURE DU FROMENT.

Dans un Mémoire sur la nutrition des végétaux, Mathieu de Dombasle a cherché à renverser cette opinion assez accréditée chez les cultivateurs, que les plantes n'épuisent le sol qu'à l'époque où elles forment leurs semences, c'est-à-dire depuis le moment de la fécondation jusqu'à celui de la maturité : ainsi une récolte fauchée lors de la floraison appauvrirait beaucoup moins la terre que si on la laissait mûrir. D'ailleurs, de toutes les parties des végétaux, les graines renferment sous le même poids la plus grande quantité de substances nutritives, et, jusqu'à plus ample examen, il est assez naturel de conclure qu'elles exigent, pour se constituer, une forte dose de principes nourriciers.

A ces faits, Mathieu de Dombasle en a opposé d'autres tout aussi bien constatés, tendant à prouver que les plantes tirent autant de nourriture du sol dans le commencement de leur développement qu'à une époque plus avancée. Ainsi, dans le nombre des végétaux regardés comme épuisants au plus haut degré, il en est qui, dans la culture ordinaire, ne donnent jamais de graines : tels sont les choux, le pastel, le tabac. Enfin on assure avoir reconnu que dans les pépinières où l'on élève, pour les repiquer ensuite, de jeunes plants de colza ou de betteraves, le terrain perd rapidement sa fertilité.

Mathieu de Dombasle n'a pas hésité à attribuer le peu d'épuisement occasionné par certaines récoltes vertes à cette circonstance, qu'elles laissent dans la terre des racines très-développées, comparativement à leur masse totale. Dans un travail présenté à l'Académie, j'ai fait voir que la substance végétale produite dans le cours d'une culture ne se retrouve pas entière dans la récolte fauchée; pour le trèfle, la quantité de matière organique qui reste acquise au sol peut s'élever à plus des $\frac{8}{10}$ du poids du fourrage récolté ([1]). On doit donc poser en principe que toute culture appauvrit le fond dans lequel elle croît, mais que l'épuisement, toujours manifeste quand la plante est enlevée en totalité, devient d'autant moins sensible qu'il reste dans le sol une plus forte proportion de résidus.

La faible action épuisante que les végétaux exercent avant la floraison est donc loin d'établir que, durant leur jeunesse, ils prélèvent peu de chose sur le sol. Les faits prouvent tout le contraire, en même temps qu'ils semblent indiquer qu'à cette époque la plante tient déjà en réserve, accumulée dans son organisme, une grande partie de la matière qui, plus tard, concourt à la formation de la semence. On sait, par exemple, que des végétaux arrachés après leur fécondation donnent des graines, cependant, lorsqu'on les entretient dans un état convenable d'humidité. J'ai vu de l'avoine en fleur dont l'extrémité des racines a été plongée dans de l'eau distillée produire des semences bien constituées. Quand un végétal est fécondé, la reproduction de l'espèce est assurée; car, à la rigueur, elle parvient à s'accomplir sous les seules influences météorologiques. A partir de cette phase de la vie végétale, la matière accumulée se porte vers le point où le fruit doit se développer; on voit s'affaiblir graduellement la couleur verte des feuilles; les

---

([1]) Mémoires sur les résidus des récoltes.

principes sucrés et amylacés, les substances azotées, abandonnent peu à peu les tiges et les racines. Le trèfle, la
betterave, après avoir porté des graines, ne peuvent plus
être considérés comme fourrage; ces plantes n'offrent plus
alors qu'un tissu ligneux et insipide.

Par suite de cette élimination des principes succulents
des racines, on comprend qu'une plante mûre ne laissera
plus dans la terre qu'une faible partie des résidus utiles
qu'elle y aurait laissés avant la maturité. C'est à cette diminution dans la matière organique des débris destinés à
rester dans le sol que Mathieu de Dombasle a attribué l'épuisement occasionné par les récoltes; mais, de cette concentration des sucs vers un seul organe, s'ensuit-il nécessairement
que, du moment où elle commence à se réaliser, la terre et
l'atmosphère n'interviennent plus dans les phénomènes de
la végétation, et que tout le travail d'organisation qui s'accomplit depuis la floraison s'opère uniquement avec les
matériaux amassés dans les tissus de la plante? C'est là ce
que croyait Mathieu de Dombasle. Cependant, après la floraison, les feuilles continuent longtemps encore leurs fonctions aériennes, et l'humidité qu'elles laissent exhaler par
la transpiration prouve que les racines n'ont pas cessé de
fonctionner. On le voit, à une opinion peu fondée on avait
substitué une opinion entièrement contraire, mais qui n'é-
tait pas suffisamment justifiée dans toutes ses parties : on
prétendait que l'assimilation se réalise surtout pendant la
fructification; Mathieu de Dombasle soutint qu'une plante
fécondée renferme déjà tous les éléments nécessaires à la
maturation, et, comme l'habile agronome ne trouvait plus
pour la défense des arguments aussi décisifs que l'étaient
ceux qu'il avait employés pour l'attaque, il en appela à
l'expérience.

Le 26 juin, le blé étant en fleur, on en marqua quarante
pieds bien égaux entre eux. On arracha vingt de ces pieds,
laissant les autres en observation. Après avoir nettoyé et

desséché les vingt premiers plants, on trouva qu'ils se composaient de :

Racines......................	42,6 ^{gr}
Tiges, épis et feuilles..........	126,2
	168,8

Lors de la moisson, qui eut lieu le 28 août, on enleva du champ les vingt pieds restants ; ils donnèrent :

Racines.....	27,2 ^{gr}
Paille, épis et balle, feuilles.....	85,7
Grain.....................	66,5
	179,4

En deux mois, les plants n'ont augmenté que de 11 grammes, c'est-à-dire à peu près de la seizième partie de leur poids. Le blé avait donc acquis, depuis la semaille jusqu'à la floraison, les quinze seizièmes de son poids total. On reconnaît aussi que, si ce froment eût été fauché lors de la floraison, il aurait rendu à la terre, par ces racines, le quart du poids de la récolte, tandis qu'après la maturité il n'a laissé dans le sol que le septième du poids des gerbes.

Ces recherches, provoquées par un concours ouvert devant la Société d'Agriculture de Lyon, furent jugées dignes d'une récompense. Néanmoins le travail de Mathieu de Dombasle fit peu de sensation dans le monde agricole ; il arriva, ce qui n'est pas sans exemple dans les fastes académiques, que le Mémoire fut couronné et oublié.

Cependant les conséquences pratiques de l'expérience que j'ai rapportée sont importantes ; car, s'il est vrai qu'une plante coupée, lorsqu'elle est en fleur, contient déjà, à très-peu près, la totalité de la matière organique, c'est-à-dire autant de substance nutritive qu'elle en renfermera deux ou trois mois après, lors de la maturité, on conçoit que, sous le rapport de la production des fourrages, il deviendrait plus avantageux de faner certaines récoltes vertes

que d'attendre le grain qu'elles pourraient donner plus
tard. Ainsi se trouverait justifiée la méthode, recomman-
dée par quelques cultivateurs, de multiplier les semis et les
coupes fourragères sur la même sole annuelle, méthode
dont le mérite est encore très-douteux aux yeux de bon
nombre de praticiens, mais qui, si elle était fondée, aurait
l'avantage, toujours si appréciable dans la culture, de produire le plus possible de fourrages dans un intervalle de
temps donné. Aussi, laissant de côté l'épuisement du sol,
question tout à fait secondaire, je me suis particulièrement
attaché à vérifier l'exactitude de l'expérience permettant de
tirer les conséquences qui viennent d'être exposées.

J'ai procédé comme Mathieu de Dombasle ; mais, pour
mettre les résultats complétement à l'abri des erreurs très-
graves dépendant de l'imperfection de la dessiccation, j'ai
cru devoir analyser les matières enlevées au sol ; en effet,
l'analyse offre une grande sécurité, parce que, indiquant
les quantités absolues de carbone et d'azote, il est indiffé-
rent que les substances renfermant ces deux éléments soient
pesées à un état plus ou moins sec.

Le 19 mai 1844, j'ai choisi dans un champ de froment
une place où la végétation me parût bien uniforme ; là j'ai
arraché 450 plants, lesquels, débarrassés de la terre adhérente par un lavage et desséchés par une longue exposition
à l'air, ont pesé :

$$
\begin{array}{lr}
\text{Tiges et feuilles} \dots\dots\dots\dots\dots\dots & 2\overset{\text{gr}}{7}7,4 \\
\text{Racines} \dots\dots\dots\dots\dots\dots\dots\dots & 46,0 \\
\hline
& 323,4
\end{array}
$$

Le 9 juin, époque à laquelle le froment entrait en fleur,
j'ai pris à la même place 450 plants ; desséchés, ils ont pesé :

$$
\begin{array}{lr}
\text{Épis en fleur} \dots\dots\dots\dots\dots\dots\dots & 1\overset{\text{gr}}{1}0,5 \\
\text{Tiges et feuilles} \dots\dots\dots\dots\dots\dots & 850,0 \\
\text{Racines} \dots\dots\dots\dots\dots\dots\dots\dots & 99,5 \\
\hline
& 1060,0
\end{array}
$$

Le 15 août, lors de la moisson, 450 plants ont fourni :

$$
\begin{array}{lr}
\text{Grain} \dotfill & 677,1^{\text{gr}} \\
\text{Épis et balle} \dotfill & 154,5 \\
\text{Paille} \dotfill & 927,5 \\
\text{Racines} \dotfill & \underline{121,0} \\
& 1880,1
\end{array}
$$

Rapportant, pour faciliter la comparaison, l'accroissement constaté au plant moyen, on a

$$
\begin{array}{lrl}
\text{Le 19 mai, plant sans fleur} \dotfill & 0,72^{\text{gr}} & \left.\right\} 1,65 \\
\text{Le 9 juin, plant en fleur} \dotfill & 2,36 & \\
\text{Le 15 août, plant chargé de grain.} & 4,18 & \left.\right\} 1,82
\end{array}
$$

Depuis la floraison jusqu'à la moisson, l'accroissement de la matière sèche a eu lieu dans le rapport de 100 à 177, c'est-à-dire que, dans cet intervalle, le poids de la plante a presque doublé, résultat bien différent de celui auquel est arrivé Mathieu de Dombasle.

L'analyse de ces récoltes successives a été faite en prenant, pour représenter chacune d'elles, des quantités proportionnelles des divers organes.

Plants pris le 19 mai.

$$
\begin{array}{lrl}
\text{Tiges et feuilles} \dotfill & 0,515^{\text{gr}} & \left.\right\} 0,615 \\
\text{Racines} \dotfill & 0,100 &
\end{array}
$$

On a dosé :

$$
\begin{array}{llll}
\text{Acide carbonique..} & 0,841^{\text{gr}} & \text{Carbone} \dotfill & 0,2293^{\text{gr}} \\
\text{Eau} \dotfill & 0,320 & \text{Hydrogène} \dotfill & 0,0395
\end{array}
$$

Le même poids, contenant la même proportion des deux matières, a donné $0^{\text{gr}},0105$ d'azote [1].

Par l'incinération, on a retiré 3,7 pour 100 de cendres.

---

[1] Azote, $9^{\text{cc}},2$; température, $16^{\circ},2$; baromètre à zéro, $0^{\text{m}},747$.

On a, pour la composition des plants arrachés le 19 mai :

Carbone.....................	37,3
Hydrogène.................	5,8
Azote......................	1,8
Oxygène....................	51,4
Matières minérales...........	3,7
	100,0

Plants pris le 9 juin.

Soumis à l'analyse :

Tiges et feuilles.........	0,460^{gr}	
Épis en fleur..........	0,060	0,572
Racines..............	0,052	

On a dosé :

Acide carbonique..	0,804^{gr}	Carbone........	0,2193^{gr}
Eau...........	0,317	Hydrogène.....	0,0352

1^{gr},144 du même mélange ont donné 0^{gr},0102 d'azote (¹).

Ces plants ont laissé 2,5 pour 100 de cendres.

Composition.

Carbone.....................	38,3
Hydrogène.................	6,3
Azote......................	0,9
Oxygène....................	52,1
Matières minérales...........	2,5
	100,0

Plants récoltés le 15 août.

Soumis à l'analyse :

Froment.............	0,360^{gr}	
Balles.............	0,082	1,000
Paille..............	0,493	
Racines..............	0,065	

(¹) Azote, 9^{cc},5; température, 8 degrés; baromètre à zéro, 0^m,7517.

On a dosé :

Acide carbonique.. 1,364^{gr} Carbone........ 0,372^{gr}

Eau............ 0,672 Hydrogène...... 0,068

1 gramme du mélange a donné 0^{gr},009 d'azote([1]), et 0,040 de cendres.

Composition.

Carbone.......... 37,2

Hydrogène..... 6,8

Azote............... ... 0,9

Oxygène.................... 51,1

Matières minérales............. 4,0

————

100,0

Résumé de l'expérience.

ÉPOQUE de l'enlèvement des plants.	POIDS des plants secs.	CARBONE.	HYDROGÈNE.	OXYGÈNE.	AZOTE.	SUBSTANCES MINÉRALES.
	gr	gr	gr	gr	gr	gr
19 mai.............	323,4	120,5	18,7	166,0	5,8	12,0
9 juin........	1060,0	406,5	66,8	552,3	9,5	26,5
Accroissement........	736,6	285,5	48,1	386,3	3,7	14,5
15 août............. .	1880,1	699,4	187,8	960,7	16,9	75,2
Accroissement du 9 juin au 15 août...........	820,1	293,4	121,0	408,4	7,4	48,7

Dans l'intervalle de la floraison à la maturité, le poids des plants a presque doublé; mais la vitesse d'assimilation s'est ralentie.

————————

([1]) Azote, 7^{cc},5; température, 10 degrés; baromètre à zéro, 0^m,7515.

	Carbone fixé.	Par jour.
Du 19 mai au 9 juin = 21 jours.	285^{gr},5	13^{gr},6
Du 9 juin au 15 août = 56 jours.	293,4	5,2

Ces résultats établissent que le froment, après la florai-son, continue à fixer dans son organisme les éléments du sol et de l'atmosphère.

———◦◦◦◦◦———

ANALYSES COMPARÉES

DES

ALIMENTS CONSOMMÉS

ET DES

PRODUITS RENDUS PAR UNE VACHE LAITIERE,

EXÉCUTÉES POUR RECHERCHER SI LES ANIMAUX HERBIVORES EMPRUNTENT
DE L'AZOTE A L'ATMOSPHÈRE.

Tout régime alimentaire doit contenir une certaine proportion de matière azotée. La présence de l'azote dans les végétaux employés comme aliments a fait admettre que les herbivores puisent dans leur nourriture l'azote qui entre dans leur constitution.

Dans le cas le plus ordinaire de l'alimentation, l'individu n'augmente pas son poids moyen : c'est ce qui a lieu toutes les fois qu'un animal adulte est soumis à la *ration d'entretien*. On a constaté, par exemple, qu'un homme régulièrement nourri revient chaque jour, et à la même heure, au poids initial. Les agriculteurs savent très-bien qu'à l'aide d'une proportion convenable de nourriture on donne à un cheval les forces nécessaires au travail que l'on en exige, en évitant ainsi que l'animal augmente en chair.

Il est à peu près certain que, dans cette circonstance, la matière élémentaire des aliments consommés doit se retrouver en totalité dans les déjections, les sécrétions et les produits des organes respiratoires. Ainsi, dans cette conjoncture, l'azote, pas plus qu'aucun des autres éléments, n'est assimilé, si l'on entend par assimilation l'addition des principes introduits par la nourriture aux principes déjà existants dans le système. Mais il y a évidemment assimilation, en ce sens que la matière élémentaire des aliments entre et se fixe dans l'organisme, en s'y modifiant, pour remplacer, pour se substituer à celle qui en est journellement expulsée par les forces vitales.

Durant l'alimentation d'un animal jeune, ou bien lors de l'engrais du bétail, les choses se passent différemment ; ici il y a évidemment fixation définitive d'une partie de la matière organique comprise dans la nourriture, puisque, pendant une certaine période, les individus augmentent rapidement en poids et en volume.

En admettant, comme je l'ai fait, qu'un animal soumis à la ration d'entretien rend, dans les différents produits résultant de l'action vitale, une quantité de matière organique précisément égale et semblable à celle qu'il perçoit par ses aliments, j'ai supposé, avec presque tous les physiologistes, que les animaux ne fixent dans leur organisation aucun des principes de l'air qu'ils respirent. S'il en est autrement, la supposition que j'ai faite est décidément erronée, et l'égalité que j'ai admise entre la matière organique qui entre dans le corps d'un animal recevant la ration d'entretien et celle qui en sort ne saurait avoir lieu.

Les recherches des physiologistes s'accordent pour établir que le carbone de l'acide carbonique de l'air n'est point assimilé durant la respiration. On sait, au contraire, que les animaux en versent continuellement dans l'atmosphère ; mais les opinions sont loin d'être aussi unanimes sur le rôle de l'azote. Les uns prétendent que les animaux expirent plus de ce gaz qu'ils n'en inspirent ; d'autres admettent entre le gaz inspiré et le gaz expiré une égalité parfaite ; enfin il en est qui ont conclu de leurs expériences une absorption manifeste d'azote.

V.

La question de savoir si les animaux empruntent directement de l'azote à l'atmosphère ne doit pas être envisagée comme ayant un intérêt purement physiologique; c'est encore, dans mon opinion, une question intéressante de la physique du monde.

L'azote est un élément essentiel à l'existence de tout être vivant, qu'il appartienne d'ailleurs à l'un ou l'autre règne. Si l'on recherche quelle peut être la source de ce principe que l'on rencontre dans les herbivores, on la trouve tout naturellement dans les végétaux consommés comme aliments; si l'on s'enquiert ensuite de l'origine prochaine de l'azote dans les plantes, on la découvre dans les engrais provenant particulièrement de débris animaux; car les plantes, pour prospérer, doivent recevoir par leurs racines une nourriture azotée. On arrive de cette manière à concevoir que ce sont les végétaux qui fournissent l'azote aux animaux, et que ces derniers le restituent au règne végétal, lorsque leur existence est accomplie; on croit reconnaître, en un mot, que la matière organisée vivante tire son azote de la matière organisée morte. Toutefois, il est bon de remarquer que cette dernière conclusion tend à établir que la matière vivante est limitée à la surface du globe, et que sa limite est posée par la quantité d'azote actuellement en circulation dans les êtres organisés; mais la question doit être considérée d'un point de vue plus général, en demandant quelle est l'origine de l'azote qui entre dans la constitution de la matière organique prise dans son ensemble.

Si nous examinons quels sont les gisements de l'azote, nous trouvons, en plaçant en dehors les êtres organisés ou leurs débris, qu'il n'y en a véritablement qu'un seul, et ce gisement, c'est l'atmosphère. Il est donc extrêmement probable que les êtres organisés ont emprunté leur azote à l'atmosphère, comme ils lui ont emprunté le carbone. Cependant les physiologistes, en étudiant les fonctions que les plantes et les animaux exercent dans le milieu aériforme qui les enveloppe, n'ont pas réussi à constater cet emprunt d'azote ; et, pour découvrir que, par une action très-lente, mais suffisamment prolongée, les plantes peuvent prendre de faibles quantités d'azote à l'atmosphère, sans préciser si cet élément vient de l'azote gazeux ou de composés nitrés, de composés ammoniacaux, j'ai dû employer une méthode apportant dans ce genre de recherches une précision que l'on ne peut espérer des procédés manométriques.

Pour arriver à la solution de la question que j'avais en vue, il fallait nécessairement faire porter mes observations sur un animal soumis rigoureusement à la ration d'entretien ; car une des conditions exigées était que le poids normal de l'individu ne variât pas sensiblement pendant la durée de l'expérience. J'ai, pour ce motif, choisi de préférence une vache laitière, parce que la sécrétion du lait s'oppose au développement des dispositions que l'animal pourrait avoir à engraisser.

Pour reconnaître si un animal adulte, dont le poids n'augmente pas par le régime, fixe dans son organisation une partie de l'azote qu'il respire avec l'air atmosphérique, il suffit de comparer la quantité et la nature de la matière élémentaire entrée comme aliment avec la quantité et la nature de la matière élémentaire sortie avec les produits, par les voies urinaires, digestives, et par la sécrétion du lait.

Malheureusement, dans l'état actuel de la Chimie physiologique, nous ne possédons aucune des données indispensables pour établir cette comparaison. Nous ignorons encore la composition des aliments et des fourrages les plus usuels ; nous n'en savons pas beaucoup plus sur les produits d'origine animale ; ceux de la vache, dont nous aurions besoin ici, ont été à peine examinés.

La difficulté d'isoler et de doser les différens principes

immédiats de l'organisme animal, l'ignorance dans laquelle nous sommes encore sur la composition du plus grand nombre de ces principes, étaient autant de raisons pour faire usage d'une méthode qui fût indépendante de ces données.

J'emploie uniquement l'analyse dernière. Je compare la composition élémentaire des aliments à la composition élémentaire des sécrétions et des déjections. Cette méthode permet d'évaluer par différence la matière élémentaire qui s'échappe dans l'acte de la respiration et de la transpiration.

C'est, comme on le voit, la marche analytique que j'ai déjà appliquée avec quelques succès à des recherches délicates de Physiologie végétale.

La vache sur laquelle ont porté les observations était sequestrée dans une stalle de l'étable disposée de manière à recueillir les excréments et l'urine. Chaque jour, durant le dosage, les produits de vingt-quatre heures ont été pesés et mesurés ; puis on les conservait dans une cave dont la température est de $9°,5$. Le lait a été mesuré matin et soir à six heures.

La vache a reçu pour nourriture, toutes les vingt-quatre heures, 16 kilogrammes de pommes de terre, et $7^{kg},500$ de regain de foin de prairie, de qualité excellente, comparable, sous le rapport nutritif, au meilleur foin de trèfle. Avant d'être soumise à l'expérience, la vache avait été mise pendant un mois à ce même régime. Après ce temps, on a trouvé que son poids normal n'avait pas varié d'une quantité appréciable, circonstance qui permet d'admettre que ce poids est resté également invariable pendant les trois jours que le dosage a duré.

La vache a bu dans la stalle, afin d'éviter de la conduire à l'abreuvoir. En trois jours elle a consommé 180 litres d'eau. Un litre de cette eau a donné, par l'évaporation, $0^{gr},834$ de sels alcalins et terreux. Voici quels ont été les produits rendus par la vache pendant les trois jours de dosage.

DATES.	LAIT.	DENSITÉ.	URINE.	DENSITÉ.	EXCRÉMENTS.
	lit		lit		kg
Du 19 au 20 mai.......	8,50	1,035	6,60	1,034	26,25
Du 20 au 21 mai.......	8,00	1,036	7,21	1,035	28,93
Du 21 au 22 mai.......	8,26	1,034	9,99	1,034	30,06
En trois jours..........	24,76	"	23,80	"	85,24
Moyenne pour 24 heures.	8,25	"	7,931	"	28,413

Composition des aliments.

Pommes de terre. — Par une dessiccation à 110 degrés dans le vide sec, 1 gramme de tubercule s'est réduit à $0^{gr},278$.

1 gramme de tubercule sec a laissé $0^{gr},050$ de cendres.

Dans la pomme de terre sèche.

Carbone.........	44,1
Hydrogène.......	5,8
Oxygène.........	43,9
Azote..........	1,2
Sels et terre.....	5,0
	100,0

Les 15 kilogrammes de pommes de terre reçus par la vache équivalent à 4170 grammes de tubercules secs, contenant :

Carbone.........	1839,0
Hydrogène.......	241,9
Oxygène.........	1830,6
Azote..........	50,0
Sels et terre......	208,5
	4170,0

Regain de foin. — Le regain a été analysé avant et après le dosage.

1 gramme de regain, desséché à 110 degrés dans le vide sec, a pesé 0^{gr},842.

1 gramme de regain sec a laissé 0^{gr},100 de cendres.

Dans le regain sec.

Carbone.........	47,1
Hydrogène.......	5,6
Oxygène.........	34,9
Azote...........	2,4
Sels et terre.......	10,0
	100,0

La ration de regain, pesant 7500 grammes, se réduit à 6315 grammes, en la supposant sèche, contenant :

Carbone.........	2974,4
Hydrogène.......	353,6
Oxygène.........	2204,0
Azote...........	151,5
Sels et terre......	631,5
	6315,0

Composition des produits.

Excréments. — Le produit moyen en vingt-quatre heures a été 28^{kg},413.

On a évalué l'humidité, en desséchant à l'étuve trois échantillons pris dans les excréments recueillis chaque jour.

		Après dessiccation à l'étuve.
Excréments du 19 au 20 mai.	18^{gr},15	2,^{gr}662
Excréments du 20 au 21 mai.	20,00	3,221
Excréments du 21 au 22 mai.	20,78	2,980
Matière humide..........	58,93	Mat. sèche. 8,863

1 gramme de matière séchée à l'étuve est devenu, après une dessiccation à 110 degrés dans le vide sec, 0,936. Les 8^{gr},863 se seraient réduits à 8,296. On trouve ainsi que les 28 413 grammes d'excréments humides contenaient 4000 grammes de substance sèche.

1 gramme de matière desséchée a laissé 0^{gr},120 de cendres.

Dans l'excrément sec.

Carbone...........	42,8
Hydrogène.........	5,2
Oxygène...........	37,7
Azote.............	2,3
Sels et terre.......	12,0
	100,0

Le 4000 grammes d'excréments secs renfermaient :

Carbone...........	1712,0
Hydrogène........	208,0
Oxygène..........	1508,0
Azote.............	92,0
Sels et terre......	480,0
	4000,0

Urine. — Le produit moyen en vingt-quatre heures a été de 7^{lit},93 ; la densité étant 1,034, ce volume devait peser 8200 grammes.

595 centimètres cubes, pris proportionnellement aux diverses quantités recueillies chaque jour, ont laissé, après une évaporation au bain-marie, un résidu qui, desséché dans le vide, a pesé 72^{gr},090. Les 7^{lit},93 eussent donné, par conséquent, 960^{gr},8 d'extrait sec.

1 gramme d'extrait d'urine a laissé 0,40 de cendres.

Dans l'urine desséchée.

Carbone........	27,2
Hydrogène......	2,6
Oxygène........	26,4
Azote..........	3,8
Sels...	40,0
	100,0

Les 960^{gr},8 d'extrait d'urine contenaient :

Carbone...	261,4
Hydrogène......	25,0
Oxygène..	253,7
Azote..........	36,5
Sels......	384,2
	960,8

Lait. — La vache a donné 8^{lit},25 de lait en vingt-quatre heures ; la densité étant 1,035, ce lait devait peser 8538^{gr},8.

Dans trois expériences, 20 grammes de lait évaporé au bain-marie ont laissé un extrait qui, desséché à 110 degrés dans le vide sec, a pesé de 2^{gr},690 à 2,700, soit 2,695.

Le lait recueilli en vingt-quatre heures devait renfermer 1150^{gr},6 d'extrait sec.

1 gramme d'extrait a laissé 0,0495 de cendres.

Dans le lait desséché.

Carbone........	54,6
Hydrogène... ...	8,6
Oxygène........	27,9
Azote..........	4,0
Sels et terre......	4,9
	100,0

L'extrait de lait contenait :

Carbone.........	628,2
Hydrogène.......	99,0
Oxygène.........	321,0
Azote..........	46,0
Sels et terre......	56,4
	1150,6

Je résume, dans le tableau placé à la fin de ce Mémoire, le résultat des analyses.

En consultant ce tableau, on reconnaît que la quantité de matière organique contenue dans les produits est moindre que celle qui a été introduite par les aliments ; la différence est due à la portion de cette matière qui s'est échappée par la respiration et la transpiration.

L'azote des produits diffère de 27 grammes en moins de l'azote des aliments ; cette différence n'est peut-être pas assez considérable pour que, sur l'autorité d'une seule expérience, on puisse affirmer que la perte soit réellement due à la dissipation de ce principe ; mais le sens de cette différence rend au moins extrêmement probable que l'azote de l'air n'a pas été assimilé pendant l'acte de la respiration : résultat entièrement conforme à celui déjà obtenu par les plus habiles observateurs.

L'oxygène et l'hydrogène, qui manquent dans la somme des produits, n'ont pas disparu exactement dans les proportions voulues pour former de l'eau ; l'hydrogène en excès pèse $19^{gr},8$; il est vraisemblable que cet hydrogène s'est transformé en eau en se brûlant pendant la respiration, aux dépens de l'oxygène de l'air.

La perte en carbone s'élève à $2211^{gr},8$. En négligeant la quantité de ce principe qui a pu s'échapper par la transpiration cutanée, on trouve qu'il a dû se former 7999 grammes d'acide carbonique (^{1}), dont le volume à zéro et sous la pression de $0^m,76$ serait de 4060 litres. Tel serait le volume de gaz acide carbonique produit en vingt-quatre heures par la vache soumise à l'observation; il résulterait de là qu'une vache peut vicier environ 19 mètres cubes d'air dans un jour.

Les expériences des physiologistes établissent qu'un homme produit, en respirant, 745 à 850 litres d'acide carbonique en vingt-quatre heures. A ce compte, une vache laitière en produirait cinq fois autant.

Enfin, il paraît qu'en vingt-quatre heures la vache a perdu, par la transpiration pulmonaire et cutanée, près de 33 litres d'eau.

EAU REÇUE PAR LA VACHE en vingt-quatre heures.		EAU RENDUE PAR LA VACHE en vingt-quatre heures.	
	kg		kg
Avec pommes de terre.	10,830	Avec excréments. ...	24,413
Avec le regain.......	1,185	Avec urine.........	7,239
Directement........	60,000	Avec lait...........	7,388
Eau entrée.	72,015	Eau sortie..........	39,040
		Eau entrée...	72,015
Eau sortie durant la transpiration pulmonaire et cutanée..			32,975

(^{1}) Les calculs ont été faits avec l'ancien équivalent de carbone, ces analyses ayant été faites en 1839 (*Ann. de Chim. et de Phys.*, 2e série, t. LXXI).

ALIMENTS CONSOMMÉS PAR LA VACHE en vingt-quatre heures.

Aliments	Poids à l'état humid.	Poids à l'état sec.	Carbone	Hydrogène	Oxygène	Azote	Sels et terre.
Pommes de terre.	15000	470	1839,0	241,9	1836,6	50,0	208,5
Regain..........	7500	6315	1954,1	353,6	2204,0	151,5	631,5
Eau.............	60000	"	"	"	"	"	50,0
Somme...... ..	82500	10485	4813,4	595,5	4034,6	201,5	889,0

PRODUITS RENDUS PAR LA VACHE en vingt-quatre heures.

Produits	Poids à l'état humid.	Poids à l'état sec.	Carbone	Hydro- gène	Oxygène	Azote.	Sels et terre.
Excréments.	28413	4000,0	1712,0	208,0	1508,0	92,0	480,0
Urine.......	8200	960,8	261,4	25,0	253,7	36,5	384,2
Lait........	8539	1150,6	628,2	99,0	321,0	46,0	56,4
Somme.....	45152	6111,4	2601,6	332,0	2082,7	174,5	920,6
Report des totaux de la première partie de ce tableau....	82500	10485,0	4813,4	595,5	4034,6	201,5	889,0
Différence.............	37348	4374,6	2211,8	263,5	1951,9	27,0	31,6
Sens de la différence....	—	—	—	—	—	—	+

ANALYSES COMPARÉES

DES

ALIMENTS CONSOMMÉS

ET DES

PRODUITS RENDUS PAR UN CHEVAL SOUMIS A LA RATION D'ENTRETIEN,

EXÉCUTÉES POUR RECHERCHER SI LES HERBIVORES PRÉLÈVENT DE L'AZOTE SUR L'ATMOSPHÈRE.

Le cheval mis en observation avait été nourri depuis trois mois avec la ration alimentaire donnée pendant la durée du dosage. Dans les trois mois, le poids du cheval n'a pas changé d'une manière appréciable.

Toutes les vingt-quatre heures le cheval recevait :

$$\text{Foin} \dots \dots \overset{\text{kg.}}{7},500$$
$$\text{Avoine} \dots \dots 2,270$$

Durant les trois jours que le dosage a duré, le cheval a bu 48 litres d'eau. 1 litre de cette eau a laissé $0^{gr},834$ de résidu.

Les produits recueillis pendant le dosage ont été :

	Excréments.	Urine.	Densité.
	kg.	litr.	
Du 10 au 11 octobre..	14,13	1,50	1,061
Du 11 au 12 octobre..	14,82	0,85	1,067
Du 12 au 13 octobre..	13,80	1,40	1,066

Composition des aliments.

Foin. — Par une dessiccation à 110 degrés dans le vide sec, 1 gramme du foin consommé a perdu, dans une première expérience, $0^{gr},136$ d'eau, et dans une seconde $0^{gr},140$.

1 gramme de foin sec a laissé $0^{gr},090$ de cendres.

Dans le foin sec on a trouvé :

Carbone.........	45,8
Hydrogène	5,o
Oxygène.........	38,7
Azote	1,5
Cendres.........	9,o
	100,0

En vingt-quatre heures le cheval recevait $7^{kg},5o$ de foin ou 6465 grammes supposé sec, contenant :

Carbone.........	2961,0
Hydrogène.......	323,2
Oxygène.........	2502,0
Azote	97,0
Sels et terre......	581,8
	6465,0

Avoine. — 1 gramme d'avoine a perdu $0^{gr},151$ d'eau. 1 gramme d'avoine sèche a laissé $0^{gr},0398$ de cendres. Dans l'avoine sèche, trouvé :

Carbone..............	5o,7
Hydrogène...........	6,4
Oxygène.............	36,7
Azote	2,2
Cendres.............	4,o
	100,0

Le cheval consommait par jour 2270 grammes d'avoine, pesant, sèche, 1927 grammes, contenant :

Carbone.............	977,0
Hydrogène...........	123,3
Oxygène.............	707,2
Azote	42,4
Sels et terre	77,1
	1927,0

ANALYSE DES PRODUITS.

Urine recueillie (¹).

	lit	gr	Pris pour l'analyse.
		gr	cc
Du 10 au 11 octobre...	1,50	1592	200
Du 11 au 12 octobre...	»	907	107
Du 12 au 13 octobre...	»	1492	187
En trois jours..........		3991	494

Ces 494 centimètres cubes ont donné un extrait qui, desséché dans le vide sec, a pesé $65^{gr},10$. Les $3^{lit},75$ d'urine recueillis en trois jours eussent donné $835^{gr},30$ d'extrait sec.

La stalle dans laquelle le cheval était placé pendant l'expérience a été lavée; les eaux de lavage réunies avaient un volume de $3^{lit},75$ et une densité de $1,012$.

250 centimètres cubes de cette eau ont donné un extrait d'urine qui, séchée dans le vide sec à 110 degrés, a pesé $4^{gr},626$. Les $3^{lit},75$ eussent donné $69^{gr},390$ d'extrait sec. L'extrait sec obtenu en soixante-douze heures est donc, en totalité, de $704^{gr},7$ ou $301,6$ en vingt-quatre heures.

$2^{gr},061$ d'extrait sec d'urine ont laissé $1,011$ de cendres.

Si l'on faisait entrer dans le calcul des analyses la cendre trouvée directement, on commettrait une erreur assez grave, portant entièrement sur l'oxygène. En effet, les sels alcalins à acides organiques de l'urine du cheval, comme l'hippurate, fournissent par l'incinération des carbonates alcalins. Le poids de l'acide carbonique du carbonate de potasse est évidemment de trop dans le poids des cendres. Pour le retrancher, j'ai dû doser l'acide carbonique.

$0^{gr},990$ de cendres ont donné $0,256$ d'acide. Les $1^{gr},011$ en contenaient par conséquent $0,261$. D'après cela, le poids des cendres se réduit à $0,750$, ou $36,4$ pour 100.

(¹) Une partie de l'urine restait mêlée aux excréments. Le cheval urinait peu.

Toutefois il existe encore une erreur dans cette évaluation des cendres, parce que l'extrait d'urine contient une petite quantité de carbonate ; mais cette erreur, d'ailleurs fort peu importante, n'influe nullement sur le dosage de l'azote.

C'est pour ne pas avoir tenu compte de cette source d'erreurs que j'ai trouvé, dans les expériences sur la vache, un excès considérable de matières salines et terreuses dans les produits. C'est vraisemblablement à la même négligence que Vauquelin doit d'avoir obtenu dans les excréments des poules une quantité de substances terreuses beaucoup plus considérable que celle qui avait été introduite avec les aliments.

Les excréments du cheval peuvent également contenir des sels alcalins à acides organiques, et donner par l'incinération un *excès de cendres ;* mais je me suis assuré que l'erreur que l'on peut commettre est de nature à être négligée.

Composition de l'extrait d'urine.

Carbone..............	36,0
Hydrogène............	3,8
Oxygène..............	11,3
Azote................	12,5
Cendres..............	36,4
	100,0

Les 302 grammes d'extrait sec d'urine, recueillis en vingt-quatre heures, renfermaient :

Carbone..............	108,7
Hydrogène...........	11,5
Oxygène..............	34,1
Azote................	37,8
Sels et terre..........	109,9
	302,0

Excréments. — Chaque jour on a pris pour l'analyse des échantillons proportionnels. 61 grammes d'excréments frais, après une dessiccation complète terminée dans le vide sec à 110 degrés, ont pesé 15^{gr},090.

Les 14^{kg},25 d'excréments, produit moyen rendu par le cheval en vingt-quatre heures, eussent pesé secs 3525 grammes.

1 gramme d'excréments secs a laissé 0,163 de cendres.

Composition des excréments du cheval.

Carbone	38,7
Hydrogène	5,1
Oxygène	37,7
Azote	2,2
Cendres.	16,3
	100,0

Les 3525 grammes contenaient :

Carbone	1364,2
Hydrogène	179,8
Oxygène	1328,9
Azote	77,6
Sels et terres	574,5
	3525,0

Je résume dans un tableau les résultats précédents. On peut voir que le cheval n'a pas rendu dans les déjections la totalité de l'azote perçu avec les aliments; le poids de l'azote en moins s'élève à 24 grammes en vingt-quatre heures.

L'oxygène et l'hydrogène qui ont disparu ne sont pas exactement dans les proportions voulues pour faire de l'eau; on remarque un excès d'hydrogène de 23 grammes.

Le carbone perdu en vingt-quatre heures, et qui a dû s'échapper par la respiration et la transpiration, s'élève à 2465 grammes, quantité qui équivaut à 8915 d'acide carbonique ; soit, en volume, 4525 litres sous la pression de 0^m,76 et à zéro. Tel serait, d'après l'analyse élémentaire, le volume d'acide carbonique produit par un cheval en vingt-quatre heures. Pour une vache laitière, l'analyse a indiqué pour ce volume, sous les mêmes conditions et dans le même temps, 4040 litres.

Les recherches faites sur la vache et le cheval établissent donc que l'azote de l'air n'est point assimilé pendant l'acte de la respiration des herbivores, résultats entièrement conformes à ceux obtenus par Dulong.

EAU REÇUE PAR LE CHEVAL en vingt-quatre heures.		EAU RENDUE PAR LE CHEVAL en vingt-quatre heures	
	gr		gr
Avec le foin.........	1035	Avec l'urine.........	1028
Avec l'avoine........	448	Avec les excréments..	10726
Directement...	16000		
Somme	17378	Somme	11753
Total de l'eau reçue par le cheval en vingt-quatre heures.			17378
Eau sortie par la transpiration pulmonaire et cutanée ...			5625

ALIMENTS CONSOMMÉS PAR LE CHEVAL en vingt-quatre heures.

Alimens	Poids à l'état humid.	Poids à l'état sec.	Carbone	Hydrogène	Oxygène	Azote	Sels et terre
Foin..........	7500	6465	2961,0	223,2	3102,0	97,0	581,8
Avoine........	2270	1927	977,0	123,3	707,2	42,4	77,1
Eau....	16000	"	"	"	"	"	13,3
Somme..... ...	25770	8392	3938,0	446,5	3209,2	139,4	672,2

PRODUITS RENDUS PAR LE CHEVAL en vingt-quatre heures.

Produits	Poids à l'état humid.	Poids à l'état sec.	Carbone	Hydrogène	Oxygène	Azote	Sels et terre
Urine......	1330	302	108,7	11,5	34,1	37,8	109,9
Excréments.	14250	3525	1364,2	179,8	1328,9	77,6	574,6
"	"	"	"	"	"	"	"
Somme.....	15580	3827	1472,9	191,3	1363,0	115,4	684,5
Report des totaux de la première partie de ce tableau....	25770	8392	3938,0	446,5	3209,2	139,4	672,2
Différence...........	10190	4565	2465,1	255,2	1846,2	24,0	12,3
Sens de la différence...	—	—	—	—	—	—	+

ANALYSES COMPARÉES

DE

L'ALIMENT CONSOMMÉ

ET DES

EXCRÉMENTS RENDUS PAR UNE TOURTERELLE,

FAITES EN VUE DE RECHERCHER S'IL Y A EXHALATION D'AZOTE PENDANT LA RESPIRATION DES GRANIVORES.

§ I. — Ces recherches ont été faites pour constater si les granivores émettent, pendant l'acte de la respiration, de l'azote provenant de leur organisme; en d'autres termes, on s'est proposé d'examiner si un oiseau adulte, nourri d'une manière régulière et dont le poids n'augmente pas, rend dans ses déjections la totalité de l'azote qui faisait partie des aliments qu'il a consommés.

L'émission d'azote est assez généralement admise aujourd'hui, par suite des expériences de Dulong et de Despretz. Les expériences précédentes semblent conduire à la même conclusion, bien qu'elles aient été spécialement entreprises pour rechercher s'il y avait de l'azote de l'air assimilé. J'ai cru devoir étudier de nouveau la question, en faisant porter mes recherches, non plus sur de grands herbivores, mais sur un oiseau qui, par son peu de volume et la nature de ses déjections, permettait d'arriver à une plus grande précision. La tourterelle soumise à l'observation était, depuis longtemps, nourrie uniquement avec du millet; elle fut mise dans une cage dont le fond, recouvert par une plaque de verre, laissait recueillir sans aucune perte les excréments. Le millet donné comme nourriture était contenu dans un vase de porcelaine un peu profond, ayant une

11.

capacité sensiblement conique, la petite base du cône formant l'orifice de la mangeoire ; à l'aide de cette disposition, la tourterelle n'a pas laissé tomber un seul grain de millet dans la cage.

Dès le commencement des expériences, le millet destiné à l'alimentation a été conservé dans un flacon bouché, afin que, pendant toute leur durée, la proportion d'humidité qu'il contenait restât constamment la même. Chaque jour, à la même heure, on pesait une certaine quantité de graine que l'on mettait dans la mangeoire, après avoir enlevé et pesé celle qui restait de la ration donnée la veille. On connaissait ainsi, avec exactitude, le millet consommé en vingt-quatre heures, et, bien que la nourriture ait été de la sorte donnée à discrétion, la tourterelle s'est rationnée elle-même avec assez de régularité.

Les excréments étaient recueillis tous les jours, au moment où l'on donnait la ration de millet ; ils ont constamment offert la même apparence, la même forme sphéroïdale ; à cause de leur consistance on les enlevait avec facilité : à la fin d'une expérience, on détachait de la plaque de verre recouvrant le plancher de la cage les quelques parcelles de matières restées adhérentes. Les excréments rendus dans les vingt-quatre heures ont d'abord été pesés humides ; immédiatement après la pesée, on les desséchait dans une étuve chauffée à 40 ou 50 degrés. On s'est astreint à dessécher à cette basse température, dans la crainte, probablement exagérée, de dissiper quelques principes volatils azotés. La température de la chambre dans laquelle séjournait la tourterelle ne dépassa jamais 10 à 11 degrés ; de sorte que les déjections, avant de passer à l'étuve, se trouvaient à l'abri de toute fermentation pouvant donner lieu à des vapeurs ammoniacales.

Les expériences ont été divisées en deux séries : la première série comprend cinq jours d'observations : la seconde, sept jours.

§ II. — PREMIÈRE SÉRIE. *Cinq jours d'observations.*

ÉPOQUES.	EN VINGT-QUATRE HEURES.		POIDS de LA TOURTERELLE.
	Millet consommé.	Excrém. humides recueillis.	
Premier jour	gr 15,45	gr 7,19	gr 187,90
Deuxième jour.....	15,53	7,11	"
Troisième jour.....	16,94	8,04	"
Quatrième jour....	14,55	7,54	"
Cinquième jour. ..	14,17	7,42	186,27
En cinq jours......	76,64	37,30	

Analyse du millet consommé dans les deux expériences.

Dessiccation. — 1^{gr},871 ont perdu à la température de 130 à 135 degrés, après un séjour dans le vide sec, 0,263 d'eau. Eau pour 100 = 14,0.

Les 76^{gr},64 de millet mangé par la tourterelle dans cette première série contenaient réellement 65,91 de millet sec.

Cendres. — 2^{gr},880 de millet normal = 2,477 de millet sec ont laissé 0,064 de cendres très-blanches et fortement calcinées : on a ainsi, pour 100, dans le millet normal, 2,22 de cendres: dans le millet sec, 2,58.

Azote.

	Millet normal.	Millet sec.	Azote.	Tempé- rature.	Baromètre a zéro.	Azote en poids.	Azote dans 100 de millet sec.	
	gr	gr	cc	o	m	gr		
I.....	0,775	0,6665	17,8	11,0	0,7693(¹)	0,0215	3,20	} 3,30
II....	0,7795	0,6704	19,1	13,5	0,7642	0,0226	3,40	

(¹) Corrigé pour la tension, le gaz ayant été mesuré sur l'eau.

Pression.

m
I..... 0,7595
II................. 0,7527

Carbone et hydrogène.

	Millet normal.	Millet sec.	Eau contenue.	Acide carbonique.	Eau dosée (1).	Dans 100 de millet sec.	
						Carbone.	Hydrogène.
	gr	gr	gr	gr	gr		
I ...	0,567	0,4876	0,0794	0,822	0,357	45,97	6,29
II ...	0,636	0,5470	0,0890	0,930	0,399	46,17	6,30
					Moyenne.....	46,07	6,295

Composition, à l'état sec, du millet consommé.

Carbone.............	46,07
Hydrogène.	6,29
Azote	3,30
Oxygène............	41,76
Matières salines........	2,58
	100,00

Analyse des excréments.

Première dessiccation. — Les 37gr,30 d'excréments humides pesaient à la sortie de l'étuve 16,220 : la matière sèche a été broyée, introduite dans un flacon et mélangée intimement; c'est à cet état qu'elle a été analysée.

Deuxième dessiccation. — 2gr,257 de la poudre précédente, après une dessiccation prolongée dans le vide sec et à la température de 130 à 135 degrés, se sont réduits à 2,093 = eau 0,164 : pour 100, eau 7,27. Les 37gr,30 d'excréments humides représentent par conséquent 15gr,04 d'excréments complétement desséchés.

Cendres. — 1gr,440 de matière desséchée à l'étuve, répondant à 1gr,3365 d'excréments entièrement secs, ont laissé 0gr,158 de cendres très-blanches fortement calcinées. Pour 100 d'excréments secs, cendres 11,80.

---

(1) L'eau *dosée* renferme nécessairement l'eau *contenue.* Pour calculer l'hydrogène du millet *sec,* on a retranché la première de la seconde.

Azote. — $0^{gr},4775$ de matière séchée à l'étuve $= 0,4428$ de matière sèche ont donné :

Azote $34^{cc},1$; température, 13 degrés; baromètre à zéro, $0^m,7692 =$ azote en poids, $0^{gr},04092$ ([1]).

Azote pour 100, dans les excréments séchés à l'étuve, $8,57$; dans les excréments séchés à 135 degrés, $9,24$.

Carbone et hydrogène.

I...	Matière séchée à l'étuve.	0,605	Ac. carbon.	0,812	Eau dosée.	0.292
II..	Id.	0,600	Id.	0,812	Id.	0,310
		1,205		1,624		0,602
	Humidité contenue	0,088				0,088
	Excréments secs.........	1,117	Eau dosant l'hydrogène....			0,514

On a pour la composition des excréments secs :

Carbone...	39,65
Hydrogène...........	5,11
Azote	9,24
Oxygène.............	34,20
Matières salines........	11,80
	100,00

([1]) Pression $0^m,758$.

§ III. — Deuxième série. *Sept jours d'observations.*

ÉPOQUES.	EN VINGT-QUATRE HEURES.		POIDS de la TOURTERELLE.
	Millet consommé.	Excrém. humides recueillis.	
Premier jour......	17,74	8,26	186,97
Deuxième jour.....	15,31	9,05	186,17
Troisième jour.....	17,02	10,37	//
Quatrième jour....	16,82	8,14	//
Cinquième jour....	17,54	9,07	187,27
Sixième jour.......	15,78	8,05	//
Septième jour.. ...	17,41	9,45	185,47
En sept jours.....	117,62	62,99	

Analyse des excréments.

Première dessiccation. — Les 62^{gr},99 d'excréments humides ont pesé, après la dessiccation à l'étuve, 26^{gr},176.

Deuxième dessiccation. — 2^{gr},738 de matière sortant de l'étuve, mis dans le vide sec, à la température de 130 à 135 degrés, se sont réduits à 2^{gr},517 = eau 0^{gr},221, pour 100, 8,10. Les 62^{gr},99 d'excréments humides contenaient alors 24^{gr},056 de matières sèches.

Cendres. — 2^{gr},883 d'excréments séchés à l'étuve = 2^{gr},6495 de matière séchée dans le vide ont laissé 0^{gr},284 de cendres parfaitement blanches; pour 100, cendres, 10,72.

Azote. — 0^{gr},4755 de matière séchée à l'étuve = 0,437 de fiente sèche ont donné :

Azote, 33 centimètres cubes: température, 13°,2; baromètre à zéro, 0^{m},7667 = azote en poids 0^{gr},03984 = azote dans 100 d'excréments secs, 9,12 ([1]).

([1]) Pression 0^{m},7554.

Carbone et hydrogène.

	gr		gr		gr
Matière séchée à l'étuve..	o,610	Acide carbon.	o,835	Eau.	o,3o2
Eau contenue..........	o,o495				o,o495
Matière sèche..........	o,56o5	Eau dosant l'hydrogène..			o,25a5

Composition des excréments secs de la deuxième série.

Carbone.........	4o,63
Hydrogène.......	5,oo
Oxygène........	9,12
Azote...........	34,53
Matières salines....	10,72
	100,00

Le résumé des deux expériences se trouve consigné dans le tableau suivant :

Aliments consommés et excréments rendus par une tourterelle, pendant cinq jours. — 1re *expérience.*

	POIDS à l'état norm.	POIDS à l'état sec.	EAU contenue.	PRINCIPES CONTENUS DANS L'ALIMENT ET DANS L'EXCRÉMENT.					POIDS DE LA TOURTERELLE avant et après l'expérience.
				Carbone.	Hydrogène.	Oxygène.	Azote.	Matières salines.	
Millet consommé...	gr 76,64	gr 65,91	gr 10,73	gr 30,37	gr 4,15	gr 27,52	gr 2,17	gr 1,70	gr Au commencem. 187,90
Excréments rendus...	37,30	15,04	22,26	5,96	0,77	5,15	1,39	1,77	A la fin........ 186,27
Principes éliminés en cinq jours.........				24,41	3,38	22,37	0,78	"	

Aliments consommés et excréments rendus par une tourterelle, pendant sept jours. — 2e *expérience.*

	POIDS à l'état norm.	POIDS à l'état sec.	EAU contenue.	PRINCIPES CONTENUS DANS L'ALIMENT ET DANS L'EXCRÉMENT.					POIDS DE LA TOURTERELLE avant et après l'expérience.
				Carbone.	Hydrogène.	Oxygène.	Azote.	Matières salines.	
Millet consommé...	gr 115,62	gr 101,15	gr 16,47	gr 46,60	gr 6,36	gr 43,24	gr 3,34	gr 2,61	gr Au commencem. 186,70
Excréments rendus...	62,99	24,056	38,934	9,77	1,20	8,31	2,20	2,58	A la fin........ 185,47
Principes éliminés en sept jours.....				36,83	5,16	33,93	1,14	"	
Principes éliminés en douze jours....				61,24	8,54	56,30	1,92	"	
Principes éliminés en vingt-quatre heures......				C 5,10	H 0,71	O 4,69	Az 0,16	"	
Carbone brûlé dans une heure......				0,212	"	"	"	"	

En prenant la moyenne, on trouve qu'une tourterelle pesant environ 187 grammes brûle, en respirant, pendant vingt-quatre heures, 5^{gr},10 de carbone ; elle émet, en conséquence, dans le même espace de temps, 18^{gr},70 d'acide carbonique et o^{gr},16 d'azote ; soit en volume : acide carbonique, 9^{lit},441 ; azote, o^{lit},126. D'où il résulte que l'azote exhalé provenant de l'organisme est à peu près le centième en volume de l'acide carbonique produit, résultat conforme, quant au fait de l'exhalation de l'azote, à celui obtenu par Dulong et par Despretz, mais qui en diffère notablement sous le rapport quantitatif, en ce que l'azote exhalé, si on le compare au gaz acide carbonique, est en proportion beaucoup plus faible que dans les expériences de ces physiciens. Néanmoins, toute minime que soit cette quantité d'azote, elle constitue cependant le tiers de celle qui entre dans la ration alimentaire de la tourterelle ; dans la condition de nourriture où se trouvait placé ce granivore, les déjections ne renfermaient plus que les deux tiers de l'azote qui préexistait dans le millet consommé.

Ainsi, indépendamment des modifications que les aliments, ou plutôt le sang qui en dérive, subissent pendant la combustion respiratoire, on peut concevoir qu'une partie des principes azotés de l'organisme éprouve une combustion complète, de manière à donner lieu à de l'acide carbonique, à de l'eau et à de l'azote : à moins de supposer que, sous certaines influences, l'azote des composés quaternaires peut être éliminé en partie, en donnant naissance, par cette élimination, à des composés ternaires ; ou bien encore qu'une partie de l'azote disparu soit entrée dans l'organisme de l'animal, malgré la faible diminution de poids accusée par la balance.

En consultant le tableau qui résume les deux expériences, on s'aperçoit que l'hydrogène et l'oxygène éliminés ne sont pas dans le rapport voulu pour constituer l'eau. En effet, l'oxygène dissipé dans un jour, étant 4^{gr}.69, exigerait o^{gr},586 d'hydrogène: par conséquent, l'hydrogène excédant, qui est brûlé comme l'est le carbone par le concours de l'oxygène de l'air, est alors o^{gr},12.

En considérant la respiration comme un phénomène de combustion, les données précédentes indiqueraient qu'une tourterelle du poids de 187 grammes, respirant librement dans une atmosphère à 8 ou 10 degrés centigrades, où elle brûle en vingt-quatre heures 5^{gr}, 1 de carbone et 0, 12 d'hydrogène, peut dégager assez de chaleur pour entretenir sa masse à une température à peu près constante de 41 à 42 degrés, tout en volatilisant l'eau qui sort par la transpiration pulmonaire et cutanée, eau dont la quantité, comme on va le voir, s'élève à plus de 3 grammes.

Dans une première expérience, la tourterelle soumise au régime du millet a bu, en deux jours.. 12^{gr},80 d'eau distillée.
Dans une autre expérience.................... 12^{gr},70   »

En quatre jours...... 25^{gr},50; par jour 6,378.

Il est possible, maintenant, d'estimer approximativement la quantité d'eau que l'animal perdait par la transpiration :

	gr
En douze jours, la tourterelle a pris, avec les 194^{gr}, 26 de millet consommé, eau..................................	27,30
Eau bue directement.................................	76,50
Eau entrée.......................................	103,80
Eau contenue dans les 100^{gr}, 29 d'excréments humides..........	71,19
Différence ou eau sortie par la transpiration pulmonaire et cutanée.	32,71
Par jour.	2,73
Eau formée dans un jour par les o^{gr}, 12 d'hydrogène excédant ..	1,08
Eau totale éliminée en vingt-quatre heures par la transpiration..	3,81

On n'a pas retrouvé dans les déjections rendues par la tourterelle tout l'azote contenu dans l'aliment consommé. Le résultat analogue obtenu dans les expériences faites sur des herbivores, s'il établit la non-assimilation de l'azote de l'atmosphère, peut laisser des doutes sur le fait de l'exhalation, à cause du poids considérable des matières dont il fallait apprécier la constitution. Effectivement, les erreurs d'analyse étaient multipliées par de grands nombres. Il n'en est plus ainsi dans les observations sur le granivore. Cherchons, par exemple, en admettant qu'il devait y avoir égalité entre l'azote de l'aliment et l'azote des excréments, l'erreur d'analyse qu'il fallait commettre pour arriver aux différences que nous avons constatées. Admettons d'abord que le dosage de l'aliment soit incorrect.

Dans l'expérience II, les 24^{gr},056 d'excréments secs recueillis en sept jours renfermaient 2^{gr},20 d'azote.

Les 101^{gr},15 de millet consommés, pour que l'égalité existât, devaient en contenir aussi 2^{gr},20, soit, pour 100, 2,18 au lieu de 3,30, ce qui revient à dire que les 0^{gr},670 de graine sèche auraient dû fournir, par la combustion, 11^{cc},8 de gaz azote, au lieu de 18 centimètres cubes que l'on a mesurés. Une erreur de cet ordre n'est pas admissible.

Si l'on suppose maintenant que le dosage des excréments soit erroné, pour qu'il y ait égalité, il faudrait que les 24^{gr},056 de déjections sèches continssent, comme le millet sec, 3^{gr},34 d'azote ou 13,9 pour 100 au lieu de 9,12. Les 0^{gr},437 de déjections sèches que l'on a brûlées devaient donner 48 centimètres cubes de gaz azote, au lieu de 31^{cc},3 que l'on a recueillis. Ici encore une erreur de cette nature est impossible.

On n'a donc pas retrouvé dans les déjections l'azote constitutif de l'aliment. On a vu que, l'azote manquant, l'azote exhalé par la tourterelle a été, en volume, environ le centième du gaz acide carbonique expiré pendant la respiration.

Dans leurs belles recherches sur la respiration, MM. Regnault et Reiset, par huit expériences faites sur des poules, ont trouvé que le rapport entre le poids de l'oxygène consommé et celui de l'azote exhalé était, en moyenne, de 0,0085.

L'oxygène consommé représentant à très-peu près, en volume, l'acide carbonique formé, on aurait 0,0086 pour le rapport entre le volume de l'acide carbonique produit et celui de l'azote exhalé. Cinq expériences faites sur de petits oiseaux, verdiers, becs-croisés et moineaux, ont donné pour rapport, entre le poids de l'oxygène consommé et le poids de l'azote exhalé, 0,011 (¹).

Dans de nouvelles observations sur la respiration des animaux d'une ferme, faites récemment par M. Reiset, en suivant la méthode directe adoptée dans les recherches qu'il avait exécutées en commun avec M. Regnault, le rapport entre le poids de l'azote exhalé et celui de l'oxygène consommé a été :

Pour deux dindons pesant 12ᵏᵍ,25 ... 0,0085
» quatre oies » 18ᵏᵍ,20.... 0,0066 (²)

§ IV. — *Observations sur la quantité d'acide carbonique formée pendant la respiration de la tourterelle.*

Les résultats obtenus par la méthode indirecte ont été contrôlés en faisant respirer une tourterelle sous une cloche, où l'air, sans cesse renouvelé, laissait dans un appareil absorbant l'acide carbonique dont il était chargé.

Je rapporterai maintenant les résultats obtenus avec la tourterelle, objet des observations précédentes; elle était au même régime (³).

(¹) Regnault et Reiset, *Annales de Chimie et de Physique*, 3ᵉ sér., t. LXVI.

(²) Reiset, *Comptes rendus des séances de l'Académie des Sciences*, t. LVI, p. 746.

(³) Boussingault, *Annales de Chimie et de Physique*, 3ᵉ série, t. XI, p. 433.

DURÉE de l'expérience.	ACIDE carboniq dosé.	ACIDE carboniq produit en 1 heure.	CARBONE brûlé dans 1 heure	REMAR-QUES.	ÉPOQUES de LA JOURNÉE.
h m	gr	gr	gr		h m h m
5.13	4,579	0,854	0,223	Jour.	De 11.12 à 4.25
6.43	7,611	1,133	0,309	Jour.	De 7.48 à 2.31
6. 0	5,100	0,850	0,232	Jour.	De 10.55 à 4.55
3.26	1,844	0,537	0,147	Nuit.	De 6.13 à 9.39
5.14	3,197	0,651	0,177	Nuit.	De 5.39 à 10.53 [1]

Ce que l'on regarde à la première inspection du tableau, c'est la différence considérable qui existe entre les quantités d'acide carbonique exhalé durant le jour et durant la nuit. On a déjà observé une différence dans le même sens, en étudiant la respiration de l'homme. Dans la seconde expérience, la tourterelle a produit, le jour, dans le même temps, beaucoup plus d'acide carbonique. Les deux expériences exécutées dans la nuit ont donné d'ailleurs, pour le carbone brûlé dans une heure, des nombres assez discordants. La

[1] On a fait, depuis, sur deux autres tourterelles quelques expériences dont voici les résultats :

SEXE ET POIDS de L'ANIMAL.	DURÉE de l'expérience.	ACIDE carbonique dosé.	ACIDE carb. produit en 1 heure	CARBONE brûlé en 1 heure	REMAR-QUES.	ÉPOQUES de LA JOURNÉE.
Tourterelle mâle pesant 185 grammes.	h m s 1.42.00	gr 1,318	gr 0,865	gr 0,236	Jour.	h m s h m s De 4.30. 0 à 6.12. 0
	1.42.00	1,484	0,874	0,238	Jour.	De 2.31. 0 à 4.13. 0
Tourterelle femelle du poids de 133 grammes.	1.32.30	1,078	0,773	0,211	Jour.	De 11.44. 0 à 1.16.30
	1.24.00	1,041	0,728	0,198	Jour.	De 2. 5. 0 à 3.29. 0
	1.30.30	0,760	0,591	0,161	Nuit.	De 8.22. 0 à 9.52.30
	1.47.30	0,860	0,478	0,130	Nuit.	De 8. 1.30 à 9.49. 0

respiration paraît donc assez irrégulière, et il est vraisemblable qu'en déduisant d'une observation de courte durée l'acide carbonique qu'un individu exhale dans un jour, on aurait un résultat peu exact. La grande différence entre les produits de la respiration pendant l'état de veille, ou durant le sommeil d'un animal, explique cette irrégularité ; car dans le jour, surtout chez les animaux confinés dans un appareil, il survient souvent un état voisin de l'assoupissement, auquel succède quelquefois une extrême agitation.

Les analyses de la nourriture et des déjections ont donné, pour le carbone brûlé dans une heure par la tourterelle :

$$\begin{array}{ll}
\text{La première expérience}\dots & 0,203^{gr} \\
\text{La seconde}\dots & 0,219 \\
\hline
\text{Moyenne}\dots & 0,211
\end{array}$$

En prenant la moyenne des observations directes consignées dans le tableau ci-dessus et en supposant pour le jour entier douze heures de veille et douze heures de sommeil, ce qui était à peu près le cas à l'époque où les expériences ont été faites, on a :

$$\begin{array}{ll}
\text{Carbone brûlé dans le jour}\dots & 0,255^{gr} \\
\text{Carbone brûlé dans la nuit}\dots & 0,162 \\
\hline
\text{Carbone brûlé en une heure (moyenne).} & 0,208
\end{array}$$

§ V. — *Observations sur la respiration de la tourterelle mise à l'inanition.*

Un animal privé de nourriture éprouve chaque jour dans son poids une perte assez régulière, jusqu'à ce qu'il meure d'inanition. Les substances à composition ternaire, comme le sucre, la graisse, qui concourent évidemment à la nutrition quand elles sont associées à un principe azoté nourrissant, deviennent insuffisantes comme aliment unique ; leur effet se réduit alors à prolonger l'existence de l'individu qui les consomme. Sous ce rapport, le rôle de ces substances non azotées est analogue à celui des corps gras fixés dans les tissus. On sait, en effet, que les animaux chargés de graisse résistent plus longtemps à une privation absolue de nourriture ; et, après leur mort, on peut constater la disparition presque totale de la graisse. Un animal doué d'un certain embonpoint, quand il a succombé d'inanition par suite d'un régime au sucre, peut présenter un cadavre notablement plus gras que si le même animal avait été soumis à une abstinence rigoureuse ; dans cette circonstance, le sucre ingéré ménage, en quelque sorte, la matière grasse tenue en réserve dans l'organisme, mais sans empêcher que la plus grande partie en soit détruite ; et des expériences faites sur des tourterelles, par M. Letellier, montrent que le beurre, administré seul comme aliment, agit à peu près comme le sucre. La graisse ingérée ne s'assimile plus quand il n'entre pas dans le régime un principe azoté nutritif. Alors le sang brûlé par la respiration n'est plus régénéré par l'alimentation, il y a destruction des tissus propres à loger les globules, et l'énergie vitale indispensable à l'assimilation décroît avec rapidité.

Les modifications des principes azotés du sang en urée, en acide urique, en bile, etc., sont, sans aucun doute, tout aussi nécessaires à la vie que la combustion du carbone et de l'hydrogène qui produit la chaleur animale. Ces modifications sont peut-être la conséquence de cette combustion, elles ne cessent pas pendant l'inanition ; seulement elles sont moins intenses, comme le deviennent d'ailleurs les phénomènes de la respiration. J'ai donc cru qu'il pouvait être intéressant de déterminer la proportion d'acide carbonique exhalé et la composition des déjections fournies pendant l'inanition ; et, afin de pouvoir comparer les résultats avec ceux obtenus sur un animal suffisamment nourri, j'ai mis en expérience la tourterelle qui avait été le sujet des recherches précédentes. La température de la pièce

V.   12

dans laquelle la cage était placée a varié de 7 à 12 degrés. La tourterelle avait de l'eau distillée à discrétion, mais en sept jours elle n'en a bu qu'une quantité insignifiante. Voici le tableau des pertes de poids éprouvées pendant l'inanition :

DATES DES PESÉES.	POIDS de la tourterelle.	PERTE en 24 heures.	REMARQUES.
15 février à 4 h. du soir.	168,8 gr		La tourterelle avait été nourrie au millet.
17 février à midi.......	170,7	7,20 gr	A l'inanition depuis quarante-quatre heures.
18 février à midi.......	163,5	7,40	
19 février à midi..... .	156,1	7,50	
20 février à midi.......	148,6	8,10	
21 février à midi... ...	140,5	6,70	
22 février à midi.....	133,8	"	
22 février à 4 h. du soir.	132,9		
Perte en sept jours.....	53,9	"	
Par jour.............	7,7		

La tourterelle, au commencement de l'expérience, était grasse et vigoureuse; elle aurait très-probablement supporté encore plusieurs jours d'abstinence avant de mourir, quoique déjà, au bout des sept jours, elle eût maigri considérablement. Cependant elle se tenait toujours perchée, mais elle était dans un état de torpeur dont elle ne sortait qu'à de rares intervalles.

On trouvera dans le tableau suivant les quantités d'acide carbonique fournies par la tourterelle durant l'inanition :

DURÉE de l'expérience.	TEMPÉRATURE de la cloche.		ACIDE carbonique dosé.	CARBONE brûlé dans 1 heure.	REMARQUES.	ÉPOQUES de la journée.
	avant.	après.				
h m	o	o	gr	gr		h m h m
3,44	15,4	16,2	3,172	0,213	Avait mangé.	De 11.58 à 3.42 Jour.
5, 0	14,0	14,0	2,095	0,114	Privée de nourriture depuis 24 h.	De midi à 5. 0 Jour.
3, 1	14,0	12,8	1,368	0,124	4ᵉ jour d'inanition	De 12.57 à 3.58 Jour.
3,17	14,0	13,8	1,767	0,113	5ᵉ jour d'inanition	De 12.20 à 3.37 Jour.
3,28	14,0	13,0	0,910	0,072	6ᵉ jour d'inanition	De 6.03 à 9.31 Nuit(¹).

La moyenne des trois premières observations faites pendant l'inanition indique 0^{gr},117 pour le carbone brûlé dans une heure. Une circonstance assez remarquable, qu'on pouvait d'ailleurs prévoir par suite de la régularité des pertes diurnes, c'est que l'animal a exhalé, à toutes les

---

(¹) Voici de nouvelles observations sur une autre tourterelle mise aussi à l'inanition :

SEXE et poids de l'animal.	DURÉE de l'expérience.	TEMPÉRATURE de la cloche.	ACIDE carbonique dosée.	ACIDE carbonique prod. en 1 h.	CARBONE brûlé en 1 h.	REMARQUES.	ÉPOQUES de la journée.
	h m s	o	gr	gr	gr		h m s h m s
	1.42. 0	18,0	0,710	0,419	0,114	Après deux jours d'inanition.	De 12. 7. 0 à 1.49. 0 J.
	1.40. 0	17,5	0,706	0,445	0,121	Apr. quatre jours d'inanition.	De 12.58. 0 à 2.38. 0 J.
Tourterelle mâle du poids de 176 gr.	1.44. 0	17,0	0,606	0,349	0,095	Apr. onze heures seulem. d'inan.	De 8.58. 0 à 10.42. 0 N.
	1.43. 0	18,5	0,470	0,268	0,073	Après trente-six heur. d'inanit.	De 8. 5. 0 à 9 48. 0 N.
	2. 0. 0	18,0	0,451	0,237	0,065	Après deux jours et demi.	De 8.35. 0 à 10.35. 0 N.
	1.44.30	17,0	0,473	0,281	0,077	Après trois jours et demi.	De 8.28.30 à 10.13. 0 N.
	1.28 30	16,5	0,409	0,282	0,077	Apr. quatre jours et demi.	De 8.29. 0 à 9.57.30 N.

12.

époques de l'expérience, sensiblement la même quantité d'acide carbonique dans un temps déterminé. La tourterelle soumise à l'inanition a produit, durant le sommeil, moins d'acide que pendant l'état de veille, comme cela a eu lieu lorsqu'elle recevait une alimentation abondante. En admettant l'égalité dans la durée du jour et la durée de la nuit, le carbone brûlé en vingt-quatre heures s'élèverait à $2^{gr},280$. La quantité de carbone brûlé par la tourterelle nourrie avec du millet a été, dans le même temps, de $3^{gr},1$.

Il était assez curieux de déterminer la rapidité avec laquelle la tourterelle *inanitiée* tendrait à revenir à son poids initial ; en conséquence, immédiatement après la dernière pesée exécutée pendant l'inanition, on a donné 20 grammes de millet qui ont été mangés en 13 minutes. La tourterelle a bu abondamment. Le lendemain elle a mis une heure pour consommer la même dose de graines ; les jours suivants, le repas a eu lieu comme dans les circonstances ordinaires. Voici, au reste, quel a été l'accroissement du poids de la tourterelle remise au régime du millet après sept jours d'inanition :

DATES DES PESÉES.	POIDS.	MILLET consommé entre les deux pesées.	AUGMENTATION du poids		REMARQUES.
			entre les pesées.	en 24 heures.	
22 févr. 4 h. du soir.	$132,9$ gr	$20,0$ gr	$16,8$ gr	$16,8$ gr	Après sept jours d'inanition.
23 févr. 4 h. du soir.	$149,7$	$20,0$	$19,8$	$19,8$	
24 févr. 4 h. du soir.	$168,8$	$65,0$	$2,5$ perte	$-0,83$	
27 févr. 4 h. du soir.	$166,3$	$60,0$	$2,0$	$1,0$	
29 févr. 4 h. du soir.	$168,3$				
Gain en sept jours.	$35,4$				
Gain par jour.....	$5,06$				

Ainsi, dans les deux premiers jours d'alimentation, l'augmentation de poids a été considérable, mais il y a eu subitement un temps d'arrêt. Après sept jours d'une nourriture abondante, la tourterelle avait retrouvé toute sa vivacité; cependant elle était restée maigre, elle n'avait pas récupéré à beaucoup près le poids qu'elle avait perdu. Ces faits s'expliquent, je crois, tout naturellement. En effet, la perte durant l'inanition a été la conséquence de la combustion du sang et de celle de la graisse accumulée dans l'organisme de la tourterelle; nous avons vu que cette perte s'est élevée à $53^{gr},9$. Dès la première période de l'alimentation, le gain en poids vivant a été de $35^{gr},4$. L'animal n'a repris en sept jours qu'à peu près les deux tiers de ce qu'il avait perdu. L'augmentation de poids vivant, si rapide dans cette circonstance, est due vraisemblablement au sang régénéré par l'aliment et la boisson. Le millet consommé contenait, et au delà, tous les éléments de cette régénération; mais ce qu'il ne contenait pas, ce qu'il n'a pu, par conséquent, restituer à l'organisme, c'est la totalité de la graisse détruite par l'inanition. Aussi la tourterelle n'a pas recouvré son embonpoint; moins de sept jours d'un régime abondant ont suffi pour la remettre en chair, mais nullement pour l'engraisser, pour la ramener à la condition de gras où elle était au commencement de l'expérience. La raison en est facile à saisir. Le millet, d'après une analyse faite dans mon laboratoire, contient, dans l'état où il a été consommé, 3 pour 100 d'une matière grasse solide, très-fusible, d'un blanc légèrement jaunâtre. Les 165 grammes de millet ingérés en sept jours n'ont donc pu apporter que 4 grammes de graisse. Or on sait, par les expériences de M. Letellier, qu'une tourterelle d'un embonpoint ordinaire perd en vingt-quatre heures d'inanition environ $2^{gr},5$ de graisse. En sept jours, l'individu qui a fait le sujet de l'observation actuelle a dû en perdre $17^{gr},5$, et l'on voit maintenant que ce même individu devait consommer au moins

583 grammes de millet pour remplacer la graisse qu'il avait perdue ([1]).

([1]) Une autre tourterelle, privée d'aliments et de boissons pendant neuf jours, s'est comportée d'une manière analogue.

Son poids initial était de............ 175,6

Il est descendu après neuf jours d'inanition à... 112,5

Perte en neuf jours......... 63,1

Perte par jour........ 7,0

Trois jours après avoir été rendue à l'alimentation normale, son poids est devenu 148gr,7 ; il s'était même élevé la veille à 153 grammes ; mais on avait constaté que le jabot contenait, dans ce dernier cas, une certaine quantité d'aliments qu'on pouvait évaluer à 10 ou 12 grammes. Cette tourterelle avait donc, dans l'espace de deux ou trois jours, récupéré 30 grammes environ de son poids, et réparé ainsi la moitié de la perte qu'elle avait faite.

Dès lors elle est devenue presque stationnaire.

Elle a pesé le quatrième jour... 143,7

le cinquième........ 144,5

le sixième.......... 148,0

le septième........ .. 150,1

le huitième........ 150,3

le dixième........ 153,0

le treizième........ 155,0

Enfin le vingtième....... 157,3

Cet oiseau a offert aussi quelques particularités dans la quantité d'acide carbonique qu'il a produite lorsqu'il a été remis à l'alimentation régulière.

Vingt-quatre heures après que les aliments lui eurent été rendus, il a brûlé seulement :

	0,168	de carbone par heure,
Au commencement du troisième jour.	0,206	pendant le jour.
Au milieu du quatrième	0,249	Id.
Au milieu du sixième...............	0,259	Id.
Le douzième...........	0,250	Id.

Il brûlait, avant d'avoir été soumis à l'inanition, dans son état normal, en moyenne 0gr,242 de carbone par heure, pendant le jour.

La faiblesse de tous les organes après une aussi longue inanition explique pourquoi, les premiers jours, la production d'acide carbonique a été plus faible qu'on ne l'avait observée avant l'expérience. On voit cependant que l'assimilation a été bien plus active ces jours-là que les suivants, où la quantité de carbone brûlé a surpassé celle de l'état normal.

§ VI. — *Examen des excréments de la tourterelle soumise à l'inanition.*

Pendant la durée de l'inanition, la tourterelle a rendu chaque jour des matières excrémentitielles demi-liquides, glaireuses, d'un vert d'herbe, et dans lesquelles on apercevait des parties blanches d'acide urique. Cette matière glaireuse offrait les caractères d'une sécrétion bilieuse.

Les excréments ont été recueillis sur une plaque de verre et desséchés chaque jour à une douce chaleur, pour prévenir toute altération putride. A la fin de l'expérience, on les a broyés pour les mêler, puis on a achevé la dessiccation dans le vide sec, à la température de 130 degrés. La matière recueillie en sept jours et amenée à cet état de siccité a pesé $2^{gr},755$. Sa couleur, par suite du mélange intime de l'acide urique avec la bile, était d'un vert pâle.

Analyse des excréments secs.

Carbone et hydrogène. — I. $0^{gr},421$ ont donné : acide carbonique, $0^{gr},493$; eau, $0^{gr},164 =$ C 31,93, H 4,30.

Carbone et hydrogène. — II. $0^{gr},377$ ont donné : acide carbonique, $0^{gr},442$; eau, $0^{gr},150 =$ C 31,97, H 4,40.

Azote. — $0^{gr},305$ ont donné : azote, 64 centimètres cubes; température, 16 degrés; baromètre à zéro, $0^{m},7618$. Azote pour 100, 24,74.

Cendres. — $0^{gr},761$ ont laissé $0^{gr}.081$ de cendres; pour 100, 10,64.

	Composition des excréments secs.	Abstraction faite de la cendre.
Carbone	31,95	35,7
Hydrogène	4,35	4,9
Azote	24,74	27,7
Oxygène	28,32	31,7
Matières salines . .	16,40	"
	100,00	100,0

Dans un jour (vingt-quatre heures), la tourterelle privée de toute nourriture a rendu 0^{gr},3935 de déjections supposées sèches, contenant, d'après l'analyse précédente :

C........... 0,1257
H.......... 0,0171
O......... 0,1114
Az........... 0,0974

Les excréments de la tourterelle, dérivant de la nourriture au millet et rendus dans un jour contenaient :

C............ 1,341
H............ 0,164
O............ 1,122
Az.......... 0,299

Ainsi le carbone, l'hydrogène et l'oxygène renfermés dans les déjections recueillies dans un jour d'inanition ne sont que le dixième des mêmes éléments compris dans les excréments provenant d'une alimentation normale. Pour l'azote on a le tiers.

Dans ses belles recherches sur l'inanition, M. Chossat a reconnu que les tourterelles privées de nourriture conservent néanmoins, pendant leur existence, une température peu différente, seulement un peu inférieure, à ce qu'elle est pendant l'alimentation normale (¹). On devait s'at-

---

(¹) Il résulte, en effet, des observations nombreuses de M. Chossat sur des pigeons et des tourterelles, que pendant l'inanition et à l'heure de midi, la chaleur animale ne s'abaisse que de $\frac{1}{2}$ degré au-dessous de celle de l'état normal à la même heure.

Ces températures sont en moyenne :

	Midi.	Minuit.
Dans l'état normal........	42,22	41,48
Pendant l'inanition.......	41,70	38,42
Différence......	0,52	3,06

Les expériences de M. Chossat établissent encore les faits suivants :

1º La chaleur animale éprouve toutes les vingt-quatre heures une oscillation régulière, au moyen de laquelle elle s'élève pendant le jour et s'abaisse

tendre, d'après cela, à trouver que, dans le cas de l'inanition, une tourterelle brûlerait à peu près la même somme
d'éléments combustibles qu'elle en brûle dans les conditions
ordinaires. Nous voyons cependant que, par le fait de la
respiration, l'animal inanitié ne brûle qu'environ la moitié
du carbone et de l'hydrogène qu'il consomme sous l'influence du régime alimentaire : ce résultat peut paraître
assez surprenant. Il est vrai que, par suite de l'abstinence,
la masse de la tourterelle diminue rapidement; il faut encore ajouter que, dans l'alimentation, il y a chaque jour
près de $3\frac{1}{2}$ grammes d'eau vaporisée par la transpiration,
et que la boisson et l'aliment, ingérés à la température de
l'atmosphère, donnent lieu à $8\frac{1}{2}$ grammes d'excréments,
qui sont expulsés à la température de 42 degrés. Dans le
cas d'inanition, le poids des déjections humides ne dépasse
certainement pas 2 grammes, et comme la tourterelle buvait
à peine, on peut concevoir que la presque totalité de l'humidité éliminée provenait du sang digéré ou brûlé, et, dans
cette supposition très-vraisemblable, l'eau entraînée par la
transpiration n'atteindrait pas 2 grammes. On entrevoit
ainsi que, dans l'inanition, il doit y avoir beaucoup moins
de chaleur animale dépensée pour échauffer ou pour volatiliser que durant la nutrition.

---

pendant la nuit, et cette oscillation, qui est $0^o,74$ dans l'état normal,
devient dans l'inanition $3^o, 28$.

2° L'oscillation diurne inanitiale est d'autant plus étendue que l'inanition a déjà fait plus de progrès; de telle façon que l'oscillation de la fin de
l'expérience est à peu près double de celle du début.

3° Les heures de midi et de minuit sont bien les époques du maximum et
du minimum de la chaleur animale; mais l'oscillation diurne n'attend pas
ces heures-là pour se développer. C'est ainsi que, pendant les différentes
parties du jour proprement dit, la chaleur se rapproche plus ou moins de
celle de midi; tandis que, pendant la nuit, elle se rapproche de celle de
minuit.

4° Enfin, dans le cours d'une même expérience, l'abaissement nocturne
se prolonge d'autant plus avant dans la matinée, et commence d'autant plus
tôt dans l'après-midi, que l'animal se trouve déjà plus affaibli par la durée
prealable de l'inanition.

OBSERVATIONS

SUR

L'ACTION DU SUCRE

DANS L'ALIMENTATION DES GRANIVORES;

Par M. Félix LETELLIER.

M. Chossat, médecin et physiologiste distingué de Genève, a présenté à l'Académie un Mémoire qui donnerait, si les expériences qu'il contient se vérifiaient, la solution d'une des questions les plus controversées : je veux parler de celle de l'engraissement.

L'auteur de ce travail conclut qu'il y a production de graisse par l'usage du sucre.

Les expériences qui avaient conduit à cette conclusion importante, toutes consciencieuses et bien dirigées qu'elles soient, ne me paraissant pas cependant offrir assez de netteté dans leurs résultats, j'ai entrepris une série d'expériences analogues, et j'ai tâché de mettre dans ces recherches toute l'exactitude qu'elles comportaient.

M. Chossat a expérimenté sur treize pigeons et quatre tourterelles.

Ces oiseaux ont reçu par jour, pendant toute la durée de l'expérience, qui se terminait par la mort, une quantité de sucre de canne équivalente à celle qu'il aurait fallu leur donner de blé pour les entretenir sans perte de leur poids.

Cette quantité est de 29^{gr},8 pour les pigeons, et de 14^{gr}, 2 pour les tourterelles.

Neuf de ces animaux ont été pendant l'expérience privés de boisson. Je note ici cette circonstance qui est importante.

La durée de la vie a été en moyenne, pour les pigeons, de quatre jours seulement, de huit jours pour les tourterelles.

Voici de quelle manière M. Chossat a déterminé la graisse trouvée à l'autopsie. Dans la moitié des cas il a pesé la peau avec la graisse qui la doublait et celle qu'il a pu recueillir par la dissection, et il a donné le poids obtenu ; dans l'autre moitié, il s'est contenté de l'évaluer à la simple vue.

Sur sept pigeons du régime saccharin, la graisse a varié de 31 à 68 grammes. En moyenne, elle était de 48 grammes. M. Chossat l'a fixée à 58 grammes à l'état normal.

Il faut remarquer que tous ces pigeons avaient été privés d'eau, circonstance qui avait abrégé singulièrement la durée de leur vie.

Chez les pigeons qui ont eu de l'eau à volonté, celui qui a vécu le plus longtemps (douze jours) ne présente pas de graisse.

Chez un autre, elle n'est pas indiquée ; chez un troisième elle est notée une petite quantité ; enfin pour les deux derniers, qui ont vécu huit et neuf jours, on trouve les mentions suivantes : épiploon assez chargé de graisse, épiploon chargé de graisse.

Quant aux tourterelles, la vie a été longue dans deux expériences (onze jours et demi et seize jours). Elle a été de seize heures seulement chez une troisième tourterelle, qui est notée contenir une très-grande quantité de graisse. Il est évident ici que cette graisse était celle que l'animal possédait vingt-quatre heures auparavant. Chez les trois autres, la graisse a été déterminée une fois par la pesée, qui a donné $32^{gr}.3$, et deux autres fois on s'est contenté de l'évaluer à la simple vue et d'exprimer sa proportion par les mots : quantité modérée, graisse conservée en totalité.

Il est facile de contester ces données. On peut objecter, sans parler de la méthode d'évaluation de la graisse, que les sept pigeons privés d'eau ont vécu trop peu de jours pour que l'on soit en droit d'attribuer au régime du sucre la graisse trouvée à l'autopsie.

Il me semble que la seule conclusion qu'il soit permis de prendre, d'après les faits ci-dessus, tels qu'ils sont présentés, est la présence, dans certains cas, d'une notable quantité de graisse à la mort. Plusieurs expérimentateurs avaient déjà fait remarquer cette présence de la graisse à l'autopsie chez les animaux nourris exclusivement avec une substance amylacée, saccharine ou gommeuse. MM. Tiemann et Gmelin l'on rencontrée en *quantité notable* sur trois oies nourries à ces trois divers régimes. M. Chossat cite lui-même dans son Mémoire l'expérience de MM. Macaire et Marcet, qui avaient trouvé de la graisse chez un mouton après l'avoir nourri exclusivement au sucre.

Cette graisse, que l'on trouve ainsi à la mort, est le reste de celle qui préexistait à l'expérience. Sa proportion se montre plus forte que dans l'inanition où elle est à peu près nulle; parce que, pour l'entretien de sa chaleur, l'animal est obligé, quand il est privé d'aliments, de brûler sa propre substance et sa graisse de préférence.

Je ne crois pas qu'une autre explication puisse être adoptée.

Je vais maintenant présenter mes expériences, et les résultats qu'elles m'ont donnés.

J'ai expérimenté exclusivement sur des tourterelles pour deux raisons. Les oiseaux qui avaient fourni les résultats les plus favorables à l'opinion de M. Chossat appartenaient à cette espèce. En outre, il devenait plus facile de déterminer la quantité de graisse par le procédé que j'ai employé, les tourterelles offrant un poids et un volume beaucoup moindres que les pigeons.

Je n'ai pas privé de boisson les oiseaux que j'ai nourris au sucre, puisque, dans les expériences de M. Chossat, il était arrivé que les animaux soumis à cette privation d'eau avaient vécu moins longtemps, et avaient fait des pertes journalières plus considérables que ceux qu'on avait laissé mourir d'inanition; de telle sorte que le sucre avait agi dans ces circonstances comme une substance délétère, au lieu d'offrir les qualités d'un aliment qui, lors même qu'il est insuffisant, prolonge la durée de la vie en diminuant la perte diurne.

De plus, comme l'auteur du Mémoire cité, j'aurais pu me trouver embarrassé, par suite du peu de durée de la vie, pour décider si la graisse trouvée à la mort préexistait à l'expérience, ou avait été produite sous l'influence du régime saccharin.

Ainsi que M. Chossat l'avait fait, j'ai donné du sucre de canne en pain, que j'ai pulvérisé et humecté avec une quantité d'eau convenable, qui permit de le réunir en masses faciles à ingérer.

La quantité qu'on a fait prendre par jour a été de 15 à 16 grammes : elle a été en général bien supportée. Il y a eu quelques vomissements. Les selles, le plus souvent modérées, ont été extrêmement abondantes chez un des oiseaux en expérience.

La graisse a été séparée de la manière suivante :

La peau, avec la graisse qui la doublait, était détachée par la dissection. On y réunissait la graisse trouvée dans l'abdomen, etc.; et, lorsque la quantité en paraissait assez forte, on en retirait immédiatement une grande partie par la fusion à la chaleur du bain-marie. Le résidu était ensuite mis à plusieurs reprises en digestion dans l'éther jusqu'à parfait épuisement.

On pesait enfin après l'évaporation complète de l'éther
et de l'eau, qui se faisait au bain-marie.

Le reste de l'animal était ensuite coupé par morceaux,
desséché à 100 degrés, et mis, comme ci-dessus, en digestion dans l'éther. On finissait, après dessiccation préalable,
par le pulvériser, et on le traitait de nouveau par le même
agent.

Pour obtenir des résultats qui présentassent quelque
certitude, il était nécessaire de déterminer à l'avance la
moyenne de la graisse que pouvaient contenir les tourterelles dans les conditions d'une alimentation normale, ainsi
que les variations de quantité.

Sept tourterelles ont été sacrifiées dans ce but. Toutes
avaient été gardées quelque temps nourries avec du millet,
à l'effet de s'assurer de leur bon état de santé.

On trouvera dans le tableau n° I les proportions de graisse
fournie par ces tourterelles, ainsi que plusieurs autres
données.

TABLEAU N° I. — *Tourterelles au régime normal.*

NUMÉROS des expériences.	POIDS DU CORPS		GRAISSE EXISTANT NATURELLEMENT.	
	avec les plumes.	sans les plumes.	Proportionnelle.	En grammes.
	gr	gr	gr	gr
....	139,2	127,9	13,0	0,102
2........	134,8	123,0	17,3	0,138
3........	154,2	143,8	17,7	0,123
4........	165,4	150,0	19,2	0,128
5........	142,7	135,1	21,5	0,159
6........	179,5	165,8	24,2	0,145
7........	168,4	154,6	33,3	0,215
Moyennes.	154,9	143,2	20,88	0,1585

On voit dans ce tableau combien la graisse a varié dans
ses proportions. Ainsi le minimum, qui est de 10 pour 100,

s'éloigne de plus de la moitié du maximum, qui s'élève à 21 pour 100. La moyenne est de 15,85 pour 100.

Occupons-nous actuellement des résultats offerts par les tourterelles soumises au régime exclusif du sucre. Ils sont inscrits dans le tableau n° II.

On voit figurer aussi dans ce tableau deux expériences sur la privation des aliments, et trois expériences relatives au régime d'un corps gras. Il en sera question plus tard.

Sur sept tourterelles nourries au sucre, deux ont vu modifier leur régime au commencement du sixième jour. On a réduit à 10 grammes leur ration quotidienne de sucre, et on a ajouté 12 grammes de blanc d'œuf coagulé. On espérait, par cette addition, placer ces oiseaux dans des conditions plus favorables pour mettre en évidence l'action *engraissante* du sucre, puisqu'au moyen d'une substance azotée leur régime s'écartait moins d'une alimentation régulière.

Le tableau montre qu'il n'en a rien été. La vie, il est vrai, a été prolongée; les pertes journalières ont été moins fortes; mais, par contre, une faible proportion de graisse existait à la mort.

Sur les cinq autres tourterelles dont le régime n'a pas été modifié, deux ont offert des quantités fort minimes de graisse; une autre, une quantité de près des deux tiers inférieure à la moyenne; une quatrième se tient encore très-notablement au-dessous; la cinquième enfin n'atteint pas cette moyenne.

Pour mieux faire ressortir les différences, je vais placer en regard les quantités de graisse offertes par les tourterelles du régime normal et du régime saccharin.

Régime normal, graisse pour 100 en nombres ronds.	Régime du sucre, graisse pour 100 en nombres ronds.	
10	3	Avec addition d'albumine.
12	4	
13	3	
14	3	Sans addition d'albumine.
15	6	
16	10	
21	15	
Moyenne.. 15,8	6,3	

Ces résultats parlent d'eux-mêmes.

Évidemment il n'y a pas eu production de graisse pendant le régime du sucre. Seulement par la combustion, dans l'acte respiratoire, le sucre a concouru à entretenir la chaleur animale, et a servi ainsi à ménager la graisse tenue en réserve.

Il est facile d'ailleurs de prouver directement ce que je viens d'avancer. Qu'on fasse respirer une tourterelle pendant plusieurs heures sous une cloche où l'air se renouvelle constamment et avec vitesse, au moyen d'un aspirateur, et qu'on recueille l'acide carbonique produit, on trouvera une grande différence dans la quantité du carbone brûlé, suivant que cette tourterelle sera privée d'aliments depuis quelques jours, ou nourrie pendant le même nombre de jours avec un aliment insuffisant, comme du sucre, du beurre, etc.

Les expériences que je vais citer ont été faites au moyen d'un appareil établi dans le laboratoire de M. Boussingault, pour déterminer la quantité de carbone brûlée par une tourterelle à l'état normal et dans l'inanition. Je me suis servi de cet appareil pour déterminer l'acide carbonique produit sous l'influence des régimes du sucre et du beurre.

Deux tourterelles de même poids ($185^{gr},0$), nourries avec du millet à volonté, ont produit pendant le jour, dans plusieurs expériences, une quantité d'acide carbonique à très-peu près semblable.

Cette quantité s'est élevée par heure, en moyenne, à 0^{gr},852, contenant 0^{gr},232 de carbone.

Une de ces tourterelles fut soumise à la privation des aliments pendant sept jours; on la mit pendant le jour sous la cloche à plusieurs reprises. Elle a donné par heure, en moyenne, 0^{gr},429 d'acide carbonique répondant à 0^{gr},117 de carbone. Il s'est trouvé qu'elle avait brûlé ainsi à peu près la moitié moins de carbone que dans son état normal.

Une autre tourterelle, depuis trois jours au régime du sucre, a donné 0^{gr},715 d'acide carbonique contenant 0^{gr},195 de carbone.

Deux tourterelles, au régime du beurre depuis cinq et six jours, ont produit : la première, 0^{gr},623 d'acide carbonique répondant à 0^{gr},169 de carbone; la seconde, 0^{gr},548 d'acide carbonique contenant 0^{gr},149 de carbone.

Ces résultats sont réunis dans le tableau suivant :

ANIMAUX EN EXPÉRIENCE.	POIDS INITIAL.	ACIDE CARBONIQUE produit par heure pendant le jour.	CARBONE brûlé par heure.
A l'alimentation normale..	185,0^{gr}	0,852^{gr}	0,232^{gr}
Privé d'aliments..........	185,0	0,429	0,117
Au régime du sucre.......	150,0	0,715	0,195
Au régime du beurre n° 1..	185,2	0,623	0,169
Au régime du beurre n° 2..	157,2	0,548	0,149

Le raisonnement conduisait à prévoir que les oiseaux au régime des aliments respiratoires (sucre, beurre, etc.) se placeraient, pour la production de l'acide carbonique, entre les oiseaux au régime ordinaire et ceux à l'inanition. Les choses se sont à peu près passées ainsi. Cependant la tourterelle nourrie au sucre ne s'éloigne pas beaucoup, par la quantité de carbone qu'elle a brûlé, des tourterelles

V

dont l'alimentation a été régulière. Dans le régime du beurre, au contraire, notablement moins d'acide carbonique a été produit. Il est peut-être permis d'expliquer cette différence en faisant remarquer que, dans ce dernier cas, la combustion de l'hydrogène de l'aliment est intervenue, ce qui ne devait pas arriver dans le régime du sucre où le carbone seul peut brûler. La composition chimique de ces deux substances permet tout au moins cette explication.

Passons maintenant aux phénomènes qu'ont présentés les tourterelles au régime du beurre. Elles fournissent aussi un argument puissant contre la production de la graisse par le sucre. Ces expériences ont été tentées dans la pensée qu'on n'obtiendrait pas plus de graisse par ce régime que dans l'état normal. Je me refusais à admettre qu'il fût possible à l'économie de modifier une substance grasse pour la mettre en réserve lorsque l'alimentation, nulle sous le rapport de l'azote, amenait une continuelle destruction du sang.

Les quantités de graisse trouvées à l'autopsie, et séparées par l'éther, comme il a été dit, se sont montrées bien inférieures à la moyenne normale, puisque, au lieu de 15,85 pour 100, on n'a obtenu, dans les trois expériences, que

$$3,2$$
$$7,3$$
$$10,7$$
$$\overline{\text{Moyenne}\ldots\quad 7,1}$$

Cette moyenne, chose singulière, se trouve être la même que celle du régime du sucre sans addition d'albumine.

On trouve, dans le tableau n° II, les détails des expériences.

Je ferai remarquer ici que les oiseaux soumis à ce dernier régime ont toujours été maintenus saturés de beurre.

Une partie du dernier repas se trouvait toujours dans le jabot quand on ingérait une nouvelle quantité de cette substance. Il suffisait de presser légèrement cet organe pour voir à l'instant sortir du beurre liquide par le bec. Les fèces en contenaient constamment aussi en grande quantité, puisqu'en moyenne, sur 148 grammes de beurre ingéré dans toute la durée de l'expérience, chaque tourterelle en rendait par cette voie 41 grammes.

Comment admettre maintenant la production de la graisse par le sucre? N'est-on pas amené irrésistiblement, au contraire, à conclure que le sucre, dans les circonstances en question, ne peut se métamorphoser en graisse, et être en cet état mis en réserve par l'économie, puisque le beurre lui-même, matière grasse et alimentaire par excellence, ne peut empêcher la destruction de la graisse qui existait naturellement dans l'organisme?

Je terminerai en citant quatre expériences, qui tendent à prouver que le sucre de canne n'est une substance délétère, comme le pense M. Chossat, que par l'énorme quantité qu'on en donne. Elles montreront aussi que le sucre de lait à haute dose est d'un effet bien plus pernicieux encore.

On a donné à deux tourterelles, par jour, 18 grammes de sucre de lait. Elles ont eu presque immédiatement des selles excessives et une soif continuelle. Elles moururent avant la fin du troisième jour. La moyenne que j'ai donnée de la durée de la vie au sucre de canne est de onze jours environ. Elles avaient perdu : la première, 39 grammes; la deuxième, 40 grammes dans ce court espace de temps, et étaient déjà fort amaigries. On s'est contenté de peser la peau et la graisse qu'on a pu recueillir. Leur poids a été de 6 grammes chez l'une, et de 13 grammes chez l'autre. Le procédé par l'éther aurait encore donné un résultat plus faible.

Une troisième tourterelle reçut alors 12 grammes de sucre de lait au lieu de 18. Les mêmes phénomènes se pré-

13.

sentèrent, mais avec un peu moins d'intensité. La vie se prolongea jusqu'au commencement du cinquième jour, où je trouvai l'oiseau chancelant sur ses pattes. Il serait mort quelques heures après.

Je ne donnai plus que 6 grammes de sucre de lait à une quatrième tourterelle. Les selles, comme chez les précédentes, devinrent presque immédiatement liquides, quoique bien moins abondantes. A la fin du neuvième jour, elle était encore fort vive et volait facilement. Elle avait déjà dépassé la moyenne de la durée de la vie qui a lieu dans l'inanition, et son poids avait diminué chaque jour dans un rapport moins considérable. Je cessai l'expérience vers le milieu du dixième jour.

En résumé, dans les circonstances indiquées, je me crois fondé à conclure de ces expériences :

1° Que le sucre de canne ne favorise pas la production de la graisse (le sucre de lait parait encore plus défavorable);

2° Que le beurre et probablement aussi les autres matières grasses ne sont pas mis en réserve par l'économie quand ils sont donnés comme unique aliment;

3° Qu'un aliment insuffisant prolonge la vie et diminue les pertes journalières, pourvu qu'il ne soit pas ingéré à des doses trop élevées.

NUMÉROS des expériences	POIDS DU CORPS sans les plumes — initial.	final.	POIDS des plumes.	PERTE intégrale en gram.	proport.	PERTE journalière en gram.	proport.	GRAISSE trouvée à la mort en gram.	proport.	DURÉE de la vie.	ALIMENTS donnés par jour.	ALIMENTS consommés par jour.	FÈCES.
	gr	gr	gr	gr		gr		gr		jours.	gr	gr	
Tourterelles au régime du sucre.													
1......	132,2	80,0	12,0	42,2	0,345	6,8	0,055	3,9	0,032	6,17	13,0	12,0	Toutes sont colorées en vert et glaireuses.
2......	149,2	84,6	11,5	61,6	0,433	4,7	0,027	4,6	0,031	13,92	13,0	12,0	Assez abondantes.
3......	155,6	108,5	11,5	47,1	0,302	3,8	0,024	23,0	0,148	12,30	16,0	14,0	Très-abondantes.
4......	169,8	108,0	14,0	61,8	0,364	5,1	0,030	10,6	0,062	12,00	13,0	14,0	Peu abondantes.
5......	152,3	109,8	15,2	42,5	0,312	5,8	0,038	14,5	0,095	8,17	13,0	13,0	Modérées. Modérées.
Moyennes.	149,8	98,2	12,7	52,6	0,351	5,1	0,0348	11,3	0,0736	10,91	14,2	13,0 (Déduct. faite du sucre revenu.)	
Tourterelles au régime du sucre et de l'albumine.													
1......	146,2	112,9	11,6	33,3	0,228	2,2	0,015	5,5	0,037	14,67	10 grammes de sucre et 12 grammes d'albumine.	10 grammes de sucre et 12 grammes d'albumine.	Fèces modérées contenant beaucoup de matières urinaires.
2......	128,2	81,0	13,0	47,2	0,368	2,4	0,019	3,4	0,026	19,67			
Moyennes.	137,2	96,95	11,8	40,25	0,298	2,3	0,017	4,45	0,0315	17,17			
Tourterelles au régime du beurre.													
1......	132,7	94,2	11,3	43,5	0,316	3,8	0,0207	14,7	0,107	15,25	9,5	6,4	Beurre retiré des fèces. 47,0 / 47,0 / 30,0 réunies.
2......	145,2	84,0	12,0	61,2	0,421	3,1	0,0214	4,6	0,032	19,50	7,5	5,1	
3......	170,0	92,8	15,2	77,2	0,454	3,8	0,0223	12,4	0,073	20,50	7,5	6,0	
Moyennes.	150,9	90,3	12,8	60,6	0,397	3,25	0,0214	10,57	0,0707	18,42	8,17	5,8 (Déd. faite du beurre contenu dans les fèces.)	41,3
Tourterelles privées d'aliments, ayant de l'eau à volonté.													
1......	127,4	68,2	11,0	59,2	0,465	8,31	0,0655	1,9	0,0149	7,12	"	"	En petite quantité. Composées principalement de matière urinaire. Un peu de bile.
2......	154,6	89,2	13,8	65,4	0,464	6,77	0,0437	1,8	0,0116	9,66	"	"	
Moyennes.	141,0	78,7	12,4	62,3	0,454	7,54	0,0546	1,85	0,0132	8,39	"	"	
Moy. gén.	144,7	"	12,4	"	0	"	0	"	"	"	"	"	

ASPECT DU LAIT

VU AU MICROSCOPE

AVANT ET APRÈS LE BARATTAGE DE L'ÉCRÉMAGE.

Vu au microscope, le lait change notablement d'aspect par suite du barattage : naturellement les globules de beurre sont moins nombreux ; aussi reconnaît-on aisément un lait baratté. Un lait complétement écrémé se distingue d'un lait qui ne l'a pas été par une nuance bleuâtre ; mais la distinction n'est plus possible à la vue simple si l'écrémage n'a été que partiel, comme cela arrive pour un lait mi-crème, tandis qu'au microscope, avec un peu d'habitude, on voit nettement si le lait a perdu une partie de sa crème.

Dans le cours d'expériences sur le barattage ([1]), j'ai eu l'occasion d'observer fréquemment, sur le porte-objet, le lait normal, le lait baratté, le lait écrémé et le lait de beurre provenant du barattage de la crème. Je donne ici les dessins représentant les globules butyreux du lait examiné dans ces diverses conditions.

J'ai constaté, par mes recherches, ce fait : qu'en battant le lait à la température la plus convenable, dans les barattes les mieux établies, on ne retire pas à beaucoup près la totalité du beurre. Il reste dans le lait baratté des globules butyreux que le barattage le plus prolongé ne parvient pas à réunir, comme on peut s'en assurer par le microscope.

([1]) *Agronomie*, t. IV, p. 159, 2ᵉ édition.

Si la motte de beurre sortie de la baratte ne renferme pas toute la matière grasse qu'avait dû donner le lait, on doit nécessairement retrouver ce qui manque dans le petit-lait. C'est ce qui a lieu.

J'ai déterminé la quantité de beurre restée dans le petit-lait et dans le lait de beurre par deux moyens : en la déduisant de la perte éprouvée dans le barattage, la teneur en beurre du lait étant connue, et en dosant directement la matière grasse.

	Beurre.
De 1000 parties de lait renfermant................	40,4
On a retiré, en moyenne, par la baratte...........	29,5
Différence représentant le beurre retenu par 970,5 de petit-lait...........	10,8
1000 parties de petit-lait en contiendraient donc......	11,1
Pour sept dosages divers, on a trouvé.............	9,3

Le petit-lait retenait donc le quart du beurre contenu dans le lait; c'est ce qui explique la présence des globules butyreux que l'on aperçoit dans une goutte de lait baratté mise sur le porte-objet.

La *fig.* 1, *Pl. I*, est l'image du lait avant le barattage. La *fig.* 2. *Pl. I*, celle du petit-lait.

Dans la *fig.* 1, les globules se touchent, les espaces libres sont peu étendus.

Dans la *fig.* 2, les globules sont bien moins nombreux, disposés en groupes isolés, un peu plus lumineux, probablement parce que des globules se sont soudés par l'effet de l'agitation; mais, dans l'état où ils sont, ils résistent à l'agglomération, ils sont en quelque sorte insaisissables. Par un repos prolongé dans des circonstances où le petit-lait ne s'acidifie pas, une partie de ces globules butyreux disséminés monte à la surface du liquide; toutefois, la couche de crème ainsi rassemblée est si peu épaisse qu'il devient difficile de l'enlever. Au reste, l'enlèvement de

cette crème, dans les cas rares où elle se rassemble avant
la coagulation spontanée, est d'une minime importance.
Le beurre échappé au barattage ajoute d'ailleurs à la qualité du petit-lait, soit qu'il aille à la porcherie ou à la fro-
magerie. C'est à ces globules butyreux que les fromages
maigres doivent de renfermer une certaine proportion de
matière grasse, bien qu'ils soient préparés avec du lait
ayant passé par la baratte ou avec du lait écrémé.

Lait écrémé. — Le lait laissé en repos pendant vingt-
quatre heures, à une température de 12 ou 15 degrés, est
partagé en deux couches ; la plus légère et la plus consis-
tante est à la partie supérieure : c'est la crème ; la plus
lourde, la plus fluide, parce qu'elle est la plus aqueuse,
est au-dessous : c'est le lait écrémé ; on pourrait dire le
lait plus ou moins écrémé, car l'ascension de la matière
butyreuse a lieu avec lenteur, et, si l'on enlève la crème
avant qu'elle soit rassemblée en totalité, c'est pour prévenir la coagulation du caséum, qui ne tarde pas à se manifester lorsque, par l'action de l'air, il se développe de l'acide
lactique. Cette coagulation du caséum exerce une influence
d'autant plus fâcheuse sur le résultat de l'écrémage que
le coagulum entraine, en se précipitant, une notable quantité de globules de beurre. Cela est si vrai que, si l'on
ajoute un acide, du vinaigre, à du lait frais, la coagulation
est immédiate ; le coagulum se rassemble au fond du vase,
recouvert par le sérum à peu près limpide. Par le repos,
il ne monte plus de crème, par la raison que tous les globules butyreux ont été entraînés par la matière caséeuse
combinée à l'acide acétique.

C'est une action semblable qui se manifeste à un degré
plus ou moins prononcé, lorsque l'écrémage a lieu dans
des circonstances favorables à une formation spontanée
d'acide lactique. Alors le lait est divisé en trois zones :
la zone supérieure est de la crème *montée* avant la coagulation du caséum qui, une fois coagulé, forme la zone infé-

rieure. La zone intermédiaire est du sérum. Il est clair que la quantité de crème rassemblée dans ces conditions dépendra de la lenteur ou de la rapidité du développement de l'acide lactique ; qu'elle sera d'autant plus faible qu'il y aura eu plus de globules de beurre englobés dans le caillé.

On conçoit, d'après ce qui précède, combien doit varier la proportion de beurre dans un lait écrémé.

Du lait dans lequel il entrait, pour 100, 3,62 de beurre, en contenait encore 1,4 après un repos de vingt-quatre heures. L'ascension de la crème était donc loin d'être terminée.

Du lait, conservé par le procédé Appert, échappant par conséquent à l'acidification et, par suite, à la coagulation, présentait, après un repos de trois années, un sérum à peu près limpide surmonté d'une couche épaisse de crème. C'était là un écrémage parfait, impossible à réaliser dans la pratique.

Le lait écrémé, même dans des conditions favorables, n'est jamais exempt de beurre ; cependant il arrive qu'il ne contient plus, pour 100, que 0,3 à 0,4 de matière grasse. C'est le lait écrémé que représente la *fig.* 3.

Lait de beurre. — La crème, telle qu'on l'obtient du lait en repos dans des conditions qui le préservent de la coagulation, est loin d'avoir une composition constante ; sa teneur en beurre varie suivant qu'elle a été plus ou moins séparée du lait dont elle est imprégnée ; celle que l'on enlève pour la battre dans la baratte n'est pas mise à égoutter comme celle que l'on destine aux usages culinaires. Dans une crème levée en septembre, il entrait 18,5 pour 100 de beurre ; une crème bien égouttée en contient 37 à 40 pour 100.

Après la séparation du beurre de la crème par le barattage, il reste un liquide ayant l'apparence du lait normal, bien qu'il ne s'y trouve pas autant de matière grasse. Deux analyses ont donné, pour la proportion de beurre conte-

nue dans 100 de crème barattée, 1,72 et 1,76 de beurre.
Au microscope (*fig.* 4), le lait de beurre a de nombreux
et très-petits globules, mais l'image est confuse, parce que
ce lait est assez opaque, à cause de petites particules dis-
séminées dans le liquide et ressemblant à du caséum coagulé. Néanmoins, il serait impossible de confondre l'aspect
du lait de beurre avec le lait; j'ajouterai même que, au
microscope, on reconnaîtrait si du lait de beurre a été
mélangé à du lait écrémé, fraude que l'on a pratiquée
quelquefois, pour communiquer au lait écrémé et surtout
au lait baratté l'apparence du lait normal.

INFLUENCE

DES

TEMPÉRATURES EXTRÊMES DE L'ATMOSPHÈRE

SUR

LA PRODUCTION DE L'ACIDE CARBONIQUE

DANS LA RESPIRATION DES ANIMAUX A SANG CHAUD;

Par M. Félix LETELLIER.

Les phénomènes chimiques de la respiration ont été, depuis les beaux travaux de Lavoisier et de Séguin, l'objet des investigations d'un grand nombre de savants. Prout, il y a déjà quelques années, établissait que la production de l'acide carbonique dans l'espèce humaine varie notablement aux diverses époques de la journée, et fixait les limites de ces variations. Ces résultats ont été tout récemment encore confirmés par M. Scharling. Ce dernier observateur en Danemark, MM. Andral et Gavarret en France, ont signalé des faits d'un haut intérêt en étudiant chez l'homme les modifications que font éprouver dans la quantité du carbone brûlé, pendant l'acte respiratoire, les principales conditions physiologiques, telles que l'âge, le sexe, les constitutions, les diverses époques de la digestion, etc.

Dans un travail entrepris dans le but spécial de démontrer l'exhalation de l'azote et d'en déterminer la proportion, M. Boussingault, de son côté, a mis aussi en évidence l'influence du jour et de la nuit sur la production de l'acide

carbonique chez les oiseaux granivores. Il a fait voir également à quelles faibles proportions l'état d'inanition réduisait l'émission de ce gaz chez ces animaux dans cette
double circonstance. Il résulte de ces importants travaux
que la fonction respiratoire présente des modifications
nombreuses sous des influences très-différentes. On se trouvait donc naturellement conduit à penser, en réfléchissant
à ces phénomènes, qu'en poursuivant leur étude dans des
conditions nouvelles on pourrait rencontrer encore des
faits de quelque intérêt. J'étais disposé surtout à admettre
que cette conjecture se réaliserait si l'on modifiait dans son
élément même cette fonction qui a pour résultat final une
production considérable de chaleur. En effet, ne semble-
t-il pas, au premier abord, dans la supposition que la géné-
ration de la chaleur est le but de la respiration, qu'en
maintenant artificiellement un animal au degré de température qui lui est propre, on doive sinon arrêter complète-
ment, tout au moins restreindre considérablement l'exhalation de l'acide carbonique. J'ai donc entrepris, en partant
de ce point de vue, quelques expériences sur des oiseaux et
sur des mammifères.

Dulong avait commencé des recherches analogues; on
trouve à la fin de son beau Mémoire sur la chaleur animale cette phrase : « Je m'étais proposé de rechercher l'in-
» fluence des températures extrèmes de l'atmosphère et
» des diverses époques de la digestion. Plusieurs accidents
» indépendants des expériences m'ont empêché jusqu'à
» présent d'obtenir un assez grand nombre de résultats
» comparables. » Ces paroles montrent que Dulong avait
jugé le sujet digne de son attention, et tout doit faire re-
gretter qu'il n'ait pas donné suite à ce projet.

Voici les conditions dans lesquelles j'ai observé :

Les températures auxquelles les animaux furent soumis
ont, en général, varié dans les degrés inférieurs de — 5 à
+ 3 degrés, et dans les degrés supérieurs de + 28 à + 43

degrés. On n'a pas dépassé 43 degrés; une mort rapide
frappait souvent à cette température, et quelquefois même
au-dessous, à 40 degrés, les animaux en expérience. D'ailleurs, l'état d'anxiété et d'agitation où ils tombaient amenait évidemment, dans le jeu de leurs fonctions, une altération profonde. Il semble, au moins pour les animaux sur
lesquels j'ai expérimenté, que le point limite de la température élevée soit pour chacun d'eux le degré de chaleur
qui lui est propre dans les conditions normales. Si on l'atteint, le danger est extrême; si on le dépasse, la mort est
presque instantanée. Ces résultats causent quelque sur-
prise. Ils sont en contradiction apparente avec les faits observés sur l'homme; mais si l'on considère, d'une part, la
grande susceptibilité de la fonction respiratoire chez les
animaux qui ont succombé, et, de l'autre, leur masse très-
peu considérable qui a permis à la chaleur de pénétrer pour
ainsi dire plus rapidement jusqu'au centre de la vie, on se
rendra peut-être compte ainsi de la différence de réaction (¹).

(¹) Dans un Mémoire *sur les degrés de chaleur auxquels les hommes et les
animaux sont capables de résister*, inséré dans l'*Histoire de l'Académie royale
des Sciences*, année 1764, Tillet nous apprend que des filles attachées au
service d'un four banal de Larochefoucault supportaient, pendant dix minutes, une température de 112 degrés au moins d'un thermomètre dont le
85ᵉ degré marquait le point de l'ébullition de l'eau; elles eussent résisté
une demi-heure à la température de l'eau bouillante. On trouve aussi dans
les *Transactions philosophiques*, année 1775, un Mémoire de Charles Blagden
sur le même sujet : Un des expérimentateurs séjourna sept minutes dans
une chambre chauffée de 92 à 99 degrés centigrades. Si l'homme peut résister quelque temps à des températures si élevées, il n'en est plus de
même pour des animaux offrant une masse peu considérable. Ainsi un
bruan, exposé par Tillet à une température de 65 degrés de son thermomètre, mourut au bout de quatre minutes, après avoir offert tous les signes
d'une respiration anxieuse. Un poulet eût succombé dans le même espace
de temps si on ne l'eût soustrait précipitamment au danger. Tillet pensa
que ces effets rapides et funestes, survenus à une chaleur assez modérée,
devaient dépendre de la faible masse de ces animaux. Il eut alors l'idée de
les envelopper d'un linge en forme de maillot, pour s'opposer autant que

A une température plus modérée au contraire, de 28 à 33 degrés par exemple, les animaux ont souvent offert, pendant tout le cours de l'expérience, une respiration parfaitement égale et douce. Les mouvements respiratoires devenaient même insaisissables à la vue; aucun signe n'indiquait le moindre malaise. Ces cas ont été les plus favorables. Parmi ceux qui se sont le plus écartés du sens général des expériences, presque toujours une grande agitation et souvent la mort étaient intervenues.

L'appareil que j'ai employé consistait en un vase de verre assez grand pour que les animaux n'y éprouvassent point de gène. Il avait la forme d'une cloche renversée, évasé par le bas, se rétrécissant ensuite graduellement, jusqu'à l'ouverture placée à la partie supérieure et qui était assez grande pour permettre l'introduction facile de l'animal.

Ce vase était fixé dans un seau de zinc que l'on emplissait d'eau à une température convenable pour expérimenter dans les degrés supérieurs, et de glace pilée pour les degrés inférieurs. Dans ce dernier cas, des ouvertures pratiquées au fond du réservoir laissaient un libre écoulement à l'eau provenant de la fusion de la glace. On ajoutait du sel marin quand on le jugeait nécessaire pour abaisser la température. Un long thermomètre passait à travers le bouchon. Son réservoir occupait, autant que possible, le centre de l'enceinte. Le degré se lisait à l'extérieur.

Après l'introduction de l'animal, le vase était fermé au moyen d'un bouchon de liége façonné avec soin et disposé de manière à pouvoir être luté avec promptitude et facilité. Cet appareil communiquait, au moyen de tubes de plomb passant par le bouchon, d'une part avec l'air extérieur, de

possible à ce que l'air chaud ne les pénétrât sans obstacle de toutes parts. Cette modification apportée dans l'expérience fit qu'un autre bruan et le même poulet supportèrent sans péril immédiat, pendant huit à dix minutes, une température de 67 degrés. Ces derniers résultats viennent en confirmation des faits qui se sont présentés à mon observation.

l'autre avec deux aspirateurs, dont l'un était uni à la série des tubes usités en pareils cas. En un mot, c'était l'appareil employé par M. Boussingault dans ses expériences sur la tourterelle, modifié de manière à pouvoir porter à une température voulue l'enceinte dans laquelle l'animal était placé (¹). L'air était renouvelé au moyen de l'aspirateur avec une vitesse de 20 à 40 litres à l'heure suivant les cas. La durée des expériences a varié aussi ; elle a été quelquefois de trente minutes seulement quand on portait la température au maximum et que l'on craignait la mort de l'animal. On l'a prolongée une ou plusieurs heures, quand la chaleur était plus modérée, entre 28 et 35 degrés par exemple. Il a été de même à zéro et au-dessous.

Les animaux sur lesquels j'ai expérimenté étaient généralement en bon état de santé, adultes, et nourris souvent depuis longtemps au même régime. Les tourterelles recevaient du millet, les verdiers du chènevis, la crécerelle du cœur de bœuf, les cochons d'Inde des carottes et du pain, les souris du pain seulement.

La température propre et le poids des animaux étaient pris au commencement et à la fin de chaque expérience. Les excréments rendus dans cet intervalle étaient aussi pesés avec soin. Le gain des tubes, pendant l'expérience, donnait, après les corrections, la quantité d'acide carbonique exhalé, et, par suite, celle du carbone brûlé.

J'ai pu, avec ces éléments, dans un assez grand nombre de cas, calculer avec une approximation suffisante la transpiration pulmonaire et cutanée.

Pour ce calcul, on commençait par défalquer les déjections de l'animal de la perte qu'il avait éprouvée dans son

---

(¹) Voyez pour ces détails, le calcul et les corrections à faire sur l'acide carbonique recueilli, le Mémoire de M. Boussingault (*Annales de Chimie et de Physique*, 3ᵉ série, année 1844, t. XI, p. 433). On a suivi de tous points les procédés indiqués.

poids. En retranchant ensuite le carbone brûlé pendant l'expérience, l'excès de perte donnait la quantité d'eau de transpiration exhalée par les poumons et par la peau.

Le poids du carbone me paraît représenter, avec une exactitude suffisante, la proportion qu'un animal détruit de sa propre substance par combustion dans l'acte respiratoire. Il résulte, en effet, des recherches de M. Boussingault que la proportion d'hydrogène brûlé en même temps que le carbone par le concours de l'oxygène, chez une vache et chez un cheval, forme seulement avec l'azote exhalé la cinquantième partie environ du carbone consumé dans le même espace de temps. Ainsi, dans un jour, la vache brûlait 2211 grammes de carbone, 19^{gr}, 8 d'hydrogène, et exhalait 27 grammes d'azote; le cheval brûlait 2465 grammes de carbone, 23 grammes d'hydrogène, et exhalait 24 grammes d'azote. Une semblable recherche, entreprise sur une tourterelle, a offert des résultats analogues.

Toutefois, je préfère ne pas introduire dans le calcul de la transpiration cette correction insignifiante; il perdrait de sa simplicité sans avantage réel.

La température propre de l'animal se prenait dans le cloaque, et quelquefois sous l'aile chez les oiseaux; dans le rectum, chez les cochons d'Inde. Le réservoir du thermomètre qui a servi pour toutes ces observations avait 14 millimètres de longueur sur 2^{mm},6 de diamètre; chaque degré offrait 3 millimètres de course.

Résultats généraux.

L'influence que les températures extrêmes de l'atmosphère exercent sur la production de l'acide carbonique dans la respiration des animaux à sang chaud se manifeste avec une notable énergie dans les conditions que j'ai indiquées; il n'est même pas nécessaire de reculer, autant qu'on le pourrait, les limites de ces températures pour ob-

tenir des résultats tranchés. Déjà, entre zéro et 30 degrés,
les variations ont une grande étendue, puisque le carbone
brûlé dans le premier cas est le double du carbone brûlé
dans le second. A la température ordinaire, le phénomène
se montre intermédiaire, inclinant tantôt d'un côté, tantôt
de l'autre.

Un autre fait qui doit aussi attirer l'attention, c'est la
similitude de ces variations chez les animaux d'une organisation aussi différente que ceux sur lesquels on a expérimenté; les animaux de petite espèce ne réagissent pas autrement, quant au rapport mentionné entre les quantités
d'acide carbonique, que ceux d'un volume plus considérable, et les oiseaux se comportent comme les mammifères.

Ainsi, en prenant un animal dans chacune de ces catégories, on voit que l'acide carbonique produit dans l'espace
d'une heure a été :

	A la température ambiante, 15 à 20 degrés.	De 30 à 40 degrés.	Vers 0 degré.
	gr	gr	gr
Pour un serin............	0,250	0,129	0,325
Pour une tourterelle.......	0,684	0,366	0,974
Pour deux souris..........	0,498	0,268	0,531
Pour un cochon d'Inde....	2,080	1,453	3,006

C'est-à-dire que l'acide carbonique exhalé à zéro a été le
double de celui produit à une température élevée pour les
deux mammifères, et un peu plus pour les oiseaux.

On trouve aussi, par la comparaison de ces nombres entre
eux, que les quantités d'acide carbonique émises par les
divers animaux sont indépendantes du rapport indiqué. On
sait depuis longtemps que les petits animaux sont des appareils de combustion bien plus actifs que les animaux plus
volumineux. On peut remarquer même dans le tableau ci-

V.   14

dessus qu'à zéro un serin brûle presque autant de carbone qu'une tourterelle à 30 degrés.

Cette plus grande énergie de réaction chez les petits oiseaux se conserve pour la transpiration. Cette fonction a des liens étroits avec la respiration. Plus un animal à sang chaud, dans les conditions ordinaires, brûle de carbone et d'hydrogène, plus aussi est abondante la transpiration pulmonaire et cutanée.

La perte occasionnée par la perspiration insensible est donc bien plus considérable pour un petit oiseau proportionnellement à son poids, que pour une tourterelle. Ce phénomène se développe à ce point, dans les températures élevées, qu'un verdier exhalera dans une heure, à 40 degrés, près de 1 gramme d'eau de transpiration. C'est à peine si, dans les mêmes circonstances, une tourterelle en émettrait davantage.

J'ai consigné tous les éléments des expériences dans sept tableaux. Je présente, toutefois, ici, un résumé général mettant en regard les moyennes des quantités d'acide carbonique exhalé par heure, aux températures extrêmes, par chacun des animaux en expérience, et le rapport simple qui existe entre ces deux quantités. On prendra ainsi, d'un coup d'œil, une idée générale des résultats.

DÉSIGNATION de L'ANIMAL.	ACIDE carbonique produit à une température élevée.	ACIDE carbonique émis à une basse température.	RAPPORT entre ces deux quantités.	REMARQUES.
	gr	gr		
Serin femelle........	0,129	0,325	1 : 2,5	
Verdier mâle n° 1..	0,212	0,436	1 : 2,0	
Verdier n° 4........	0,216	0,481	1 : 2,2	
Verdier n° 5........	0,212	0,416	1 : 1,94	
Tourterelle n° 1....	0,663	1,119	1 : 1,77	Morte à la suite de
Tourterelle n° 2....	"	1,264	1 : 2 minimum	l'expérience.
Tourterelle n° 4....	0,378	"	1 : 2 minimum	
Tourterelle n° 5....	0,438	"	1 : 2 minimum	
Tourterelle n° 6....	0,336	0,974	1 : 2,9	
Une crécerelle......	0,569	1,610	1 : 2,9	
Tourterelle de petite espèce..........	0,155	0,368	1 : 2,37	
Cochon d'Inde n° 1.	1,453	3,006	1 : 2	
Cochon d'Inde n° 2.	1,534	2,251	1 : 1,5	Il y a eu mort dans ces deux cas, ce qui
Cochon d'Inde n° 3.	1,655	2,357	1 : 1,4	altère constamment le rapport.
Deux souris........	0,268	0,531	1 : 2	

En consultant les quatre premiers tableaux relatifs aux oiseaux de petite espèce, on remarque que le verdier n° 3 a fait exception à la règle, en produisant plus d'acide carbonique à une température élevée qu'à la température ordinaire; mais il a succombé dans l'expérience. Ce résultat est constant.

La transpiration des verdiers à l'état naturel, par heure, se tient en général entre 0^{gr},150 et 0^{gr},300. Deux fois elle a atteint 0^{gr},400 et 0^{gr},500.

Dans les hautes températures, elle a été, par heure, de 0^{gr},500 entre 30 et 35 degrés, et s'est élevée au gramme à 40 degrés.

Les détails d'une observation de transpiration naturelle, continuée pendant six heures sur le verdier n° 1, donneront une idée du décroissement que la perspiration insensible subit d'heure en heure.

14.

L'expérience a eu lieu le 6 septembre. Elle a commencé à $9^h 30^m$ du matin. Le thermomètre a varié de 19 à 21 degrés.

Eau perdue par les transpirations
pulmonaire et cutanée.

	^{gr}
Première heure............	0,315
Deuxième heure..........	0,218
Troisième heure..........	0,179
Quatrième heure.........	0,115
Cinquième heure.........	0,119
Sixième heure............	0,108

Pendant les trois premières heures il y a eu diminution successive dans la vapeur d'eau exhalée; les trois heures suivantes, la transpiration est devenue à peu près stationnaire.

C'est ici le lieu de faire remarquer avec quelle facilité les oiseaux résistent au froid. Les petits oiseaux, dont la faible masse doit permettre si promptement aux températures excessives de les pénétrer, ne paraissent cependant pas, alors même qu'ils sont privés d'aliments, éprouver un grand malaise sous l'influence du froid quand il n'est pas prolongé au delà de huit à neuf heures. Trois verdiers, les n°s 1, 2 et 5, ont été ainsi soumis à un froid de zéro pendant plusieurs heures (5 heures, $6^h 41^m$ et $8^h 27^m$). Les tubes disposés pour recueillir l'acide carbonique étaient changés d'heure en heure et pesés. Les deux premiers oiseaux ont, pendant toute la durée de l'expérience, brûlé une égale quantité de carbone. Le verdier n° 5, pendant la première moitié de l'expérience ($4^h 15^m$), s'est comporté de la même manière; mais pendant la seconde moitié ($4^h 12^m$), la quantité de carbone qu'il a consommée a baissé, elle est devenue celle de l'état normal. Cependant cet oiseau est sorti de l'appareil aussi vif qu'il y était entré. Son corps donnait bien à la main une sensation de froid;

mais, dans le cloaque, la température n'avait baissé que de
1 degré.

Les tourterelles (*voir* le tableau n° 5) se comportent à
peu près comme les petits oiseaux, quant au rapport indiqué dans les quantités d'acide carbonique aux températures
extrêmes. La crécerelle donne de plus fortes différences, et
le rapport devient pour elle 1:3,4 et 1:2,4. Cet oiseau
paraît très-sensible à l'action de la chaleur; déjà à 28 degrés il manifeste des signes prononcés de souffrance.

Les deux tourterelles n°ˢ 1 et 3 ont offert quelque divergence. Exposées à une température de 40 à 43 degrés,
elles ont donné un chiffre élevé d'acide carbonique; il est
par heure de 0,663 pour le n° 1, et de 0,775 pour le n° 3.
La mort est survenue dans ces deux cas. Les expériences
elles-mêmes ont duré seulement vingt et vingt-cinq minutes.
Les n°ˢ 4, 5 et 5, au contraire, ont émis à une température
plus modérée, de 30 à 36 degrés, une proportion bien moins
forte d'acide carbonique qui porterait le rapport à 1:2,5
environ.

Voici deux observations de transpiration naturelle sur
deux tourterelles, continuées pendant six heures consécutives. Le décroissement paraît plus régulier et se maintient
plus longtemps que chez le verdier n° 1.

La première expérience a eu lieu sur la tourterelle n° 2,
le 5 septembre, à partir de 9ʰ56ᵐ du matin. La températu-
ture extérieure a varié entre 20°,6 et 21°,4.

Perte éprouvée par heure
par la transpiration.

	gr
Première heure............	0,395
Deuxième heure..........	0,371
Troisième heure..........	0,348
Quatrième heure.........	0,266
Cinquième heure.........	0,226
Sixième heure............	0,130

La deuxième expérience a été faite sur une tourterelle du poids de 160 grammes, le 6 septembre, à une température de 20 à 21°,5, à partir de 9ʰ23ᵐ du matin.

Eau perdue par la transpiration
par heure.

	gr
Première heure..........	0,682
Deuxième heure..........	0,384
Troisième heure..........	0,342
Quatrième heure........ .	0,288
Cinquième heure........	0,200
Sixième heure...........	0,170

La transpiration des tourterelles ne s'est pas beaucoup élevée quand la chaleur a été modérée. Ainsi à 30 degrés, chez le n° 4, elle a été seulement de 0,640 par heure.

De 33 à 36 degrés elle a atteint le gramme. Cette fonction a suivi les mêmes phases dans des proportions moindres chez la tourterelle de petite espèce. Sa perspiration insensible a été par heure 0ᵍʳ,189 à la température ordinaire, 0ᵍʳ,210 à 30 degrés et 0ᵍʳ,307 de 37 à 40 degrés.

La température propre de ces oiseaux s'est abaissée par le froid de 0°,2 et de 0°,6 sous l'aile chez une tourterelle robuste; de 2°,2 chez une autre tourterelle en voie de dépérissement. La chaleur n'a eu quelquefois que peu d'influence sur l'élévation de la température animale quand le thermomètre marquait 30 degrés seulement. Dans un cas même il y a eu abaissement de ⅓ de degré. Cependant, en général, il y a eu augmentation dans la température propre de ces animaux. Dans trois expériences comprises entre 30 et 33 degrés, il y a eu accroissement de 0°,4, 1°,5 et 1°,8; à 36 degrés, de 1°,4. Un des oiseaux qui ont péri vers 40 degrés avait même gagné 3°,2 sous l'aile.

Il est bon de donner ici les raisons qui m'ont déterminé à classer parmi les oiseaux volumineux la tourterelle de petite espèce, du poids de 66 grammes, et parmi les petits oiseaux le moineau de montagne du poids de 52 grammes.

Cette tourterelle a constamment brûlé, relativement à son poids, une quantité minime de carbone, et sa transpiration s'est tenue dans les mêmes proportions. J'ai déjà appelé l'attention sur cette relation. Elle avait, d'ailleurs, toutes les allures des tourterelles ordinaires, plus lentes encore, quoique en parfait état de santé. Le moineau, au contraire, qui consumait bien plus de carbone, avait toute la vivacité des petits oiseaux. L'un donnait cours à son activité naturelle par un mouvement continuel; l'autre restait constamment immobile et perché.

Ces différences s'expliquent très-bien avec les nouvelles idées physiologiques sur la chaleur animale.

Les cochons d'Inde (*voir* le tableau n° VI) ont présenté les particularités suivantes :

Le n° 1 a produit par heure : acide carbonique :

A la température ambiante.	A la température élevée.	A la température basse.
$2^{gr},058$	$1^{gr},457$	$3^{gr},006$

Ces résultats sont nets et réguliers.

Les n°ˢ 2 et 3, au contraire, ont exhalé à une température élevée une proportion trop forte d'acide carbonique pour que le rapport se maintînt de 1 à 2; il n'est plus que de 1 à 1,5 à 1,4; mais si l'on observe que tous les deux sont morts par excès de chaleur pendant l'expérience ou à sa suite, que le malaise avait été considérable, que les mouvements inspiratoires avaient été portés jusqu'au nombre de deux cents par minute, on ne sera plus étonné de ce résultat. D'ailleurs la proportion d'acide carbonique dans cette circonstance a dépassé celle qui se produit à la température ordinaire.

Ces deux animaux ont été retirés de l'appareil inondés de sueur, l'un encore vivant et présentant une augmentation de 3 degrés dans sa température primitive; l'autre mort, avec un accroissement de 5°,5.

Les mammifères paraissent résister avec moins de succès aux températures extrêmes que les oiseaux; ainsi, à zéro, le cochon d'Inde n° 1 a abaissé sa chaleur propre de 3°, 7, et le n° 2, de 3°, 2 ; à 30 degrés, le n° 1 l'a élevée de 1 degré, et à 32 degrés de 3 degrés.

Le dernier tableau a trait à l'étude des phénomènes mentionnés dans des conditions qui ont déjà pour effet d'influencer fortement la respiration en abaissant considérablement le chiffre du carbone brûlé. Je veux parler de l'état d'inanition.

On trouve, et ce n'est peut-être pas sans intérêt, que le rapport dans la quantité d'acide carbonique produit aux diverses températures se conserve le même que dans les expériences précédentes; c'est-à-dire que l'acide carbonique émis à zéro est le double de celui émis entre 30 et 40 degrés.

Ainsi, le jour, à zéro, il est pour la tourterelle, par heure, de $0^{gr},652$; et de 30 à 40 degrés, de $0^{gr},319$ en moyenne.

Cependant les phénomènes de l'inanition sont changés; car, à la température ordinaire, l'acide carbonique serait par heure, pendant le jour, de $0^{gr},440$ seulement.

La nuit perd aussi son action. Sous son influence, on a recueilli la même dose d'acide carbonique que pendant le jour aux deux températures extrêmes.

Mais ce qui peut-être est le plus digne d'attention, c'est que la chaleur, qui a constamment pour résultat, dans les circonstances ordinaires, de diminuer la proportion du carbone brûlé, n'a plus produit cet effet, même la nuit, sur la tourterelle en question.

Cet oiseau qui, à la température ordinaire, la nuit, eût donné $0^{gr},264$ d'acide carbonique, n'a pu être amené à exhaler moins de $0^{gr},284$ entre 30 et 40 degrés. Il paraît qu'arrivé à ce point on touche à la limite minimum de la production d'acide carbonique avec laquelle la vie soit compatible chez les tourterelles.

On voit aussi, dans le tableau n° VII, que la crécerelle à l'état d'inanition n'a exhalé, par heure, à 33 degrés, qu'une bien faible proportion d'acide carbonique, $0^{gr},336$; si l'on compare cette quantité à celle que ce même oiseau a donnée à 3 degrés au-dessous de zéro, dans des conditions normales, quantité qui monte à $1^{gr},861$, on trouve le rapport de 1 à 5,5. Il est assez extraordinaire que l'on puisse modifier aussi profondément une fonction sans que la vie soit immédiatement menacée.

Cette crécerelle qui, nourrie régulièrement, avait montré entre 28 et 29 degrés tous les signes d'un grand malaise, puisque ses inspirations s'étaient élevées par minute à cent quatre-vingts et qu'elle avait constamment tenu son bec ouvert, a présenté au contraire, pendant l'inanition, à 33 degrés, une respiration douce dont les mouvements étaient difficiles à compter; le bec est resté fermé et l'animal tranquille. Cependant il y avait encore quatre-vingt-quatorze inspirations à la minute au lieu de cinquante à soixante, nombre ordinaire.

Sa température propre s'est accrue de $2°,2$ dans ce dernier cas, et de $1°,4$ dans le précédent. Quant à la tourterelle, elle n'a éprouvé dans sa température que des variations légères et dans des sens différents lorsque la chaleur a été maintenue aux environs seulement de 30 degrés. Quand elle est devenue excessive, elle a résisté, autant qu'elle a pu le faire, à son envahissement. Ainsi, dans l'expérience de nuit du 15 novembre (*voir* le tableau n° VII), elle a commencé par reprendre sa température intérieure primitive; ce qui a produit $4°,3$ d'augmentation dans le cloaque. En outre, la superficie de son corps et son plumage ont absorbé ainsi une quantité considérable de chaleur, ce que la main apprécie très-bien; elle ne ressent plus cette sensation de froid que lui communique toujours, surtout la nuit, un animal inanitié.

De plus, et bien que la tourterelle ne reçût pas de boisson, elle s'est débarrassée d'une partie de la chaleur en excès par une transpiration aussi abondante que celle exhalée par un oiseau nourri régulièrement.

Le froid a abaissé la température de cet oiseau de $1°,5$ dans le cloaque, et de $2°,5$ sous l'aile.

La transpiration s'est maintenue toujours assez abondante dans les hautes températures. On sait cependant qu'à l'état d'inanition cette fonction a une grande tendance à s'annihiler.

TABLEAU N° I. — *Acide carbonique exhalé dans la respiration des petits oiseaux à la température ambiante.*

DÉSIGNATION ET POIDS de L'OISEAU.	ÉPOQUE de L'ANNÉE.	ÉPOQUE DE LA JOURNÉE.	DURÉE de l'expérience.	TEMPÉRAT. de la cloche au milieu de l'expér.	ACIDE carbonique dosé.	ACIDE carbon. par heure.	CARBONE brûlé en 1 heure.	REMARQUES.
			h m	o	gr	gr	gr	
Serin femelle, 15gr,5....	5 août 1844	De 12.11 mat. à 1.11 soir.	1. 0	19,5	0,264	0,264	0,072	
Id.	5 août.	De 2.21 soir à 3.21 soir.	1. 0	20,5	0,253	0,253	0,069	
Id.	6 août.	De 11.50 mat. à 1. 8 soir.	1.18	19,0	0,281	0,216	0,059	
Id.	20 novemb.	De 11.40 mat. à 1.10 soir.	1.30	16,0	0,413	0,270	0,074	
Serin mâle..........	8 janv.1845	De 9.26 mat. à 11.32 mat.	2. 6	15,0	0,504	0,240	0,065	
Pinçon mâle, 21gr,8....	10 mai 1844	De 12. 0 mat. à 2. 8 soir.	2. 8	20,2	0,669	0,314	0,085	
Verdier mâle n°1, 25gr,4.	17 août.	De 10.30 mat. à 3. 5 soir.	5. 0	20 à 22	1,636	0,323	0,088	
Id. n°2, 24 gr.	3 novemb.	De 8.10 mat. à 9.10 mat.	1. 0	14,0	0,302	0,302	0,082	
Id. n°3,26 gr.	19 août.	De 10.20 mat. à 11.31 mat.	1.11	19,0	0,347	0,293	0,079	
Id. id.	19 août.	De 12.37 mat. à 1.42 soir.	1. 5	21,0	0,310	0,286	0,078	
Id. id.	21 août.	De 1. 4 soir à 2. 4 soir.	1. 0	22,0	0,285	0,285	0,078	
Moineau de montagne, 52 grammes..........	19 novemb.	De 2.50 soir à 3.50 soir.	1. 0	15,0	0,486	0,486	0,132	
Id.	3janv.1845	De 3.20 soir à 4.55 soir.	1.35	14,0	0,777	0,490	0,133	

Tableau N° II. — *Acide carbonique produit pendant la respiration des petits oiseaux sous l'influence d'une température élevée.*

DÉSIGNATION de L'OISEAU.	ÉPOQUE de L'ANNÉE.	ÉPOQUE DE LA JOURNÉE.	DURÉE de l'expérience.	TEMPÉRAT. de l'enceinte.	ACIDE carbonique dosé.	ACIDE carb. prod. en 1 heur.	CARBONE brûlé dans 1 heur.	PERTE occasionnée par la transpiration.	MÊME perte dans l'espace de 1 heure.	REMARQUES.
		h m h m	h m	°	gr	gr	gr	gr	gr	
Serin femelle........	12 août 1844	De 10.21 à 11.21	1. 0	39 à 42	0,129	0,129	0,035	"	"	
Verdier mâle n° 1...	23 août.	De 1.54 à 3. 5	1.11	30 à 33	0,302	0,257	0,070	0,526	0,444	
Id. ...	24 août.	De 10.50 à 11.50	1. 0	35	0,217	0,217	0,059	0,479	0,479	
Id. ...	25 août.	De 11.34 à 12. 3	0.29	40	0,094	0,193	0,053	0,473	1,017	
Id. ...	28 août.	De 10. 8 à 10.45	0.37	40	0,109	0,179	0,049	0,493	0,799	
Verdier mâle n° 2...	4 novemb.	De 11.15 à 11.58	0.43	40	0,169	0,238	0,065	0,682	0,951	Mort pendant l'expérience.
Id. n° 3...	22 août.	De 11.25 à 12. 2	0.37	37 à 40	0,187	0,303	0,082	0,700	1,351	Id.
Id. n° 4...	27 août.	De 11.31 à 12. 1	0.30	40	0,107	0,214	0,058	0,474	0,948	
Id.	28 août.	De 12. 3 à 12.32	0.29	41	0,106	0,219	0,059	0,549	1,135	
Verdier mâle n° 5...	12 novemb.	De 11.57 à 2.22	2.25	30	0,514	0,212	0,058	0,823	0,340	
Verdier femelle n° 7.	12 août.	De 1.23 à 2. 5	0.42	38 à 42	0,175	0,250	0,068	"	"	

TABLEAU Nº III. — *Acide carbonique produit à zéro dans la respiration des petits oiseaux.*

(Le thermomètre a oscillé entre —2 et +2 degrés dans les expériences.)

DÉSIGNATION de L'OISEAU.	ÉPOQUE de L'ANNÉE.	ÉPOQUE DE LA JOURNÉE.	DURÉE de l'expérience.	ACIDE carbonique dosé.	ACIDE carbonique par heure.	CARBONE brûlé en 1 heure.	REMARQUES.
Serin femelle...........	8 août 1844.	De 11.31 à 12.31	h m 1.0	gr 0,325	gr 0,325	gr 0,089	
Verdier femelle nº 7......	8 août.	De 1.46 à 2.46	1.0	0,479	0,479	0,130	
Verdier mâle nº 1..........	13 août.	De 11.32 à 4.32	5.0	2,231	0,445	0,121	
Id.	30 août.	De 12.15 à 1.32	1.17	0,548	0,427	0,116	
Verdier mâle nº 4.........	16 août.	De 10,34 à 5.15	6.41	3,217	0,481	0,131	
Verdier mâle nº 5.........	4 novembre.	De 2.12 à 3.12	1.0	0,389	0,389	0,106	
	18 novembre.	De 11.15 à 3.30	4.15	1,887	0,444	0,121	
	18 novembre.	De 3.30 à 7.42	4.12	1,261	0,300	0,081	

TABLEAU Nº IV. — *Transpiration des petits oiseaux dans les conditions ordinaires de température.*

DÉSIGNATION ET POIDS de L'OISEAU.	ÉPOQUE de L'ANNÉE.	ÉPOQUE DE LA JOURNÉE.	DURÉE de l'expérience.	TEMPÉRATURE de l'air ambiant.	PERTE éprouvée par les transpirat. pulmon. et cutanée pendant l'expér.	Même perte dans l'espace de 1 heure.	REMARQUES.
		h m h m	h m	° °	gr	gr	
Verdier nº 1	23 août 1844.	De 10. 3 à 11.13	1. 9	17,6 à 18,6	0,176	0,152	
Id.	26 août.	De 9.46 à 10.53	1. 7	16,8 à 18	0,189	0,169	
Id.	28 août.	De 8.53 à 10. 8	1.15	16,7 à 18,5	0,254	0,203	
Id.	30 août.	De 10.13 à 12.13	2. 0	19 à 20,5	0,558	0,279	
Id.	6 septembre	De 9.30 à 3.45	6.15	19 à 20,4	1,072	"	
Id.	24 août.	De 9.28 à 10.49	1.21	18,4 à 19	0,199	0,147	
Verdier mâle nº 4, 24 gr...	24 août.	De 12.50 à 1.50	1. 0	20,5	0,267	0,267	
Id.	27 août.	De 10. 4 à 11,29	1.25	17 à 18	0,224	0,158	
Id.	28 août.	De 10.27 à 12. 2	1.35	18	0,277	0,175	
Verdier mâle nº 5, 25 gr....	20 novembre.	De 10. 0 à 11. 7	1. 7	13	0,433	0,387	
Verdier mâle nº 6.........	22 août.	De 10. 0 à 10.57	0.57	18	0,481	0,506	
Moineau de montagne......	19 novembre.	De 2.50 à 3.50	1. 0	15	0,338	0,338	

TABLEAU N° V. — *Acide carbonique exhalé dans la respiration des oiseaux dont le poids s'élève de 130 grammes à 200 grammes, sous l'influence des diverses températures.*

Acide carbonique exhalé à la température ambiante.

DÉSIGNATION ET POIDS de L'OISEAU.	ÉPOQUE de L'ANNÉE.	ÉPOQUE DE LA JOURNÉE.	DURÉE de l'expér.	TEMPÉ- RATURE de l'en- ceinte.	ACIDE carbo- nique dosé.	ACIDE CO2 par heure	CAR- BONE brûlé en 1 h.	PERTE éprou- vée par les deux respira- tions pend. l'expér	PERTE éprou- vée par les deux respir pend de 1 h.	TEMPÉRATURE propre de l'animal, au comm de l'exp.	a la fin de l'expe- rience	REMARQUES.
			m	°	gr	gr	gr	gr	gr			
Tourterelle mâle n° 1, 1844. 185 grammes	27 févr.	"	"	"	"	0,850	0,232	"	"	"	"	
Tourterelle mâle n° 2, 157 grammes	27 juill.	De 11.30 à 12.50	1.20	20	1,042	0,781	0,213	"	"	"	"	
Id.	2 août.	De 10.35 à 11.43	1. 8	21	1,865	0,763	0,208	"	"	"	"	
Tourterelle n° 6, 142gr, 3	31 juill.	De 11. 0 à 12.10	1.10	19	0,700	0,600	0,164	"	"	"	"	
Id.	1 août.	De 10.47 à 11.54	1. 7	20	0,556	0,501	0,136	"	"	"	"	
Id.	2 août.	De 1.40 à 2.45	1. 5	21	0,583	0,538	0,147	"	"	"	"	
Id. 1843.	21 févr.	De 1.57 à 3.51	1.54	15	1,306	0,684	0,186	0,609	0,318	"	"	
Crécerelle, 194gr . . . . 1844.	29 nov.	De 3.30 à 4.30	1. 0	12	0,946	0,946	0,258	"	"	"	"	Les trois prem. expér. ont été faites sur la crécerelle au sortir d'une abstinence complète qui avait duré trois jours. Dans cette circonstance, l'acide carbon que pro- duit est un peu plus élevé qu'à l'état ordinaire.
Id.	6 déc.	De 3.51 à 4.36	0.45	17	0,697	0,923	0,251	"	"	"	"	
Id.	7 déc.	De 1.16 à 3.00	1.44	17	1,64	0,947	0,258	"	"	"	"	L'expérience du 22 fé- vrier est tout a fait ré- gulière. L'animal était rendu depuis longtemps
Tourterelle adulte, des pays chauds, de pe- 1844.	22 fév.	De 9.41 à 11.46	2. 5	18	1,888	0,906	0,247	"	"	"	"	

	1844.											
Tourterelle n° 1.....	2 nov.	De 9.18 à 9.38	0.20	40 à 43	0,211	0,633	0,172	"	"	42,3 sous l'aile.	45,5 sous l'aile.	
Tourterelle mâle n°3	2 nov.	De 3.40 à 4.5	0.25	40 à 43	0,323	0,775	0,211	"	"	41,5 cloaq.	43,0 cloaq.	
Tourterelle femelle n° 4, 130 grammes.	14 nov.	De 11.3 à 12.8	1.5	33 à 36	0,410	0,378	0,103	1,003	0,925	43,0 cloaq.	43,7 cloaq.	
1843. Tourterelle mâle n° 5, 163 grammes....	13 nov.	De 10.49 à 12.55	2.6	30	0,919	0,438	0,119	1,280	0,609	1,10	1,10	Les inspirations se sont élevées à 170 et 180 degrés par minutes.
Tourterelle n° 6......	20 févr.	De 9.56 à 10.56	1.0	36	0,336	0,336	0,091	1,10	1,10	40,3	41,7	
La crécerelle.........	22 févr.	De 3.14 à 4.0	0.46	28 à 29	0,436	0,569	0,146	1,00	1,30	"	"	
1844. Tourterelle de petite espèce, 66 grammes.	2 nov.	De 2.47 à 3.45	0.58	37 à 40	0,178	0,184	0,041	0,336	0,347	"	"	
Id.	8 nov.	De 10.34 à 12.47	2.13	30	0,312	0,311	0,039	0,440	0,200	"	"	
Id.	11 nov.	De 11.10 à 2.43	3.33	30 à 33	0,505	0,142	0,039	1,085	0,305	"	"	

Acide carbonique exhalé à température basse.

	1844.											
Tourterelle n° 1......	30 oct.	De 2.54 à 4.25	1.31	−2 à +2	1,697	1,119	0,305	"	"	42,5 sous l'aile.	42,0 sous l'aile.	
Id.	31 oct.	De 9.4 à 10.42	1.38	−2 à +2	1,825	1,117	0,305	"	"	42,5 sous l'aile.	41,75 sous l'aile.	
1845. Tourterelle n° 2......	9 août.	De 12.11 à 1.11	1.0	−3 à 0	1,581	1,581	0,431	"	"	"	"	Bien portante.
Id.	31 oct.	De 1.20 à 2.20	1.0	−3 à 0	0,948	0,948	0,258	"	"	"	"	En voie rapide de dépérissement.
1843. Tourterelle n° 6.....	20 févr.	De 12.30 à 2.1	1.31	−5	1,479	0,974	0,265	"	"	"	"	
La crécerelle.........	21 févr.	De 10.20 à 12.1	1.41	−3	3,132	1,861	0,508	"	"	"	"	
Id.	23 févr.	De 1.12 à 2.12	1.0	0	1,360	1,310	0,370	"	"	41,1	40,9	
1844. Tourterelle de petite espèce, 66 grammes.	1 nov.	De 11.12 à 1.12	2.0	0	0,490	0,368	0,100	"	"	"	"	

TABLEAU N° VI. — *Acide carbonique produit dans la respiration des mammifères aux diverses températures.*

DÉSIGNATION ET POIDS de l'animal.	ÉPOQUE de l'année.	ÉPOQUE DE LA JOURNÉE.	DURÉE de l'expér. (h m s)	TEMPÉRATURE de l'enceinte.	ACIDE CO² dosé. (gr)	ACIDE CO² par heure. (gr)	CARBONE brûlé dans 1 h. (gr)	TEMPÉRATURE propre, au comm. de l'exp.	TEMPÉRATURE propre, à la fin de l'exp.	REMARQUES.
Acide carbonique exhalé à la température ambiante.										
Cochon d'Inde mâle n° 1, adulte, 790 grammes..	1844. 6 nov.	De 4.0 à 5.0.0	1.0.0	16	2,058	2,058	0,561	»	»	o
Cochon d'Inde femelle, n° 2, 615 grammes....	24 févr.	De 9.48 à 11,29.30	1.41.30	19	2.537	1,500	0,409	»	»	»
Deux souris adultes, pesant ensemble 29gr,8..	19 févr.	De 9.16 à 10.38.0	1.22.0	16	0,681	0,498	0,135	»	»	»
Acide carbonique exhalé à une température élevée.										
Cochon d'Inde n° 1	1843. 6 nov.	De 1.46 à 2.31.0	0.45.0	30	1,066	1,434	0,391	36,5	37,5	
Id.	10 nov.	De 9.40 à 11.40.0	2.0.0	30 à 32	2,946	1,473	0,401	37,8	40,8	
Cochon d'Inde n° 2.....	24 févr. 1844	De 2.48 à 3.48.0	1.0.0	37	1,534	1,534	0,418	37,6	43,1	Mort pendant l'expérience.
Cochon d'Inde mâle n° 3, pesant 730 grammes..	1843. 7 nov.	De 1.52 à 2.24.0	0.32.0	40	0,883	1,655	0,451	35,5	38,5	Mort à la suite de l'expérience.
Deux souris............	18 févr.	De 9.27 à 10.47.0	1.20.0	37	0,358	0,268	0,073	»	»	»
Acide carbonique exhalé à une température basse.										
Cochon d'Inde n° 1......	1844. 7 nov.	De 9.3 à 10.3.0	1.0.0	0	3,006	3,006	0,819	35,7	32,0	»
Cochon d'Inde n° 2.....	1843. 23 févr.	De 10.1 à 11.42.30	1.41.30	0	3,809	2,251	0,614	37,5	34,0	»
Cochon d'Inde n° 3......	1844. 6 nov.	De 10.7 à 11.28.0	1.21.0	0	3,183	2,357	0,643	»	»	»
Deux souris.......	17 févr.	De 10.55 à 1.11.0	2.16.0	— 5	1,206	0,531	0,145	»	»	»

TABLEAU N° VII. — *Acide carbonique produit à l'état d'inanition par une tourterelle et une crécerelle aux diverses températures.*

DÉSIGNATION de l'oiseau.	ÉPOQUE de l'année.	ÉPOQUE DE LA JOURNÉE.	DURÉE de l'expér.	TEMPÉRATURE de l'enceinte.	ACIDE carbonique dosé.	ACIDE carbonique par heure.	CARBONE brûlé en 1 heure.	EAU perdue par la transpiration pend. l'exp.	EAU perdue par la transpiration dans 1 heure.	TEMPÉRATURE propre de l'animal, au commencement de l'exp.	à la fin de l'expérience.	REMARQUES.
Acide CO² exhalé à la température ambiante.												
Crécerelle......	**1844.** 27 nov.	De 2.24 à 3.41	1.20	13	1,050	0,788	0,215	0,313	0,234	40,6	41,9	Après deux jours d'inanition pendant le jour.
	27 nov.	De 7.42 à 9.17	1.35	11,5	0,829	,524	0,143	0,590	0,3.0	39,7	39,5	Après deux jours et qu. heures d'inanit. La nuit.
	28 nov.	De 8.30 à 10.0	1.30	10	0,985	1,657	0,179	0,231	0,150	40,5	41,7	Après trois jours d'inan. au commen. de la journée.
Acide CO² exhalé à une température élevée.												
Même tourterelle que celle portant précédemment le n° 5.......	14 nov.	De 2.5 à 3.36	1.31	30 à 33	0,582	0,372	0,101	0,931	0,613	43,3 cloaq.	42,7 cloaq.	De jour. Après vingt-quatre heures d'inanition.
	15 nov.	De 10.32 à 11.32	1.0	35	0,331	0,331	0,090	1,090	1,090	42,8 cloaq.	43,3 cloaq.	De jour. Après deux jours d'inanition.
	15 nov.	De 7.38 à 8.41	1.3	37	0,309	0,294	0,079	0,986	0,938	39,0 cloaq.	43,3 cloaq.	De nuit. Après deux jours et quelq. heures d'inanit.
	17 nov.	De 10.33 à 11.38	1.5	33	0,305	0,281	0,077	0,872	0,805	42,4 cloaq.	41,4 cloaq.	De jour. Après quatre jours d'inanition.
Crécerelle....	**1845.** 25 févr.	De 9.51 à 12.10	2.19	33	0,779	0,336	0,091	1,520	0,660	39,7 cloaq.	41,9 cloaq.	De jour. Après quarante-quatre heures d'inanition.
Acide carbonique exhalé à une température basse.												
Même tourterelle....	**1844.** 16 nov.	De 11.25 à 1.0	1.35	−2 à +2	1,032	0,652	0,178	"	"	42,7 cloaq. 39,4 cloaq.	41,2 cloaq.	De jour. Après trois jours d'inanition.
Id.	16 nov.	De 7.44 à 9.4	1.20	0	0,880	0,660	0,180	"	"	38,0 (s. l'aile) 37,5 s. l'aile		De nuit. Après trois jours et quelq. heures d'inanit.

15.

RECHERCHES EXPÉRIMENTALES

SUR

LE DÉVELOPPEMENT DE LA GRAISSE

PENDANT L'ALIMENTATION DES ANIMAUX.

§ I. — Ces recherches ont été entreprises dans l'espoir d'éclairer une des questions physiologiques les plus controversées, celle de l'origine de la graisse des animaux. En s'appuyant sur la pratique des nourrisseurs, on est assez naturellement conduit à penser que les matières sébacées de l'organisme dérivent uniquement des analogues aux corps gras préexistant dans les aliments végétaux ; et, dans cette hypothèse, la quantité de graisse fixée ou sécrétée par un animal dans un temps donné serait à peu près représentée par les substances solubles dans l'éther et l'alcool, mais insolubles dans l'eau, qui font partie des fourrages consommés. D'un autre côté, on a expliqué la formation de la graisse par une simple modification des principes à composition ternaire qui entrent habituellement, pour une très-forte proportion, dans la nourriture des herbivores ; ainsi, d'après cette manière de voir, l'amidon, le sucre, la gomme, le sucre de lait pourraient être changés en corps gras en perdant, sous l'influence vitale, une partie de leur oxygène (¹).

Entre ces deux opinions extrêmes, dont l'une voit la graisse toute formée dans les aliments, tandis que l'autre

---

(¹) LIEBIG, *Chimie organique appliquée à la Physiologie et à la Pathologie*, 1842.

admet qu'elle est élaborée dans le sang et même avec les matériaux du sang, vient se placer une opinion plus modérée, et qui s'est fortifiée par la connaissance de certains phénomènes de fermentation, observés dans ces derniers temps, établissant que le sucre en contact avec certains ferments azotés peut donner naissance à des acides gras, à des huiles : c'est ainsi que le sucre produit de l'acide butyrique lorsqu'il est soumis à l'influence du caséum en putréfaction ; c'est également pendant la fermentation des pommes de terre, des betteraves, des céréales, du marc de raisin, qu'apparaît une huile que l'on considère aujourd'hui comme l'alcool de l'acide valérianique, acide primitivement découvert par M. Chevreul dans la graisse du dauphin et du marsouin. Il est donc possible que, dans l'acte de la digestion, le sucre ou ses congénères subissent une fermentation spéciale donnant des matières grasses, qui, une fois formées, seraient absorbées par les chylifères. On le voit, cette opinion mixte se confond, au point de vue physiologique, avec celle qui soutient la préexistence des matières grasses dans la nourriture ; car il importe peu, physiologiquement parlant, que la graisse assimilée soit ingérée directement, ou qu'elle prenne naissance dans l'estomac, cavité où les aliments sont encore en dehors de l'organisme animal ([1]). Si cette transformation s'effectue réellement dans l'estomac, et ce n'est point encore suffisamment démontré, les animaux partageraient avec les végétaux la faculté de créer des corps gras, et cela probablement par des moyens analogues. On voit, en effet, l'amidon et la matière sucrée disparaître graduellement dans les plantes, à mesure que la matière grasse s'accumule dans leurs graines. La séve des palmiers est une abondante source de sucre jusqu'au moment où le fruit devient une source

---

([1]) DUMAS, BOUSSINGAULT et PAYEN, *Recherches sur l'engraissement* (*Annales de Chimie et de Physique*, 3ᵉ série, t. VIII, p. 63).

d'huile non moins productive. Je mentionnerai enfin, pour compléter ce rapide exposé des idées émises sur la production de la graisse, l'opinion qui attribue aux principes azotés des aliments la propriété de concourir efficacement à la production du tissu adipeux; c'est cette opinion que j'avais adoptée tacitement à l'époque de mes premières recherches sur la valeur alimentaire des fourrages, alors que je considérai leur élément azoté comme le plus nutritif, le plus important, suffisant seul au développement de la chair des animaux en croissance, à la sécrétion du lait, à l'engraissement. Au reste, aucune des hypothèses que je viens de rappeler n'est en opposition formelle avec celle qui reconnaît, dans les matières grasses bien caractérisées des plantes, l'origine la plus directe, la moins contestable de la graisse accumulée dans les animaux soumis à un régime surabondant.

La question de la production de la graisse pendant l'alimentation a soulevé une controverse des plus vives; on a beaucoup discuté et très-peu expérimenté. J'ai donc cru faire une chose utile en entreprenant ces recherches. J'avais eu d'abord le projet de limiter mes observations à l'examen d'un seul point de la question, celui de savoir s'il est possible d'engraisser des porcs en les nourrissant uniquement avec des pommes de terre ne contenant qu'une proportion insignifiante de matières grasses. Il est de toute évidence que, si l'amidon se convertit en graisse pendant l'acte de la digestion, il y aurait, en général, un avantage décidé à opérer l'engraissement avec les tubercules, puisque la porcherie n'aurait plus à supporter la dépense assez élevée qu'occasionne l'introduction des pois, du seigle, du maïs dans la ration; mais il m'a paru convenable de donner plus d'extension à mes expériences. C'est ainsi que j'ai été conduit à suivre avec une minutieuse attention le développement du porc, depuis sa naissance, en tenant un compte exact des aliments consommés pendant sa croissance et son

engraissement. Enfin j'ai suivi avec le même soin l'engraissement de quelques oiseaux de la basse-cour. Comme j'ai
exécuté ces recherches en me dégageant de toute idée pré-
conçue, je me bornerai, dans ce qui va suivre, à présenter
les faits dans l'ordre où ils ont été observés, les livrant ainsi
à l'appréciation de chacun.

§ II. — Porcs mis au régime exclusif des pommes de terre.

Trois jeunes porcs, âgés de huit mois, issus de la même
mère, ont pesé :

$$
\begin{array}{ll}
\text{Le n}^{\text{o}}\ 1\dots\dots\dots & 60,55^{\text{kg}} \\
\text{Le n}^{\text{o}}\ 2\dots\dots\dots & 60,00 \\
\text{Le n}^{\text{o}}\ 3\dots\dots\dots & 59,50 \\
\end{array}
$$

Les n°s 2 et 3 ont été mis au régime exclusif des pommes
de terre cuites, délayées dans l'eau additionnée d'une petite
quantité de sel marin. Chaque porc a été logé dans une
cellule planchéiée, afin de ne pas être obligé de donner de
la litière. Cette précaution était indispensable, parce que
le porc est très-porté à manger la paille de son coucher,
lorsqu'il ne reçoit que des racines ou des tubercules pour
aliment. Les deux porcs séquestrés ne sortaient que rarement, et uniquement pour aller se baigner. Les cellules
avaient une lucarne par laquelle les animaux pouvaient
regarder au dehors; on avait adopté cette disposition pour
obvier aux inconvénients graves qu'un régime cellulaire
trop rigoureux n'eût pas manqué de présenter.

Les pommes de terre étaient cuites à la vapeur, écrasées
entre deux cylindres, et délayées dans de l'eau de fontaine.
Cette nourriture était donnée à discrétion et distribuée deux
fois par jour.

Au moment où les porcs n°s 2 et 3 entrèrent en cellule,
le porc n° 1 fut tué.

Résultats de l'abatage du porc n° 1 pesant 60^{kg},55.

Lard, sans la peau.....................	9,47
Saindoux.............................	2,30
Autre graisse adhérente à l'intérieur.........	2,84
Graisse retirée des os par l'ébullition........	0,87
Os dégraissés, bouillis et essuyés............	3,87
Peau avec soies........................	5,01
Sang recueilli.........................	2,17
Viande débarrassée de graisse (viande rouge)..	24,03
Foie, langue, larynx, poumons, filet, bile, cœur.	2,83
Cervelle.............................	0,12
Rognons..............................	0,12
Estomac et intestins, vidés et lavés..........	2,16
Rate.................................	0,06
Vessie vide...........................	0,05
Aliments ingérés, excréments, urines, pertes..	4,65
	60,55

Les quatre premiers articles donnent le total $15^k,48$.

Détermination de la matière grasse contenue dans les pommes de terre consommées par les porcs n°s 2 et 3.

(*a*) Une pomme de terre rouge pesant, au moment où elle venait de sortir du champ, 52^{gr},68, a été cuite au four : elle pesait alors 39^{gr},95. La dessiccation fut achevée à l'étuve, et la matière, réduite en poudre impalpable, a été traitée par l'éther ; on a obtenu 0^{gr},108 d'une huile épaisse incolore. Soit 0,0021 de matière grasse dans la pomme de terre crue.

(*b*) Une pomme de terre jaune ancienne, du poids de 75^{gr},28, a été coupée en tranches minces ; on l'a fait bouillir pendant une heure et demie dans de l'acide chlorhydrique étendu d'eau. Les tranches ont conservé leur forme ; elles avaient pris un aspect gélatineux, cependant l'amidon était éliminé ; car, jetées sur un filtre, lavées à grande eau et desséchées, les tranches n'ont plus pesé que $0^{gr},98$; ce résidu pulvérisé a été mis en digestion dans l'éther. On a retiré en totalité $0^{gr},110$ d'une substance grasse ayant la consistance du beurre, très-fusible, d'un jaune tirant au brun, sans saveur, et d'une odeur assez agréable. Soit 0,0015 de matière grasse dans la pomme de terre jaune.

(c) On pouvait présumer que la plus grande partie du principe huileux de la pomme de terre résidait dans la pelure du tubercule; c'est ce qui a lieu en effet. 5 kilogrammes de pommes de terre pelées, comme on le pratique ordinairement, ont fourni 770 grammes d'épluchures, qui, séchées à l'air, se sont réduites à 232 grammes.

$2^{gr},59$ de ces pelures ont donné, par des traitements successifs, faits à l'aide de l'éther, une matière huileuse épaisse, incolore, d'une odeur nauséabonde et d'une saveur âcre; par une exposition prolongée dans l'étuve, l'odeur et la saveur ont disparu. L'huile, à sa sortie de l'étuve, a pesé $0^{gr},090$. Des 252 grammes de pelures séchées à l'air, on eût retiré $8^{gr},062$ de graisse; et comme ces pelures provenaient de 5 kilogrammes de tubercules, on peut admettre que la pomme de terre examinée renfermait au minimum 0,0016 de matière grasse, puisqu'on néglige la petite quantité d'huile qui devait nécessairement se trouver dans la substance amylacée.

(d) Une pomme de terre rouge du poids de $43^{gr},28$, traitée par l'acide et par l'éther, a donné $0^{gr},085$ d'une matière huileuse, légèrement colorée en rose. Soit 0,002 de matière grasse.

En résumé :

(a) a fourni......	0,0021	de principes gras.
(b) a fourni......	0,0015	»
(c) a fourni......	0,0016	»
(d) a fourni......	0,0020	»
Moyenne.......	0,0018	»

On peut donc, sans crainte d'erreur sensible, admettre que 1000 kilogrammes de pommes de terre renferment 2 kilogrammes de matière grasse, et cela d'autant mieux, qu'il est vraisemblable que, pendant la dessiccation du résidu de l'évaporation de la dissolution éthérée, on perd une certaine quantité d'une huile odorante. Je dois cependant faire observer que je n'ai pas réussi à obtenir ce principe volatil en distillant avec l'eau, non-seulement la pomme de terre, mais même les pelures du tubercule. L'eau qui a passé à la distillation avait l'odeur de l'eau-de-vie de pommes de terre, une saveur très-perceptible; mais je n'ai pas obtenu une seule goutte d'huile, bien que j'opérasse sur d'assez fortes quantités de matières.

Résultats obtenus avec le porc n° 2 :

	kg
Au commencement de l'expérience le porc n° 2 pesait..	60,00
Après quatre-vingt-treize jours de régime aux pommes de de terre, il a pesé.........................	67,24
Augmentation de poids en quatre-vingt-treize jours...	7,24
Par jour..	0,08

Il est à remarquer que l'accroissement du poids diurne, constaté sur les jeunes porcs dans la quinzaine qui a précédé les observations, oscillait entre $0^{kg},20$ et $0^{kg},30$. Les porcs recevaient alors par jour $3^{kg},6$ à $3^{kg},9$ de pommes de terre, délayées dans une dizaine de litres de petit-lait mêlé à des eaux grasses ou à des résidus de cuisine. Le porc n° 2 était en bonne santé. Dans les quarante et un jours qui ont suivi la mise en cellule, ce porc a mangé :

	kg
Par jour, 6 kilogrammes de pommes de terre cuites, soit.	246
Dans les cinquante-deux jours, la ration n'a plus été que de 5 kilogrammes, soit.....................	260
Pommes de terre cuites consommées en quatre-vingt-treize jours...............................	506

J'ai trouvé, en faisant cuire à la vapeur de fortes quantités de tubercules, qu'en moyenne 100 kilogrammes de
pommes de terre en perdent 7 par la cuisson; par conséquent, 506 kilogrammes de tubercules cuits représentent
544 kilogrammes de pommes de terre crues, renfermant,
d'après les essais précédents, 1^{kg},09 de matières grasses.
Durant les quatre-vingt-treize jours, le porc a rendu 104 kilogrammes d'excréments humides, renfermant, pour 100,
16 de substances sèches. L'excrément sec a abandonné à
l'éther 2,2 pour 100 d'une matière grasse jaunâtre, très-
fusible et ayant la consistance du suif. Ainsi, en quatre-
vingt-treize jours, le porc n° 2 a rendu 16^{kg},6 de substance
sèche, dans laquelle il entrait 0^{kg},37 de graisse dont il faudra tenir compte.

Résultats de l'abatage du porc n° 2, pesant 67^{kg},27 :

	kg	
Lard sans la peau......................	11,32	
Saindoux...........................	2,32	16,27
Autre graisse adhérente à l'intérieur......	1,53	
Graisse retirée des os par l'ébullition.....	1,10	
Os dégraissés, bouillis et essuyés.........	4,32	
Peau avec soies......................	6,82	
Sang recueilli.......................	3,24	
Viande débarrassée de graisse (viande rouge).	26,90	
Foie, langue, larynx, poumons, bile, cœur.	2,93	
Cervelle............................	0,12	
Rognons............................	0,22	
Estomac et intestins, vidés et lavés.......	2,76	
Rate...............................	0,17	
Vessie vide.........................	0,05	
Aliments ingérés, excréments, urines, perte.	3,47	
	67,27	

Ainsi il y avait dans le porc n° 2 environ 1 kilogramme
de graisse de plus qu'il n'en existait dans le porc n° 1; à

cette graisse, il faut encore ajouter celle qui a été retrouvée dans les excréments rendus. Les pommes de terre consommées par le porc n° 2 contenaient assez de principes gras pour expliquer ce développement de graisse, si l'on considère surtout que les matières grasses des tubercules ont été dosées après une fusion préalable, et que, pour cette raison, elles ne renfermaient pas d'humidité.

La graisse de porc, tout au contraire, dans l'état où elle a été pesée, n'était pas exempte d'eau ou de matières étrangères; il convenait donc, pour l'exactitude de la comparaison, de ramener cette graisse à la même condition de sécheresse où se trouvait celle provenant des pommes de terre. J'ai, dans ce but, fait fondre 5 kilogrammes des diverses graisses du porc.

Pertes éprouvées par la graisse du porc pendant sa fusion.

	LARD sans la peau.	SAINDOUX.	GRAISSE adhérente à l'intérieur.	GRAISSE d'os figée à la surface de l'eau.
	k	k	k	k
Poids avant la fonte............	5,00	5,00	5,00	5,000
Poids après la fonte..........	4,66	4,70	4,56	3,800
Perte due à l'eau vaporisée...	0,34	0,30	0,44	1,200
Poids apr. l'enlèv. des crotons.	4,20	4,30	4,12	"
Perte due aux crotons........	0,46	0,40	0,44	"
Perte totale par la fonte.......	0,80	0,70	0,88	1,20
Perte pour 100...............	16	14	18	24

On peut donc, en prenant la moyenne de la perte éprouvée par les graisses qui sont les plus abondantes, porter à 0,16 le déchet occasionné par la fonte, et admettre que 100 grammes de graisse pesée après l'abatage répondent à 84 de graisse sèche et privée de crotons.

Résumé de l'expérience faite sur le porc n° 2 :

	kg
Le porc n° 1 pesait 60^{kg},55, et contenait en graisse...	15,48
Le porc n° 2 a pesé 67^{kg},27, et a donné en graisse...	16,27
Gain probable en graisse........................	0,77
Représentant en graisse fondue.................	0,664
Graisse rendue avec les excréments.............	0,37
Gain total en graisse fait par le n° 2.............	1,03
Dans les 544 kilogrammes de pommes de terre consom-	
mées, il entrait en graisse....................	1,09
Excès de la matière grasse contenue dans la nourriture.	0,06

Résultats obtenus avec le porc n° 3 :

	kg
Lors de l'abatage du porc n° 1, le porc n° 3 pesait....	59,50
Après avoir été nourri avec des pommes de terre cuites	
pendant deux cent cinq jours, il a pesé..........	84,00
Augmentation de poids en deux cent cinq jours......	24,50
Par jour.................................	0,12

La pomme de terre cuite a été donnée par jour à discrétion; voici quelles ont été les quantités consommées à diverses époques :

		Somme.
		kg
Durant les 10 premiers jours, ration 5 kilogrammes,		50
les 51 jours suivants, ration 6	»	306
les 31 jours suivants, ration 7	»	217
les 65 jours suivants, ration 8	»	520
les 32 jours suivants, ration 5	»	160
les 16 derniers jours, ration 5	»	80
205 jours		1333

Ces 1333 kilogrammes de tubercules cuits répondent à 1433 kilogrammes de pommes de terre crues contenant 2^{kg},87 de matières analogues à la graisse. Pendant les cinq premiers mois, le porc a mangé sa ration avec avidité; mais

dans les deux mois suivants l'appétit a diminué et en même
temps le poids de l'animal est resté à peu près stationnaire.
Les pesées faites à différentes dates montrent comment s'est
effectué l'accroissement du porc pendant ce régime.

	POIDS du porc.	AUGMENTATION pendant l'intervalle.	AUGMENTATION diurne.
	k	k	k
Poids initial.....................	59,50	//	//
Le 11ᵉ jour de la mise en expér.	61,00	1,50	0,136
Le 22ᵉ jour...................,	63,00	2,00	0,182
Le 59ᵉ jour.....................	71,00	8,00	0,216
Le 115ᵉ jour..	75,00	4,00	0,072
Le 130ᵉ jour...................	77,00	2,00	0,133
Le 149ᵉ jour...................	81,00	4,00	0,210
Le 168ᵉ jour...................	84,00	3,00	0,158
Le 190ᵉ jour...................	85,00	1,00	0,045
Le 205ᵉ jour...................	84,00	— 1,00	—0,067

On voit qu'à partir du cent soixante-huitième jour, l'animal ne faisait plus aucun progrès en croissance ; son poids
commençait même à baisser, circonstance qui m'a déterminé à mettre fin à l'expérience, malgré le désir que j'avais
de la prolonger.

Le porc n° 3, sous l'influence de cette nourriture, a émis
par jour, en moyenne, 618 grammes d'excréments solides,
humides, assez consistants ; l'urine n'a pas été recueillie.
Trois essais de dessiccation faits à diverses époques ont
donné 28, 26, 27 pour 100 de matière sèche ; soit en
moyenne 27. Cette matière sèche a cédé à l'éther 3 pour 100
de substance grasse ayant la consistance et les propriétés
du suif.

Dans les deux cent cinq jours d'observations, le porc a
rendu 139 kilogrammes d'excréments solides, humides, devant renfermer, d'après les essais précédents, 37ᵏᵍ,53 de
matière sèche, dans laquelle il y avait 1ᵏᵍ,13 de graisse.

Résultats de l'abatage du porc n° 3, pesant 84 kilogrammes :

	kg	
Lard sans la peau........................	10,00	
Saindoux..............................	3,50	
Autre graisse adhérente à l'intérieur........	2,99	
Graisse retirée des os par l'ébullition........	1,25	kg
Os dégraissés, bouillis et essuyés...........	5,50	17,74
Peau avec soies.........................	7,56	
Sang recueilli..........................	2,60	
Viande débarrassée de graisse (viande rouge).	36,50	
Foie, langue, larynx, poumon, filet, bile, cœur.		
Cervelle...............................		
Rognons...............................		
Estomac et intestins vidés.................	14,10	
Rate..................................		
Vessie vidée...........................		
Aliments ingérés, excréments, urines, perte..		
	84,00	

Résumé de l'expérience faite sur le porc n° 3 :

Le porc n° 1 pesait 60kg,55, et contenait en graisse...	15,48
Le porc n° 3 a pesé 84kg,00, et a donné en graisse. ...	17,74
Gain probable en graisse........................	2,26
Représentant en graisse fondue...................	1,90
Graisse rendue avec les excréments...............	1,12
Gain total en graisse fait par le n° 3...............	3,02
Dans les 1433 kilogrammes de pommes de terre consommées, il entrait en graisse.....................	2,87
Différence	0,15

Ces deux observations tendent à établir que l'engraissement du porc ne saurait être réalisé par l'usage des pommes de terre seulement, et il est assez curieux de voir que, dans les deux cas, la graisse acquise par l'animal est presque exactement représentée par la matière grasse qui faisait partie de la nourriture. Au reste, le peu d'efficacité de la

pomme de terre dans l'engraissement du porc a déjà été
constaté par plusieurs observateurs, au nombre desquels se
place un des plus habiles agronomes de l'Allemagne. En
effet, Schwertz reconnaît qu'avec des pommes de terre
seules on peut bien produire de la chair : c'est ce que j'ai
constaté dans l'alimentation du porc n° 3, où la chair acquise
s'est élevée à 12½ kilogrammes; mais il admet aussi qu'avec
un semblable régime on ne détermine pas l'engraissement.
Voici, au reste, comment Schwertz a formulé son opinion :

« Avec les pommes de terre seules on ne peut que mettre
» les porcs bien en chair, mais non en pleine graisse, ainsi
» que je m'en suis assuré par des expériences comparatives
» longtemps suivies. C'est aussi ce qu'a reconnu un obser-
» vateur anglais, M. Roberts. Dans l'engraissement des
» porcs, dit-il, je suis arrivé à des mécomptes dans l'em-
» ploi de la pomme de terre cuite; dans le commencement,
» les porcs se chargent sensiblement de chair, mais leur
» développement s'arrête bientôt, quoiqu'ils continuent de
» manger avec le même appétit. »

La pratique, comme les deux observations que j'ai rapportées, semble donc prouver que la pomme de terre donnée
seule ne développe pas sensiblement de graisse chez les
porcs. Cependant, comme il est constant que ce tubercule
entre généralement pour une très-forte proportion dans le
régime de la porcherie, et que, dans le cas particulier, les
trois porcs mis en expérience avaient reçu depuis leur
sevrage une nourriture mixte dont la base était réellement
la pomme de terre, il convient d'examiner si cette nourriture avait pu porter dans l'organisme la graisse qui s'y
trouvait accumulée; car, par l'abatage du n° 1, nous avons
econnu que ces porcs, âgés de huit mois, contenaient déjà
15 à 16 kilogrammes de graisse dont l'hypothèse qui considère l'engraissement comme un simple fait d'assimilation
aurait à justifier l'origine.

Les porcs avaient été élevés avec le régime ordinaire de la porcherie, et je suis en mesure de donner avec exactitude les quantités des divers aliments consommés par chaque tête depuis le moment du sevrage jusqu'à l'accomplissement du huitième mois.

Jusqu'à l'âge de cinq à six semaines, époque à laquelle cessa l'allaitement, un goret a bu environ 20 litres de lait de vache écrémé, ne contenant plus, d'après l'analyse, que 0,015 de beurre. Dans les trois mois (quatre-vingt-onze jours) qui ont suivi le sevrage, chaque jeune porc a reçu :

		En moyenne par jour.	Au commencement.	A la fin.
	kg	kg	kg	kg
Pommes de terre cuites	227,50	2,50	1,45	3,35
Farine de seigle......	4,55	0,05	»	»
Lait écrémé (caillé)...	27,30	0,30	»	»
Eau grasse..........	364,00	4,08	»	»

Durant les cent onze jours qui ont suivi cette seconde période de l'alimentation et qui complètent les huit mois, le lait et la farine furent supprimés, mais on augmenta progressivement les pommes de terre et l'eau grasse, de sorte que, dans le huitième mois, le porc recevait 4 kilogrammes de tubercules et 10 litres d'eau grasse. On peut considérer la ration moyenne de cette troisième période comme formée de :

	kg			kg
Pommes de terre...	3,87;	pour 111 jours...		420
Eau grasse........	7,00;	»	...	770

Ainsi, dans les huit mois, chacun des porcs a consommé :

				kg
Lait écrémé contenant...	0,015 de gras....			47,30
Farine de seigle........	0,035	»	....	4,65
Pommes de terre.......	0,002	»	....	647,25
Eau grasse...........	»	»	....	1141,00

(¹) Cette quantité d'eau grasse pouvant paraître extraordinaire, il ne

Si nous connaissions la proportion de graisse renfermée dans l'eau grasse, nous arriverions à évaluer la totalité de celle qui entrait dans les aliments consommés par le porc parvenu à l'âge de huit mois. Cette donnée étant indispensable, j'ai dû faire un examen de l'eau grasse.

Examen de l'eau grasse.

Je désigne sous le nom d'*eau grasse* les résidus de la cuisine et de la laiterie qui passent à la porcherie; ces résidus comprennent le petit-lait, le lait de beurre, les eaux de vaisselle et les restes de table provenant d'un personnel d'environ trente laboureurs et journaliers nourris dans l'établissement. On ne fait pas entrer la totalité des eaux de vaisselle dans la nourriture des porcs, mais seulement la partie supérieure et la partie inférieure où se rassemblent, par ordre de densité, la graisse et les débris d'aliments.

Ces résidus sont réunis dans une cuve où le porcher puise

---

sera peut-être pas inutile de rapporter une observation faite pour contrôler les chiffres précédents.

Quantités d'eau grasse bue en deux jours par des porcs au régime des pommes de terre.

PORCS.	AGES.	POMMES de terre consommées.	EAU grasse bue.	POMMES de terre par tête et par jour.	EAU GRASSE par tête et par jour.	REMARQUES.
		kg	llt	kg	llt	
Deux truies..	11 mois.	17	60	4,23	15,00	Trois repas par jour en été.
Quatre porcs.	10 mois.	30	90	3,75	11,25	Idem.
Cinq porcs...	7 mois.	30	90	3,00	9,00	Idem.
Quatre porcs.	4 mois.	20	50	2,50	6,25	Idem.

On reconnaît que la forte quantité d'eau grasse donnée dans cette circonstance a diminué sensiblement la consommation des pommes de terre.

à mesure des besoins, en ayant soin d'agiter préalablement la masse, afin d'avoir un peu de tout. C'est en usant de la même précaution que j'ai pris, à des époques assez éloignées l'une de l'autre, les échantillons d'essais.

(a) Un litre d'eau grasse évaporée a laissé un résidu brun pesant 47^{gr},3, d'un aspect cristallin dû sans aucun doute à la présence du sucre de lait. 3^{gr},88 de cette matière ont été épuisés par l'éther; on a obtenu ainsi 0^{gr},70 d'une graisse légèrement colorée, ayant une très-forte odeur de jus de viande et une saveur salée; aussi cette substance attirait-elle l'humidité. On a traité par l'eau, et, en définitive, le poids de la matière grasse s'est réduit à 0^{gr},362. Les 47^{gr},3 de résidu, ou 1 kilogramme de l'eau grasse essayée, renfermaient, par conséquent, 4^{gr},41 de graisse.

(b) Un mois après cette première détermination, on en a fait une autre qui a donné 3^{gr},60 de graisse par litre d'eau grasse.

(c) Une autre détermination, faite à une époque encore plus éloignée, a indiqué dans un litre de cette eau 4 grammes de graisse.

J'admettrai donc, comme moyenne, 0,004 de graisse dans l'eau grasse concourant à l'alimentation du porc.

Détermination du caséum et des sels dans l'eau grasse.

Le petit-lait et le lait de beurre formant la majeure partie de l'eau grasse, cette eau renferme par conséquent, avec le sucre de lait, une quantité très-notable de caséum. Pour en déterminer la proportion, j'ai dosé l'azote. Le résidu obtenu par l'évaporation de l'eau grasse a donné :

Dans une première expérience, azote..... 0,028
Dans une autre circonstance........... 0,032

Moyenne............. 0,030

16.

4^{gr},064 de résidu ont laissé 0^{gr},489 de cendres formées, en grande partie, de sel marin.

On a ainsi, dans 100 de résidu :

Caséum.......... 18,7 ^{gr}
Beurre et graisse.... 8,5
Sels............. 13,3
Sucre de lait, etc.... 59,5
                     ———
                     100,0

et dans 1 litre d'eau grasse contenant 47^{gr},3 de résidu :

Caséum.......... 8,9 ^{gr}
Beurre et graisse..... 4,0
Sels...... 6,3
Sucre de lait, etc.... 28,1
                     ———
                     47,3

Je puis donc établir maintenant, avec un degré d'exactitude bien suffisant pour les recherches de cette nature, qu'un porc de huit mois a reçu depuis sa naissance, indépendamment du beurre contenu dans le lait de la mère les quantités de graisse que voici :

Avec les   47,0 ^{kg} de lait écrémé......... 0,71 ^{kg}
Avec les   4,5 de farine de seigle..... 0,16
Avec les 647,0 de pommes de terre.... 1,29
Avec les 1141,0 d'eau grasse......... 4,56
Graisse reçue en huit mois avec les aliments. 6,72

On voit que cette quantité de graisse est bien loin de répondre à celle que nous avons trouvée dans les porcs âgés de huit mois, et qu'on ne pense pas que le goret amène en naissant une proportion de graisse assez forte pour combler le déficit : d'abord, le poids moyen des gorets à leur naissance dépasse rarement 1 kilogramme; de plus, il sont généralement d'une maigreur remarquable : ainsi j'ai trouvé dans un goret nouveau-né qui pesait 650 grammes :

	gr
Peau sans lard........................	119,0
Os bouillis et essuyés (¹)...............	110,2
Chair sans graisse apparente............	275,2
Graisse des os.......................	»
Sang...............................	15,0
Les deux reins.......................	5,5
Vésicule du fiel......................	0,2
Foie...............................	12,8
Langue et larynx.....................	12,8
Cœur..............................	6,2
Poumons...........................	9,5
Rate...............................	1,0
Estomac vide........................	5,4
Intestins, vessie vide.................	36,5
Cervelle............................	29,0
Matière contenue dans les intestins, perte.	11,7
	650,0

On trouve, en résumé, que, la graisse du porc de huit mois étant représentée par $15^{kg},48$, la graisse prise avec les aliments par $6^{kg},72$, il y en a $8^{kg},76$ (²) qui ont évidemment une tout autre origine que les matières grasses comprises dans la nourriture; mais il me paraît aussi de la dernière évidence, si l'on accorde quelque confiance aux deux expériences que j'ai rapportées, que la pomme de terre donnée seule, c'est-à-dire sans lait écrémé, sans eau grasse, n'a pas la propriété de développer de la graisse chez les porcs et l'on serait ainsi conduit à refuser à l'amidon

---

(¹) Ces os, desséchés dans une étuve chauffée à 40 degrés, ont pesé $48^{gr},25$.

(²) A ce nombre il faudrait encore ajouter la graisse éliminée avec les excréments; mais, d'un autre côté, il faudrait, par des raisons que j'ai énoncées plus haut, réduire les $13^{kg},48$ à 13 kilogrammes. Je néglige ici ces corrections, qui ne sont d'aucune importance dans la discussion actuelle.

la faculté de se transformer en corps gras sous l'influence de l'action vitale.

Toutefois, avant d'adopter une semblable conclusion, il convient d'examiner en quoi la ration alimentaire, reçue dans les premiers huit mois, diffère du régime des pommes de terre auquel les porcs ont été soumis. Il faut particulièrement rechercher si les tubercules, donnés seuls, constituent bien réellement une nourriture convenable; car il ne suffit pas toujours qu'un animal mange à discrétion une substance alimentaire pour qu'il soit surabondamment nourri : il faut encore que la nourriture ingérée renferme en proportion convenable les principes nécessaires au développement de l'organisme, à l'engraissement ou à la lactation. C'est ainsi qu'un aliment qui, par sa composition, serait propre à satisfaire toutes les exigences de la nutrition pourrait bien quelquefois, en raison du trop grand volume de son équivalent nutritif, ne pas produire, à beaucoup près, les effets qu'on était en droit d'en attendre, dans le cas, par exemple, où il serait pris par des animaux ayant un estomac d'une capacité très-limitée. Cet aliment volumineux, bien que donné à discrétion, se bornerait, malgré ses propriétés nourrissantes, à entretenir la vie, peut-être à produire de la chair, sans pouvoir concourir à l'engraissement, qui exige toujours une alimentation surabondante. On sait, par les observations de Letellier, que la graisse même ne concourt pas à l'augmentation du tissu adipeux quand on l'administre isolément, et qu'un corps gras ne devient réellement alimentaire qu'autant qu'il est associé à une certaine quantité de matière nutritive azotée.

Si l'amidon et le sucre se métamorphosent en graisse après leur ingestion, cette graisse, pour se fixer dans l'organisme, pour produire l'engraissement, exigera également la présence, j'ai presque dit le contact d'un corps à composition quaternaire, comme l'albumine, la caséine, la légumine. Si donc la proportion de principe azoté contenu dans la pomme de terre était insuffisante pour permettre la fixation de la matière grasse, l'engraissement ne se réaliserait pas, sans que pour cela on fût en droit de conclure que l'amidon est impropre à faire de la graisse. Enfin ce n'est qu'après avoir scrupuleusement comparé le régime alimentaire, qui a fait naître de la graisse et de la chair chez le porc, au régime qui n'a produit que de la chair, qu'on pourra se former une opinion rationnelle sur l'intervention de la fécule amylacée dans les phénomènes de l'engraissement ou de la lactation.

Régime aux pommes de terre.

On peut considérer la pomme de terre consommée par les porcs comme composée de :

Eau	$75,9$
Albumine.	$2,3$
Matières grasses.	$0,2$
Ligneux et cellulose.	$0,4$
Substances salines.	$1,0$
Amidon et corps analogues.	$20,2$
	$100,0$

Le porc n° 3 a consommé, dans les deux cent cinq jours de régime, 1433 kilogrammes de pommes de terre, la ration diurne étant 7 kilogrammes, à très-peu près, chaque jour ; par conséquent, ce porc recevait dans sa nourriture :

Albumine.	161
Matières grasses.	14
Amidon et corps analogues.	1414
Matières salines	70
	1659

Comparons ce régime simple à un régime mixte.

Régime mixte.

Sous l'influence de l'alimentation qui a précédé le régime aux pommes de terre, les trois porcs, sujets de ces observations, ont augmenté de poids ainsi qu'il suit :

ÉPOQUES DES PESÉES.	POIDS des porcs.	POIDS par tête.	GAIN pendant l'intervalle.	GAIN par jour.	AGE des porcs.	NATURE des aliments.
Naissance........	kg 3,70	kg 1,23			"	Allaitement, lait écrémé de vache.
			kg 6,80	kg 0,15		
45 jours après.....	24,10	8,03			Six semaines.	Pommes de terre, lait caillé, seigle, eau grasse.
			17,57	0,23		
77 jours après.....	76,80	25,60			Quatre mois.	
			6,60	0,22		
30 jours après.....	96,60	32,20			Cinq mois.	Pommes de terre, eau grasse.
			27,82	0,28		
110 jours après....	180,06	60,02			Huit mois.	Pommes de terre, eau grasse.

Il a été établi que, durant cette période de rapide croissance, la graisse fixée excéda de beaucoup celle qui faisait partie des aliments. Un porc, arrivé à l'âge de cinq mois, pesant $32^{kg},2$, alors qu'il augmentait de 220 grammes toutes les vingt-quatre heures, recevait $3^{kg},6$ de pommes de terre cuites équivalentes à $3^{kg},9$ de pommes de terre crues, et de plus $4^{kg},1$ d'eau grasse.

C'est ce régime, qui a donné naissance à de la chair et à de la graisse, qu'il faut comparer à la nourriture exclusive qui paraît n'avoir produit que de la chair.

	Albumine caséum.	Amidon, sucre de lait.	Matières grasses.	Sels.	Sommes des principes digestibles.
	gr	gr	gr	gr	gr
La ration du porc de 32ᵏᵍ, 2	127	903	24	64	1118
La ration du porc de 72 kilogrammes . . .	162	1415	14	68	1659
Pour 100 kilog. de poids vivant, la ration faisant chair et graisse devient	394	2804	75	199	3472
La ration faisant de la chair sans graisse.	225	1966	19	94	2304
Différence en plus dans la ration engraissante	169	838	56	105	1168

Dans la ration produisant à la fois de la graisse et de la chair, il y a quatre fois plus de matières grasses qu'il ne s'en trouve dans la ration qui ne fait que de la chair; nul doute que cette graisse n'aide activement au développement du tissu adipeux. Toutes proportions gardées, un porc de 100 kilogrammes consommant des pommes de terre délayées dans de l'eau grasse assimilerait, par jour, 170 grammes de graisse. Or on voit que, dans la ration, il en existe déjà 75 grammes. Les 95 grammes de graisse excédante dériveraient évidemment du principe ternaire, amidon ou sucre de lait, ou bien des matières azotées. Les expériences que j'ai rapportées et la discussion dans laquelle je suis entré laissent sur ce point la question indécise; mais je ne puis m'empêcher de faire remarquer que la ration engraissante renferme la plus forte proportion de caséum ou d'albumine.

§ III. — ENGRAISSEMENT DES PORCS.

En discutant, dans mon *Économie rurale*, deux engraissements réalisés à Pechelbronn en 1841 et 1842, j'ai dit que les résultats obtenus étaient en contradiction manifeste avec

l'hypothèse de l'assimilation directe de la graisse des aliments ; mais il y avait alors, dans la composition de la nourriture, une indéterminée qui ne permettait pas de tirer une
conclusion définitive : les eaux grasses, entrant pour une
si forte proportion dans l'alimentation, n'avaient point
encore été analysées.

Depuis j'ai été à même de comparer avec exactitude la
graisse comprise dans la ration à la graisse produite durant
un engraissement exécuté en 1844.

Le lot sur lequel j'ai opéré se composait de neuf pièces
âgées de huit mois à un an, et dont le poids variait de 60 à
76 kilogrammes. Ces porcs avaient été mis en chair au
moyen de la pomme de terre délayée dans l'eau grasse.
L'engraissement a commencé à peu près à la même époque
où le n° 1 a été abattu. Ce porc pesait, comme nous l'avons
vu, 60^{kg},55 ; il a rendu 15^{kg},48 *de gras :* soit 25,6 pour 100.
Le porc n° 2 pesait, après la mise au régime des pommes
de terre à discrétion, 67^{kg},27 ; on en a retiré 16^{kg},2 de
gras : soit 24,4 pour 100. Enfin, un autre porc pesant
91 kilogrammes a donné 24,5 de gras : soit 26,9 pour 100.
Il est question ici de porcs dont le lard net avait été pesé
après avoir été détaché de la peau. Ainsi je crois qu'on
peut admettre que les porcs toujours bien en chair que
nous engraissons contiennent de 25 à 26 pour 100 de gras.
Voici leur poids avant et après l'engraissement :

	NUMÉROS D'ORDRE.									SOMMES
	4.	5.	6.	7.	8.	9.	10.	11.	12.	
	k	k	k	k	k	k	k	k	k	k
Poids avant l'engraissement.	76	75	60	63	65	64	57	62	65	587
Poids après l'engraissement.	115	119	112	120	104	105	120	94	111	1000
Gain pendant l'engraissem.	39	44	52	57	39	41	63	32	46	413

L'engraissement a duré quatre-vingt-dix-huit jours, pendant lesquels il a été consommé :

		Matières grasses dans 1 gr. d'aliment.	Matières grasses dans les aliments.
			k
Pommes de terre.	4300	0,002	8,60
Seigle moulu.......	394	0,020	7,88
Farine de seigle blutée..............	284	0,035	9,94
Pois crus........	296	0,020	5,92
Eau grasse.........................	8820	0,004	35,28
Matières grasses dans les aliments.....			67,62

Pour juger de la graisse et de la chair contenues dans les porcs engraissés, on a pesé les diverses parties du n° 12 :

	kg	
Lard sans la peau..	20,50	
Saindoux...........................	4,63	kg
Graisse adhérente à l'intérieur...........	3,61	30,31
Graisse retirée des os après l'ébullition......	1,57	
Os dégraissés, bouillis et essuyés..........	6,91	
Peau avec soies......................	10,38	
Sang recueilli........................	3,24	
Viande débarrassée de graisse (viande rouge)..	46,02	
Larynx.............................	1,50	
Cœur	0,50	
Cervelle............................	0,15	
A reporter.....	99,01	

Report.....	99,01
Poumons............................	0,75
Foie	1,50
Rate.............................	0,25
Estomac et intestins vides..............	4,68
Ris..............................	0,19
Reins	0,38
Vésicule du fiel......................	0,03
Vessie vide.........................	0,09
Urine et déjections....	2,62
Perte............................	1,50
	111,00

Le gras des porcs engraissés s'élève, comme on le voit, à......................	27,3 pour 100
Les 1000 kilogrammes de porcs engraissés contenaient en gras.................	273,0
Les 587 kilogr. de porcs avant l'engraissement renfermaient en gras (^{1})..............	150,1
Graisse développée pendant l'engraissement.	122,9
Ces 122^{kg},9 se réduiraient par la fonte à...	103,2
Les aliments contenaient en graisse.......	67,6
Graisse exédant la graisse des aliments.....	35,6

A cette quantité il faut joindre la graisse des déjections ; je n'ai pu la doser avec précision, mais j'ai reconnu qu'un porc à l'engrais rend, par jour, environ 306 grammes d'excréments solides secs cédant à l'éther 0,032 de matières grasses ; en quatre-vingt-dix-huit jours, les neuf porcs ont dû en rendre 270 kilogrammes, dans lesquels il y avait 8 à 9 kilogrammes de ces matières, de sorte que la graisse formée dans l'engraissement, c'est-à-dire la graisse excédant celle des aliments consommés, peut être portée à 44 kilogrammes. On voit, comme je l'ai dit dans mon *Économie*

_____

(^{1}) Prenant pour le porc avant l'engraissement la graisse égale à 25^{kg},57, telle qu'elle a été donnée par le n° 1.

rurale, que les résultats de l'engraissement des porcs sont défavorables à l'opinion de l'assimilation directe de la graisse des aliments ([1]).

C'est une chose remarquable que le peu de différence qu'il y a dans le gras proportionnel d'un porc encore jeune avant et après l'engraissement. Généralement on est disposé à considérer l'augmentation de poids réalisé comme uniquement due à de la graisse. Rien n'est moins vrai cependant; car, à ce compte, un jeune porc de 60 kilogrammes, en doublant son poids, prendrait 60 kilogrammes de graisse et, une fois engraissé, il contiendrait 50 pour 100 de *gras;* ce n'est certainement pas le cas; il est déjà rare de pousser un porc jusqu'à lui donner 35 pour 100 de graisse. Dans l'engraissement des porcs n'ayant pas encore atteint leur développement, il se produit au moins autant de chair que de graisse. C'est une croissance extraordinaire imprimée à un animal glouton au moyen d'une alimentation abondante. Quant à la production de la chair, elle n'est pas douteuse : il suffit, pour s'en convaincre, de comparer la composition du porc avant et après l'engraissement, en transformant en centièmes les résultats obtenus avec les n°s 1 et 12.

	Avant l'engraissement.	Après l'engraissement.
Peau avec soies......................	8,27	9,35
Os dégraissés	6,91	6,23
Graisses diverses...............	25,57	27,30
Viande rouge......................	39,69	41,46
Sang recueilli.......................	3,58	3,82
Estomac et intestins vidés.............	3,57	4,22
Organes, etc.......................	12,41	7,62
	100,00	100,00

([1]) *Économie rurale,* t. II, p. 615.

Si nous recherchons maintenant, à l'aide de ces nombres, la chair produite dans l'engraissement, nous trouvons :

	Peau.	Os.	Graisse.	Chair.	Sang.	Estomac et intestins.
Dans 587 kilog. de porcs à engraisser.	49 k	40 k	150 k	233 k	21 k	21 k
Dans 1000 kilog. de porcs engraissés.	94	62	273	415	33	42
Gains pendant l'engraissement......	45	22	123	182	17	21

Le poids moyen du porc étant avant l'engraissement..... 65,2 k
Le poids moyen du porc étant après l'engraissement...... 111,1
L'accroissement de poids en 98 jours a été............. 45,9
Par jour............. 0,468

c'est-à-dire plus du double de l'augmentation observée lors de la première croissance du porc soumis au régime normal. Ainsi, chaque jour, par l'effet du régime surabondant, le porc a fixé, dans son organisme, 139 grammes de graisse. Il devient dès lors très-intéressant de comparer la ration surabondante qui produit un développement aussi considérable de chair et de graisse à la ration normale.

La ration d'engraissement déduite de la totalité des aliments consommés, et qui se rapporte, par conséquent, au porc moyen du poids de 88 kilogrammes, a été par jour ([1]) :

Pommes de terre...... 4,87 kg
Seigle moulu.......... 0,45
Farine de seigle....... 0,32
Pois 0,34
Eau grasse (résidu)..... 0,47

([1]) Poids moyen : avant l'engraissement........ 65,2 kg
après 111,1
————
176,3
½ somme 88,1

Pour déterminer, dans cette ration, la quantité des principes réellement nutritifs qu'elle renferme, il importait de connaitre la dose du ligneux contenu dans le seigle et dans les pois. J'ai suivi, pour l'analyse des échantillons du seigle et des pois mangés par nos porcs, la méthode employée pour la pomme de terre. Toutes les dessiccations ont eu lieu entre 110 et 120 degrés. La proportion des principes azotés a été fixée par un dosage de l'azote; c'est, après tout, le moyen le plus sûr, en même temps qu'il est le moins embarrassant.

Compositions :

	Seigle.	Pois.	Farine de seigle.
Albumine, légumine...	12,5	25,0	15,6
Amidon et analogues . .	65,1	56,9	67,9
Matières grasses.	2,0	2,2	3,5
Ligneux	3,3	4,4	»
Substances minérales. .	2,4	3,1	2,0
Humidité.	14,7	8,6	11,0
	100,0	100,0	100,0 (¹)

On a ainsi, pour la constitution de la ration diurne d'engraissement du porc de 88 kilogrammes :

(¹) Le seigle contenait 0^{gr},020 d'azote.

20 grammes de seigle ont donné 0^{gr},660 de ligneux et cellulose.

1 gramme de seigle a laissé 0^{gr},024 de cendres.

Les pois contenaient 0,040 d'azote.

20 grammes de pois ont donné 0^{gr},875 de ligneux et cellulose.

La farine de seigle contient 0,025 d'azote, 0,11 d'humidité et 0,02 de cendres. Je l'ai supposée exempte de ligneux.

La matière grasse de la farine ne correspond pas à celle trouvée dans le seigle en grain. Cette farine avait probablement une autre origine. J'ai pris le minimum, car plusieurs analyses ont indiqué 3,7 et 3,8 *de gras*.

NATURE DES ALIMENTS.	Poids.	Albumine, légumine et caséum.	Amidon, sucre de lait.	Matières grasses.	Matières salines	Sommes des principes digestibles.
	k	gr	gr	gr	gr	gr
Pomme de terre.................	4,87	113	984	9	48	1154
Seigle moulu...................	0,45	56	293	9	11	369
Farine de seigle	0,32	50	218	11	6	285
Pois..........................	0,34	85	193	7	11	296
Eau grasse (résidu).............	0,47	88	280	40	62	470
	"	392	1968	76	138	2574
Ramenant à 100 kil. de poids vivant.	"	446	2336	86	157	2925
La ration normale est............	"	394	2804	75	199	3472

Un fait assez surprenant, c'est que la ration surabondante du régime de l'engraissement contient pondéralement moins d'éléments digestibles que n'en renferme la ration normale. Avec cette ration, 100 kilogrammes de poids vivant reçoivent, par jour, $\frac{1}{2}$ kilogramme d'amidon de moins, en même temps qu'ils ont en plus 52 grammes de principes albuminoïdes. Les principes azotés semblent être en proportion plus forte relativement à l'amidon, au sucre de lait dans les régimes qui développent le plus de graisse. Ainsi, dans 100 parties d'aliments digestibles, il y a :

	Principes azotés.	Graisse.
Dans la ration qui ne produit que de la chair.	9,8	0,8
Dans la ration produisant chair et graisse...	11,3	2,2
Dans la ration d'engraissement............	15,3	2,9

Ces nombres sont de nature à faire supposer que les principes azotés des aliments, tout en concourant à la formation du tissu musculaire, contribuent aussi au développement du tissu adipeux.

§ IV. — Engraissement des oies.

Pendant qu'on avançait des hypothèses plus ou moins ingénieuses sur l'origine de la graisse, un habile professeur de la Faculté des Sciences de Strasbourg, M. Persoz, constatait que, dans l'engraissement des oies, la graisse formée dépasse de plus du double celle que contient le maïs consommé. M. Persoz est arrivé, en effet, à cette conclusion, que l'oie en s'engraissant n'assimile pas seulement l'huile renfermée dans le maïs, mais qu'elle produit réellement une certaine quantité de graisse à l'aide de l'amidon et du sucre, peut-être aussi aux dépens de sa propre substance. Les observations dont je vais présenter les détails confirment pleinement le fait principal constaté par M. Persoz. J'ai trouvé, en effet, que le poids de la graisse acquise par les oies soumises au régime surabondant du maïs excède considérablement le poids de l'huile contenue dans la graine.

Les onze oies sur lesquelles j'ai expérimenté étaient âgées d'environ un an et de même origine; on les a pesées après les avoir privées de nourriture pendant douze heures.

Poids des oies au commencement de l'expérience.

	NUMÉROS.											Poids moyen.
	1.	2.	3.	4.	5.	6.	7.	8.	9.	10.	11.	
Poids.	3,42	3,13	3,34	3,65	2,87	3,20	3,40	3,55	3,39	3,35	3,70	=3,38

On a tué les n⁰ˢ 2, 3, 9, 10 et 11, et, après avoir pris le poids des différentes parties, on a déterminé la quantité de graisse renfermée dans chaque pièce de la manière suivante : on a d'abord pesé séparément la graisse des intestins

V.   17

et la graisse épiploon. Pour obtenir la graisse sous-cutanée, celle disséminée dans la chair ou adhérente au tissu osseux, on coupait l'oie en morceaux que l'on faisait bouillir pendant quatre heures dans de l'eau. On enlevait la graisse figée après le refroidissement. Les os se détachaient alors très-facilement de la viande cuite; on les essuyait avec un linge avant de les peser. Du poids des os et de celui de la graisse écumée on concluait, par différence, le poids de la chair. Les résultats obtenus sur les oies tuées avant l'engraissement sont consignés dans ce tableau :

Poids de la graisse, du sang et des divers organes des cinq oies tuées avant l'engraissement.

NUMÉROS D'ORDRE.	Poids des oies.	Graisse adhérente aux intestins.	Graisse épiploon.	Graisse extraite par ébullition.	Total de la graisse.	Os dégraissés.	Chair et peau.	Sang recueilli.	Foie.	Cœur.	Cervelle.	Gésier vidé.	Bile.	Rate.	Trachée.	Poumons.	Intestins vidés et jabots.	Plumes.	Aliments, excréments, pertes.
	k	gr	gr	gr	gr	gr	gr	gr	gr	gr	gr	gr	gr	gr	gr	gr	gr	gr	gr
2	3,13	21	33	201	255	321	1600	180	67	24	12	133	4	9	10	25	140	250	100
	3,34	42	53	246	341	331	1525	230	69	25	11	140	4	8	8	32	162	250	204
9	3,39	14	21	178	213	300	1546	220	105	30	11	148	13	13	10	19	190	420	152
10	3,35	30	40	214	284	326	1500	210	86	26	10	131	8	14	9	21	180	370	170
11	3,70	30	40	296	366	310	1634	305	115	24	12	136	8	10	9	19	207	300	246
	16,91	137	187	1135	1459	1588	7805	1145	442	120	56	691	37	54	46	116	879	1590	872

Les six pièces à engraisser, pesant ensemble 20^{kg},09 (en moyenne, 3^{kg},35), ont été mises dans une mue divisée en six compartiments, assez étroits pour empêcher les oies de se retourner. Le plancher de la mue n'occupait pas toute la section du fond, et sa disposition était telle, que l'on pouvait placer six vases pour recevoir la totalité des déjections. Les oies ont été gavées, matin et soir, avec du maïs trempé dans l'eau pendant quelques heures. Sur le devant de la cage se trouvait une auge commune, contenant de l'eau légèrement salée, dans laquelle on avait jeté quelques fragments de charbon. L'engraissement, conduit par une gaveuse de profession, a été terminé après trente et un jours d'un régime durant lequel il a été consommé 71^{kg},89 de maïs; soit 11^{kg},98 par individu, à peu de chose près 386 grammes par jour et par tête.

Les six oies, dont le poids était, avant l'engraissement, de   20^{kg},09

ont pesé.....   31,11

ayant gagné en poids........   11,02

Poids de la graisse, du sang et des divers organes des six oies engraissées.

Numéros d'ordre.	POIDS DES OIES		Gain pendant l'engraissement.	Graisse adhérente aux intestins.	Graisse épiploon.	Graisse extraite par l'ébullition.	Total de la graisse.	Os dégraissés.	Chair et peau.	Sang recueilli.	Foie.	Cœur.	Cervelle.	Gésier vide.	Bile.	Rate.	Trachée.	Poumons.	Intestins vides et jabots.	Plumes.	Aliments et excréments.
	avant l'engraissement.	après l'engraissement.																			
1	3,42 k	5,35 k	1,93 k	234 gr	385 gr	835 gr	1454 gr	313 gr	2295 gr	290 gr	251 gr	35 gr	11 gr	87 gr	4 gr	4 gr	9 gr	34 gr	191 gr	280 gr	245 gr
4	3,65	5,50	1,85	369	435	1147	1951	300	2289	190	214	32	12	82	3	10	10	27	162	270	75
5	2,87	4,58	1,51	294	322	943	1559	273	1847	140	171	29	10	76	4	8	8	34	160	280	64
6	3,20	4,67	1,47	271	331	861	1463	234	1980	170	143	31	11	120	3	10	8	26	153	290	103
7	3,40	5,53	2,13	321	415	1237	1873	299	2261	195	260	40	12	95	8	9	11	38	147	325	129
8	3,55	5,48	1,93	302	400	1014	1716	309	2220	320	301	32	1?	114	12	13	10	27	157	340	101
	20,09	31,11	11,02	1691	2288	6037	10016	1728	12892	1305	1340	199	67	574	34	54	56	186	970	1785	717

* La graisse du foie gras étant déjà comptée dans la graisse extraite par l'ébullition, en sommant les divers organes, on trouvera un excès sur le poids des oies engraissées de 31^{kg},11.

	Graisse.	Chair et sang.
En résumé, les six oies engraissées contenaient.........................	kg 10,016	kg 14,197
D'après la composition des oies maigres, ces six oies devaient contenir, avant l'engraissement...................	1,752	10,74
Gain pendant l'engraissement.........	8,264	3,457

La comparaison de l'oie, avant et après l'engraissement, est curieuse sous plusieurs rapports; pour qu'on puisse juger facilement des différences, je rapprocherai les deux compositions.

	OIE maigre.	OIE grasse.
	gr	gr
Graisse adhérente aux intestins............	28	282
Graisse épiploon........................	37	381
Graisse extraite par l'ébullition	227	1006
Os..	318	288
Chair et peau dégraissées.................	1561	2149
Sang recueilli (*)........................	229	218
Foie..	88	223 (**)
Cœur. ....,............	26	33
Cervelle..................................	11	11
Gésier.....................................	138	96
Bile...	7	6
Rate	11	9
Trachée....................................	9	9
Poumons...................................	23	31
Intestins, jabots...........................	176	162
Plumes.....................................	318	298
Excréments, pertes........................	174	120
	3381	5320

(*) C'est-à-dire le sang qui a coulé quand on a coupé la trachée.
(**) Foie gras dont la graisse figure déjà dans celle retirée par l'ébullition.

Comme dans l'engraissement des porcs, nous voyons la

chair se produire en même temps que la graisse. Un fait singulier, et que l'on observe également sur les canards, c'est la diminution du gésier chez les oiseaux qui ont été gavés.

Pour estimer l'humidité que devait renfermer la graisse pesée, particulièrement celle retirée par l'ébullition, je l'ai fondue à une chaleur modérée, comme on le pratique quand il s'agit de la mettre en pot.

		Perte pour 100.
3,98 de graisse adhérente se sont réduits à.	3,69	7,3
3,01 de graisse écumée sont devenus....	2,81	6,3

Appliquant ces corrections aux graisses acquises durant l'engraissement, on trouve :

	kg
Pour la graisse adhérente fondue...........	3,327
Pour la graisse retirée par l'ébullition.......	4,180
Graisse privée d'eau acquise par les six oies.	7,507

A cette graisse il faut encore ajouter celle qui faisait partie des déjections et qui certes n'est pas à négliger. La totalité des excréments très-aqueux rendus par les six oies a pesé 83kg,23. Après avoir enlevé une partie de l'eau par décantation, on a mis à égoutter sur une toile; de cette manière on a obtenu 39kg,19 d'une matière verte pulpeuse qu'on a mêlée intimement pour en prendre un échantillon : 1 kilogramme de cette pulpe desséchée dans une bassine chauffée à la vapeur s'est réduit à 190 grammes d'une substance sèche, ayant une couleur intermédiaire entre le vert et le jaune.

Ainsi les 39kg,19 de déjections humides contenaient 7kg,45 de substance sèche; 20 grammes de cette matière réduite en poudre fine traitée d'abord par l'eau, puis ensuite par l'éther, ont donné 1gr,92 d'une graisse demi-liquide dont l'odeur rappelait celle de l'huile du maïs. La graisse, dans les déjections sèches, s'élevait, par conséquent, à 9,6

pour 100. Les 7^{kg},45 devaient en contenir 715 grammes ;
ce qui porte le total de la graisse acquise par les six oies
à 8^{kg},222.

Examen du maïs consommé.

Le maïs employé pesait 72^{kg},20 l'hectolitre ; pour avoir
un échantillon bien homogène, j'en ai fait moudre 50 litres.
L'huile a été déterminée sur des quantités de farine qui ont
varié de 20 à 200 grammes. En traitant d'abord la farine de
maïs par l'eau acidulée, puis faisant ensuite agir l'éther sur
le résidu, j'ai obtenu, dans plusieurs analyses, des proportions d'huile très-peu différentes et qui se sont accordées
avec celle donnée par l'éther appliqué au maïs réduit en
poudre extrêmement fine. J'ai extrait par l'un ou l'autre
de ces moyens 7 pour 100 d'huile jaune. Il est vrai qu'en
faisant succéder à l'action de l'éther appliqué à froid un
mélange bouillant d'alcool et d'éther on obtient une proportion de matière grasse bien plus forte, et qui, à la suite
de traitements réitérés, s'élève de 10 à 12 pour 100. On
parvient à ce chiffre alors même qu'on agit sur du maïs
préalablement traité par l'eau, et dans lequel on ne peut
plus supposer de sucre. Il y a ceci de remarquable, qu'en
agissant, non plus sur de la farine lavée, mais sur le résidu ligneux provenant de l'action de l'acide étendu sur le
maïs, on n'obtient jamais, quoi qu'on fasse, plus d'huile
que n'en donne l'éther employé seul. C'est que l'alcool
extrait facilement du maïs une substance azotée ayant le
plus grand rapport avec la gladiadine que M. Taddei a retirée des céréales par un traitement alcoolique. J'ai pu enlever au maïs, après l'avoir épuisé par l'éther, jusqu'à 4,5
pour 100 de cette gladiadine, pesée après avoir été lavée à
l'eau et à l'éther, et puis fortement desséchée à 130 degrés.
Cette matière est d'un jaune clair ; son odeur, bien que
très-faible, rappelle celle de la cire d'abeilles ; elle se dissout

facilement dans les alcalis et dans les acides; elle brûle en
ne laissant que 0,005 de cendres. J'ai trouvé, pour sa composition,

Carbone............	$54,3$
Hydrogène.........	$7,0$
Azote	$16,3$
Oxygène...........	$22,4$
	$100,0$

Je crois pouvoir établir la composition du maïs ainsi qu'il
suit :

Albumine.........	$8,3$	
Gladiadine.......	$4,5$	$12,8$
Huile............	$7,0$	
Sucre, gomme......	$1,5$	
Amidon...........	$59,0$	
Ligneux	$1,5$	
Sels..............	$1,1$	
Eau..............	$17,1$	
	$100,0$	

Par conséquent, les oies ayant mangé en trente et un
jours $71^{kg},89$ de maïs, dans lequel il y avait

Huile....................................	$5,032$
La graisse totale acquise ayant été.............	$8,222$
La graisse formée durant l'engraissement s'élève à.	$3,190$

Il est assez curieux, et c'est une simple remarque, que
si l'on considérait comme *engraissant* la totalité des principes du maïs solubles dans l'éther et dans l'alcool à 40 degrés, c'est-à-dire l'huile et la gladiadine, l'aliment consommé renfermerait les éléments du *gras* développé. En
effet, les $71^{kg},89$ de maïs contiennent précisément $8^{kg},267$
d'huile et de substances azotées solubles dans l'alcool.

D'après la constitution du maïs, la ration engraissante contient :

Albumine, gladiadine...... 49^{gr}
Huile................. 27
Amidon, sucre.......... 234
Sels................. 4
_____
314

Comme il y a eu, chaque jour, à peu près 3 grammes de matières grasses éliminées avec les déjections, il reste 24 grammes pour la graisse assimilée directement; et comme l'oie en a acquis journellement 41 grammes, on voit qu'elle a dû en former 17 grammes avec les autres éléments de sa nourriture. On remarquera que, dans 100 parties des aliments digestibles qui entrent dans la ration engraissante des oies, il y a :

Principes azotés........ $15^{gr},6$
Graisse.............. 8,5

§ V. — Expériences sur l'engraissement des canards.

Un canard du poids de $1^{kg},35$, gavé chaque jour avec 140 grammes de maïs préalablement détrempé, gagne en quinze jours 180 à 200 grammes de graisse; c'est un fait qu'il est facile de vérifier, et comme, dans cet engraissement rapide, tout se passe exactement comme dans l'engraissement de l'oie, je me dispenserai d'entrer dans de plus amples détails à ce sujet.

Il m'a paru intéressant de substituer au maïs, si riche en huile, un aliment analogue, tout aussi dense, d'une digestion facile, mais qui ne contient que quelques millièmes de matières grasses. Tel est le riz, dont la composition est, pour ainsi dire, celle du maïs qu'on aurait privé d'huile par un procédé chimique. Le riz, renfermant d'ailleurs près de 83 pour 100 d'amidon, convient parfaitement pour apprécier le rôle que la fécule joue dans la production de la graisse. Ce sont ces considérations qui m'ont engagé à faire sur des canards les expériences que je vais exposer. En effet, si l'on réussit à engraisser complétement des oies ou des canards en remplaçant poids pour poids le maïs par le riz, on aura acquis la preuve de la transformation de l'amidon en graisse pendant l'alimentation ; car ce régime présente cette particularité, que la totalité de l'huile et la moitié de la substance azotée entrant dans la constitution du maïs s'y trouvent remplacées par de la fécule amylacée ; on peut s'en assurer en comparant la composition respective de chacune de ces graines :

	Riz.	Maïs.
	gr	gr
Albumine ou gladiadine......	7,5 (¹)	12,8
Matières grasses............	0,7	7,0
Amidon (sucre et gomme)....	83,0	60,5
Ligneux	1,0	1,5
Sels....................	0,5	1,1
Eau....................	7,3	17,1
	100,0	100,0

Les canards mis en expérience avaient une même origine ; ils étaient âgés de huit mois environ.

Poids des canards au commencement de l'expérience.

	NUMÉROS.								
	1.	2.	3.	4.	5.	6.	7.	8.	9.
Poids......	k 1,33	k 1,315	k 1,33	k 1,32	k 1,17	k 1,47	k 1,36	k 1,32	k 1,30

(¹) D'après mon analyse, le riz contenait 1,2 d'azote.

Les n°s 1, 2, 3, 4 ont été tués. On en a retiré :

	NUMÉROS.			
	1.	2.	3.	4.
	gr	gr	gr	gr
Graisse adhérente............	27	40	42	32
Graisse par ébullition........	175	195	168	156
Os dégraissés...............	99	92	94	102
Chair et peau...............	555	663	453	544
Sang recueilli..............	70	55	65	66
Foie......................	35	40	33	36
Cœur.....................	9$\frac{1}{2}$	8	9	12
Cervelle...................	5	5	4$\frac{1}{2}$	5
Gésier....................	34	33	23	24
Bile......................	1	1	0$\frac{1}{2}$	2
Rate.....................	4	5	2	3
Trachée...................	3	3	3	5
Poumons..................	9	10	10	10
Intestins, jabots.............	58	50	37	45
Plumes...................	90	110	120	70
Aliments, déjections.........	155$\frac{1}{2}$	4	266	212
	1330	1315	1330	1374

Comme le poids des plumes et la quantité de matières contenues dans l'estomac et les intestins sont assez variables, il est bon de ramener chaque pièce à ce qu'elle a pesé après avoir été plumée et vidée.

NUMÉROS.	CANARDS plumés et vidés.	GRAISSE contenue.
	gr	gr
1........	1084	202
2........	1195	235
3........	1064	210
4 ......·	1038	188
Moyennes...	1095	209

Les n°s 5, 7, 8 ont été mis au régime du riz légèrement cuit; la quantité de riz, pesé cru, prise par chaque canard, a été de 125 grammes. On gavait matin et soir; une auge commune contenait de l'eau renfermant un peu de sel.

NUMÉROS.	JOURS DE RÉGIME.	RIZ CONSOMMÉ.	POIDS a la fin du régime.
5..........	12	1500^{gr}	1480^{gr} (*)
7..........	15	1875	1440
8..........	19	2375	1400

(*) Les canards étaient ordinairement si mouillés au sortir de la mue, que ce poids n'a aucune valeur. Comme on le verra, le n° 5 contenait encore 168 grammes d'aliments ingérés.

Composition des canards nourris au riz.

	NUMÉROS.		
	5.	7.	8.
Graisse adhérente..............	40^{gr}	50^{gr}	75^{gr}
Graisse par ébullition..........	198	205	286
Os dégraissés..................	82	114	82
Chair et peau..................	665	741	524
Sang recueilli.................	60	50	68
Foie..........................	41	32	67
Cœur.........................	12	8	9
Cervelle......................	5	4	4
Gésier	20	20	13
Bile..........................	1	2	1
Rate..........................	4	3	2
Trachée.......................	5	5	3
Poumons......................	14	11	10
Intestins, jabots..............	45	47	34
Plumes	120	111	200
Aliments, déjections...........	168	37	22
	1480	1440	1400

On a pour le poids de ces canards plumés et vidés :

NUMÉROS.	POIDS.	GRAISSE CONTENUE.
5..........	1194^{gr}	238^{gr}
7..........	1293	255
8.........	1178	361

Comparant maintenant le poids et la graisse au poids moyen déduit des canards tués au commencement de l'expérience, et qui était

Pour le canard plumé et vidé...... 1095^{gr}

Pour la graisse contenue.......... 209

on trouve que

	En poids.	En graisse.	Graisse fondue.
Le n° 5 a gagné...	99^{gr}	29^{gr}	27^{gr} (¹)
Le n° 7 » ...	198	46	42
Le n° 8 » ...	83	152	140

On doit ajouter à cette graisse celle sortie avec les excréments. Les déjections rendues par le n° 5, durant les douze jours de régime, ont pesé 2500 grammes ; elles formaient une émulsion très-liquide, blanche ; on n'apercevait aucune matière solide. Par la dessiccation, on a obtenu un extrait pesant 150 grammes ; 1 gramme de cet extrait pulvérisé a cédé à l'éther, après un traitement par l'eau, 0^{gr},050 d'une graisse solide, très-fusible. Ainsi, chaque jour, en consommant 125 grammes de riz, un canard aurait rendu 12^{gr},5 de cet extrait, contenant 0^{gr},62 de graisse ; mais chaque jour aussi, dans les 125 grammes de riz, il recevait 0^{gr},88 de matière grasse ; c'est donc, pour chaque, jour, 0^{gr},26 qu'il faut déduire de la graisse pesée.

_____

(¹) Les graisses provenant de ces expériences, réunies et fondues, ont perdu 8 pour 100.

En définitive, en tenant compte de la durée de chaque expérience, on voit que

Le n° 5 a fait.. 25^{gr} de graisse sèche; par jour.. $2,1^{gr}$

Le n° 7 » .. 38 » par jour.. 2,5

Le n° 8 » .. 135 . » par jour.. 7,1

Les résultats offerts par les n°s 5 et 7 n'établissent pas suffisamment qu'il y a eu formation de matière grasse : du moins cette formation ne paraît nullement en rapport avec la proportion d'amidon renfermée dans le riz. Quant au résultat fourni par le n° 8, il ne laisserait aucun doute sur l'intervention de la fécule dans la production du *gras*, s'il ne présentait une anomalie qui peut faire présumer que le canard porteur de ce numéro pouvait être initialement plus gras que je l'ai admis. Cette anomalie consiste en ce que la graisse trouvée en excès (135 grammes) pèse plus que l'accroissement de poids de 83 grammes attribuable au régime. Quoi qu'il en soit, et adoptant les trois résultats comme exacts, on est obligé de reconnaître que le *gras* formé sous l'influence du riz est inférieur en quantité à celui produit par le régime au maïs ; car, en recevant 140 grammes de maïs, un canard fait peut-être, indépendamment de l'huile qu'il assimile directement, 5 à 6 grammes de graisse. Cependant, relativement à l'amidon, les deux rations diffèrent peu l'une de l'autre ; il y en a même plus dans les 125 grammes de riz, ainsi que je vais le montrer.

	Dans 125^{gr} de riz.	Dans 140^{gr} de maïs.
Il y a albumine et gladiadine.	9	18
Amidon, sucre, gomme.....	104	85
Matière grasse...........	1	10

Dans les 125 grammes de riz donnés chaque jour à un canard, il y a 48 grammes de carbone, et 55 grammes dans 140 grammes de maïs. Faut-il attribuer la faiblesse de la production de la graisse à ce que la ration de riz aurait été insuffisante comme aliment respiratoire? J'ajouterai qu'il est difficile d'augmenter la ration, parce que, le volume du riz double presque de volume par la cuisson, et que l'animal était gavé au maximum.

Mais si, repoussant comme prématurées ces idées théoriques, et se bornant aux faits constatés, on voulait en conclure simplement qu'il est des aliments qui ne possèdent pas la propriété de favoriser l'engraissement, je répondrai par l'expérience qu'il ne manque à la ration de riz que nous avons discutée que des principes élémentaires de plus, de la graisse par exemple, pour acquérir au plus haut degré la propriété engraissante. Pendant que les canards n°s 5, 7 et 8 étaient alimentés avec du riz, j'en nourrissais deux autres (n°s 6 et 9) avec la même ration à laquelle on ajoutait du beurre. Ces canards au riz au gras sont arrivés promptement à un degré d'engraissement vraiment remarquable.

Chaque canard recevait, chaque jour, avec les 125 grammes de riz, 60 grammes de beurre.

Les deux canards sont restés à ce régime pendant onze jours et on les a tués, parce que, depuis le septième jour, leur poids n'augmentait plus sensiblement. Un autre canard (n° 10) fut mis au régime unique du beurre ; on lui en donnait de 90 à 100 grammes par jour : il est mort *d'inanition* au bout de trois semaines; le beurre suintait de toutes les parties de son corps; on eût dit que ses plumes avaient été trempées dans du beurre fondu, et il exhalait une odeur infecte rappelant l'*acide butyrique ;* les déjections étaient presque entièrement formées de beurre. C'est, on le voit, la répétition des expériences intéressantes que Letellier a faites sur les tourterelles.

Les canards nourris au riz au gras ont pesé, quand on les a tués, le n° 6, 1^{kg},63 ; le n° 9, 1^{kg},58.

Composition des canards nourris au riz au gras.

	NUMÉROS.	
	9.	6.
	gr	gr
Graisse adhérente...............	95 ⎫ 431	106 ⎫ 440
Graisse par ébullition............	336 ⎭	334 ⎭
Os dégraissés....................	93	77
Chair et peau....................	631	694
Sang recueilli.........	60	70
Foie	48	33
Cœur	10	9
Cervelle........................	4	5
Gésier..........................	13	18
Bile............................	5	1
Rate............................	2	2
Trachée.........................	5	3
Poumons.........................	10	7
Intestins, jabot.................	42	40
Plumes..........................	170	151
Aliments, déjections.............	106	30
	1630	1580

Plumés et vidés, ces canards pesaient :

Le n° 9, 1354 gr contenant en graisse........... 431 gr
Le n° 6, 1400 contenant en graisse....... ... 440
Le poids initial étant 1095 gr., la graisse initiale.. 209
                                                    ———
Gain en poids vivant, n° 9 : 259; gain en graisse. 222
    »   »   n° 6 : 305   »   »   231

Cette expérience montre avec quelle facilité est assimilée la graisse quand elle fait partie d'une ration complète et que, s'il est incontestable qu'un régime suffisamment azoté, bien que dépourvu de matières grasses, en développe néanmoins dans les animaux qui le consomment, on doit aussi convenir que la nourriture qui procure l'engraisse-

V.   18

ment le plus rapide et le plus prononcé est précisément celle qui joint à la dose convenable de substances albumineuses la plus forte proportion de principes gras. Quant à la graisse en excès qui apparaît dans les animaux nourris avec des aliments qui n'en renferment qu'une quantité minime, il faut nécessairement l'attribuer soit aux matières protéiques, soit à l'amidon ou au sucre, soit enfin à la réunion des deux ordres de substances. Cependant, quand on considère que ces aliments sont constamment riches en principes azotés et que le carbone de ces principes est toujours supérieur au carbone de la graisse développée, on est tenté de leur attribuer l'origine de cette graisse. Il me serait facile de signaler plusieurs régimes engraissants dans lesquels l'albumine, le caséum, la légumine, la gladiadine semblent jouer le rôle de corps gras, et je ne connais pas une seule ration employée en pratique, dans laquelle l'amidon ou le sucre soient unis à une faible proportion de ces mêmes substances. Lorsque, dans un régime d'engraissement, les matières protéiques ne surabondent pas, on peut être certain d'y rencontrer de la graisse toute formée. Ces remarques paraissent encore corroborées par la facilité avec laquelle les substances azotées des aliments se modifient en acide gras. Ainsi M. Wurtz a reconnu que, sous l'influence des alcalis et de la chaleur, ou par suite d'une altération spontanée, l'albumine donne naissance à de l'acide butyrique.

DÉVELOPPEMENT DE LA SUBSTANCE MINÉRALE

DANS LE SYSTÈME OSSEUX DU PORC.

§ I. — Dans les recherches sur la production de la graisse dans les animaux, j'ai eu l'occasion de recueillir des données assez précises sur le développement du système osseux du porc. J'examinerai d'abord quelles sont la quantité et la nature des substances minérales contenues dans le squelette de même origine, à différents âges, et ensuite si la nourriture exclusive aux pommes de terre suffit pour fournir les éléments indispensables à la formation des os.

§ II. — Os d'un porc nouveau-né.

Le goret pesait immédiatement après sa naissance.... $650,00^{gr}$

Son squelette, desséché à l'air.................. 48,25

Les cendres du squelette....................... 20,73

Les cendres, bien calcinées, blanches, ont donné à l'analyse :

Chaux................	49,3
Magnésie.............	5,2
Sels alcalins	0,4
Acide carbonique (¹)....	0,1
Acide phosphorique.....	45,0
	100,0

(¹) C'est l'acide carbonique dosé ; mais une partie de cet acide avait été chassée par la calcination. Pour constituer leur carbonate, on a dû en introduire $25^{gr},52$, ce qui explique l'excès que l'on remarque dans la somme des éléments transformés.

18.

Constituant la magnésie à l'état de $3\,Mg, PO^s$, l'acide phosphorique restant formant $3\,CaO, PO^s$, la chaux restante étant CaO, CO^2, on a, pour la matière minérale du squelette du goret,

Phosphate de chaux........	84,82
Phosphate de magnésie.....	11,35
Carbonate de chaux........	5,95
Sels alcalins.............	0,40

102,52

§ III. — Os d'un porc agé de huit mois, pesant $60^{kg},55.$

Ce porc (n° 1) avait été élevé avec la nourriture normale. Les os, dégraissés par l'ébullition et essuyés, ont pesé $3^{kg},87$. Par suite d'une dessiccation à l'air, ce poids s'est réduit à $2^{kg},901$.

Pour arriver à la connaissance de la proportion de cendres, on a pesé séparément les principales parties du squelette, telles que les os de la tête, des pieds, de la colonne vertébrale, les côtes, etc.; ensuite on a incinéré des quantités proportionnelles de ces diverses parties qui ont produit :

Les os de la tête.......	47,4 pour 100 de cendres.
Les côtes.............	43,3 »
La colonne vertébrale..	36,6 »
Les tibias, etc........	49,8 »

Les différentes parties du squelette séché à l'air ont pesé :

Os de la tête..	653^{gr} contenant	310^{gr} de cendres.
Côtes........	276 »	120 »
Vertèbres....	455 »	167 »
Tibias, etc....	1517 »	756 »

2901   1353

Ces cendres, broyées intimement et chauffées de nouveau, ont fourni à l'analyse :

Chaux............	51,94
Magnésie..........	1,70
Sels alcalins.......	1,57
Acide carbonique....	2,13
Acide phosphorique..	42,66
	100,00

composition exprimée par :

Phosphate de chaux......	88,71
Phosphate de magnésie...	3,71
Carbonate de chaux......	5,93
Sels alcalins...........	1,57
	100,92

§ IV. — Os d'un porc agé de onze mois et demi (n° 2).

Lors de l'abattage du n° 1, le porc n° 2 a pesé 60 kilogrammes. Après 93 jours d'un régime durant lequel ont été
consommés 544 kilogrammes de pommes de terre, son poids
s'est élevé à 67^{ks},24. Le squelette, dégraissé par l'ébullition
et desséché à l'air, a pesé 3^{ks},407 ; il renfermait 1^{ks},586 de
cendres, contenant :

Chaux...............	53,0
Magnésie............	1,8
Sels alcalins..........	0,4
Acide carbonique (¹)....	»
Acide phosphorique.....	44,8
	100,0

composition exprimée par :

Phosphate de chaux.......	93,17
Phosphate de magnésie.....	3,93
Carbonate de chaux........	4,46
Sels alcalins.............	0,40
	101,96

(¹) La totalité de l'acide carbonique avait été expulsée par la calcination.

Si nous recherchons maintenant quel a été l'accroissement dans le poids du squelette, nous trouvons en nombres ronds :

DÉSIGNATION DES PORCS.	POIDS des porcs.	SQUELETTE séché à l'air.	POIDS des cendres.	ACIDE phospho-rique.	CHAUX.
	kg	gr	gr	gr	gr
Nouveau-né	0,65	48	21	9	10
N° 1. Agé de 8 mois.......	60,55	2901	1353	577	703
Assimilation en 8 mois.....	59,95	2853	1332	568	693
Assimilation par jour.	"	11,7	5,5	2,3	2,8
N° 2. Agé de 11 mois et demi.	67,24	3407	1586	711	841
Assimilation en 93 jours...	6,69	506	233	134	138
Assimilation par jour	"	5,4	2,5	1,4	1,5

Comme on pouvait s'y attendre, le développement du système osseux a surtout été très-rapide dans les huit mois qui ont suivi la naissance; ensuite l'assimilation des principes terreux des os s'est considérablement ralentie. Dans la première période, la nourriture variée et abondante renfermait bien au delà des quantités d'acide phosphorique et de chaux fixées dans l'organisme; mais il n'en a plus été ainsi dans la période suivante, durant laquelle le porc a été soumis au régime des pommes de terre. En effet, ces tubercules contenaient 0,01 de cendres, renfermant d'après l'analyse, pour 100 :

Acide phosphorique..............	11,3
Chaux........................	1,8
Magnésie	5,4
Acide sulfurique, potasse, soude, etc.	81,5
	100,0

Ainsi, dans les 544 kilogrammes de pommes de terre

consommées en 93 jours, il y avait 5^{ks},44 de substances minérales tenant :

	Acide phosphorique.	Chaux.
	615^{gr},0	98^{gr},0
Or il y a eu de fixé.......	134,0	138,0
Différences............	+481,0	— 60,0

On rencontre donc, dans les os formés durant les 93 jours de régime exclusif, 60 grammes de chaux de plus qu'il n'en existait dans les pommes de terre consommées. Cette différence est plus considérable encore si, comme on doit le faire, on tient compte de la chaux comprise dans les déjections.

Les excréments rendus par le porc n° 2 pendant les 93 jours pesaient, après dessiccation, 16^{ks},6. L'examen chimique a montré qu'il y avait dans ces matières 0,013 de chaux, pour la totalité de cette terre dans les déjections, 216 grammes, de sorte que la chaux assimilée ou excrétée par le porc en 93 jours s'est élevée à 276 grammes, quoique la nourriture consommée dans le même temps n'en renfermât que 98 grammes.

Ce résultat aurait lieu de surprendre, si l'on ne savait que l'eau dont on a fait usage pour délayer les pommes de terre n'est pas exempte de chaux. Cette eau, analysée, a donné pour 100000 parties :

		Chaux.
Carbonate de chaux........	35,3	19,8
Carbonate de magnésie...........	3,7	
Sulfate de magnésie...........	11,8	
Sulfate de soude...........	20,2	
Sel marin..................	6,9	
Silice.............	2,0	
Phosphates de chaux et de fer.......	Traces.	
Matières organiques; carbonate d'ammoniaq.; acide carbonique libre...	Indéterminées.	
	78,9	

Dans les 93 jours, le porc n° 2 a pris 900 litres d'eau renfermant, d'après l'analyse précédente, 178 grammes de chaux, qui, ajoutés aux 98 grammes qui étaient dans la nourriture, forment 276 grammes pour la quantité de chaux ingérée pendant la durée du régime.

Chaux ingérée avec l'aliment..................... 276,0^{gr}

Chaux fixée dans les os ou rendue avec les excréments. 276,0

Il y a égalité, probablement parce que les erreurs, inévitables dans une expérience de cette nature, se sont compensées.

Les substances salines dissoutes dans l'eau sont certainement intervenues dans l'alimentation, sans leur concours elle aurait été insuffisante, puisque les pommes de terre ne contenaient pas, à beaucoup près, la dose de chaux nécessaire à la formation des os. On connaît d'ailleurs, par les intéressantes recherches de Chossat, les effets que produit un aliment ne renfermant pas assez de matière calcaire, et il est très-vraisemblable que, si le porc n° 2 eût été rationné avec des tubercules délayés dans de l'eau distillée, il eût éprouvé tous les inconvénients qui se manifestent dans cette circonstance; très-probablement aussi qu'il n'aurait pas été possible de nourrir un porc, comme je l'ai fait, uniquement avec des pommes de terre pendant 205 jours.

Dupasquier, dans des travaux recommandables d'ailleurs, a reconnu l'utilité du bicarbonate de chaux dans les eaux potables.

J'ai cherché, en traitant un autre sujet ([1]), à fixer l'attention sur l'influence indirecte qu'ont nécessairement sur la culture les matières dissoutes dans les eaux dont s'abreuvent les animaux d'une ferme, en montrant que, par cette voie, il arrive aux fumiers une quantité assez considérable de

---

([1]) *Économie rurale*, t. II, p. 252.

substances salines. L'analyse de l'eau qui alimente les abreuvoirs de Béchelebronn me permet aujourd'hui de discuter cette question avec des données plus positives.

Les animaux élevés ou entretenus dans notre domaine peuvent représenter 100 têtes de bétail. En évaluant à 30 litres en moyenne l'eau bue par chaque tête, on reste, d'après quelques essais, au-dessous de la réalité. Néanmoins, à ce taux, l'eau bue dans une année s'élèverait à plus d'un million de kilogrammes (1 095 000) qui contiendraient :

Carbonate de chaux.	387^{gr}
Carbonate de magnésie.	41
Sulfate de magnésie.	129
Sulfate de soude.	221
Sel marin.	76
Silice	22
Phosphates de chaux et de fer.	Indéterminés.
	876

Ainsi l'eau bue par le bétail fournirait annuellement aux fumiers près de 900 kilogrammes de matières salines, comprenant la plupart des éléments minéraux nécessaires aux végétaux : de la chaux, de la magnésie, de la soude, du soufre, du phosphore, du sel marin et de la silice. On comprend dès lors comment les plantes apportent, de la prairie irriguée au domaine, de très-fortes quantités de sels alcalins et terreux qui, en dernier résultat, passent en grande partie aux engrais. Ce que certaines sources amènent continuellement de matières salines à la surface du sol est vraiment remarquable ; le puits artésien de Grenelle, dont l'eau est considérée comme d'une grande pureté, en entraîne annuellement avec elle environ 60 000 kilogrammes ([1]). La proportion et la nature des substances

_____

([1]) D'après un renseignement que je dois à la complaisance de M. Mary, ingénieur en chef, chargé des eaux de Paris, le puits de Grenelle débite,

salines contenues dans les eaux potables sont d'ailleurs extrêmement variables ; aussi a-t-on reconnu que les sources,
les rivières ne sont pas fertilisantes au même degré, et, à
une époque où l'on se préoccupe sérieusement de l'irrigation, je crois devoir répéter ce que j'ai déjà dit ailleurs,
c'est que, sous le rapport agricole, une étude approfondie
des eaux considérées relativement aux sels qu'elles renferment serait de la plus grande utilité (¹).

---

en moyenne, chaque jour 1100 mètres cubes d'eau. Suivant l'analyse de
M. Payen, on trouve qu'annuellement cette masse d'eau amène à la surface
du sol :

	kg
Carbonate de chaux...............	27375
Carbonate de magnésie....	5840
Carbonate de potasse.............	12045
Sulfate de potasse...............	4745
Chlorure de potassium............	4380
Silice..................	2190
Matières organiques......	3285
	59860

(¹) *Économie rurale*, t. II, p. 252.

DE L'INFLUENCE

QUE

CERTAINS ALIMENTS EXERCENT

SUR LA

PROPORTION DE MATIÈRES GRASSES CONTENUES DANS LE SANG.

Dans certaines circonstances, le sérum du sang prend un aspect lactescent occasionné par des globules de graisse tenus en suspension. Tel sérum laiteux renferme jusqu'à 12 pour 100 de matières grasses; plusieurs physiologistes assurent même qu'on peut développer la lactescence du sang en nourrissant des animaux avec de la graisse. Enfin le même phénomène se manifesterait chez les individus soumis, pendant un temps suffisant, à un régime surabondant provoquant l'engraissement.

Je suis loin de vouloir contester absolument ces assertions; mais commé, dans mes expériences sur la digestion, j'ai eu l'occasion de remarquer dans quelle faible proportion la graisse des aliments est absorbée par l'appareil intestinal, je ne puis m'empêcher d'émettre un doute que de nouvelles observations lèveront prochainement. Les recherches que j'ai faites ont eu simplement pour objet d'examiner si, pendant la digestion d'un aliment très-chargé de graisse, le sang est notablement plus gras qu'alors que l'animal digère un aliment ne renfermant pas de matières grasses.

Déjà MM. Sandras et Bouchardat ont établi, dans leurs travaux sur la digestion, que la nature des aliments n'exerce pas une influence bien prononcée sur la quantité des principes gras du sang. Ainsi, que ces aliments soient de l'huile d'amande, du suif, de l'axonge, ou de la soupe faite avec

du pain et du bouillon dégraissé, le sang des chiens soumis à ces différents régimes renfermera constamment deux
ou trois millièmes de principes gras. La présence de cette
faible proportion de graisse dans le sang de l'animal nourri
avec de la soupe, MM. Sandras et Bouchardat l'expliquent
en rappelant que le pain et le bouillon ne sont pas exempts
d'une certaine quantité de substances grasses.

Ces résultats sont confirmés par mes recherches, en ce
sens, que le sang des volatiles sur lesquels j'ai expérimenté
ne renferme aussi qu'une quantité minime de principes
gras, quatre à cinq millièmes environ. Comme les physiologistes que je viens de citer, j'ai constaté que le sang des
animaux nourris avec des aliments non gras contient tout
autant de matières grasses que le sang des animaux qui
consomment une nourriture très-abondante en graisse;
mais je ne puis, avec eux, attribuer l'origine de cette graisse
du sang à de faibles proportions de matières huileuses
préexistant dans l'aliment, puisque j'ai fait consommer de
l'amidon et du blanc d'œuf, substances à peu près exemptes
de substances grasses. Il y a plus, et c'est là, je crois, une
preuve évidente que la graisse du sang n'a pas toujours pour
origine immédiate la graisse de l'aliment, c'est que, dans
le sang d'animaux privés de nourriture depuis plusieurs
jours, on rencontre autant de principes gras que dans le
sang d'un animal nourri avec du lard ou avec des noix.

On a procédé de la manière suivante :

Les animaux mis en expérience n'avaient pas mangé
depuis trente-six heures. Dans chacun des lots formés, on
tuait un individu à jeun; les autres étaient nourris avec
divers aliments pendant un certain temps.

Le sang recueilli dans une capsule était pesé, séché à
l'étuve, puis broyé pour être de nouveau soumis à une dessiccation prolongée à la température de 120 degrés; le sang
a été considéré comme sec lorsque la perte de poids n'était
plus que de quelques milligrammes après une heure de

dessiccation. J'indique cette circonstance, parce que je ne
suis pas parvenu à obtenir une matière sèche qui ne con-
tinuât pas à éprouver une perte faible à la vérité, mais une
perte sensible, par un séjour prolongé dans l'étuve chauffée
à 130 degrés. J'ai, par curiosité, maintenu une dessiccation de sang pendant plusieurs jours, et la matière a constamment éprouvé une perte. Il n'est pas impossible qu'à
cette température les matières organiques éprouvent une
sorte de combustion très-lente.

Le sang desséché était traité à plusieurs reprises par
l'éther. La matière grasse abandonnée par l'éther a toujours été lavée à l'eau avant d'avoir été pesée; cette matière
s'est toujours offerte à l'état d'une graisse jaune, ayant la
consistance du miel et une odeur caractéristique et désagréable. La matière grasse du sang paraît être identique à
celle que l'on extrait du chyme. Je crois inutile d'entrer
dans le détail des expériences; il suffira d'en résumer les
résultats :

	QUANTITÉ de sang sur laquelle on a opéré.	SANG SEC obtenu.	MATIÈRE sèche pour 1 de sang.	GRAISSE obtenue.	PROPORTION de graisse dans le sang normal.	NOURRITURE consommée.
	gr	gr	gr	gr		
Première série.	17,30	2,86	0,1893	0,036	0,0021	Amidon.
Pigeons de 3 semaines.	17,34	3,27	0,1946	0,097	0,0056	Blanc d'œuf.
	14,95	2,86	0,1913	0,065	0,0043	Rien.
Deuxième série.	14,315	2,58	0,1800	0,071	0,0046	Amidon.
	15,40	2,99	0,1942	0,085	0,0055	Blanc d'œuf.
Pigeons de 1 mois.....	14,435	2,83	0,1961	0,094	0,0065	Lard.
	13,94	3,03	0,2174	0,044	0,0036	Rien.
	13,325	2,52	0,1906	0,094	0,0070	Rien.
Troisième série.	48,71	7,50	0,1540	0,204	0,0042	Amidon.
Canards	34,26	6,27	0,1825	0,152	0,0044	Blanc d'œuf, gélatine.
	37,55	8,105	0,2158	0,277	0,0049	Noix.
	33,57	6,02	0,1793	0,144	0,0034	Rien.

PRÉSENCE DU BICARBONATE DE POTASSE

DANS L'URINE DES HERBIVORES.

Les faits que j'ai observés en me livrant à ces recherches me semblent devoir intéresser les physiologistes et les chimistes ; ils ajouteront d'ailleurs aux connaissances que nous possédons sur la constitution de l'urine des herbivores.

Mes observations portent sur des urines examinées immédiatement après leur émission.

§ I. — Urine de porc.

Celle que j'ai examinée provenait d'un individu qui ne mangeait rien autre chose que des pommes de terre cuites dans de l'eau légèrement salée : cette urine, d'une limpidité parfaite, d'un jaune très-pâle, d'une odeur peu intense, avait une réaction alcaline très-prononcée, bien qu'elle fût presque sans saveur. L'addition d'un acide y déterminait une assez vive effervescence ; à la température de $12°,5$, j'ai trouvé, pour sa densité, $1,0136$.

Quand on chauffe l'urine du porc, elle se trouble en laissant déposer quelques légers flocons de carbonate de magnésie et de carbonate de chaux. La chaux n'y entre certainement que pour une bien faible proportion, car l'oxalate d'ammoniaque ne trouble pas d'abord l'urine fraîche ; la liqueur ne devient louche qu'après qu'il s'est écoulé un certain temps, et, quand l'urine a bouilli, quand le dépôt dont j'ai parlé est formé, elle ne contient plus une trace de chaux.

Carbonate de magnésie. — De 100 grammes d'urine on a retiré, par l'ébullition et la calcination du dépôt, 0,042 de magnésie calcinée, renfermant une trace de carbonate de chaux. Cette magnésie représente 0,87 de carbonate pour 1000 parties d'urine.

Azote, urée. — 100 grammes d'urine, évaporés au bain-marie, ont fourni 2,12 d'un extrait assez tenace, d'un jaune clair et acquérant par le refroidissement la consistance et l'aspect de la cire; cette matière, fortement alcaline, attirait puissamment l'humidité.

0^{gr},250 d'extrait ont produit 23 centimètres cubes d'azote; température, 7°, 7; baromètre à zéro, 737^{mm},8, soit en poids : 0,027 d'azote, ou 2,29 pour 1000 parties d'urine.

200 grammes d'urine ont été évaporés au bain-marie; le résidu a été repris par un peu d'eau; l'addition de l'acide chlorhydrique a donné lieu à une effervescence des plus vives; mais il ne s'est pas déposé une trace d'acide hippurique. J'ajouterai que je n'ai pas réussi davantage à constater la présence de cet acide en employant à sa recherche les procédés délicats à l'aide desquels Liebig l'a découvert dans l'urine de l'homme. Dans l'urine de porc convenablement concentrée, l'acide azotique faible détermine un abondant précipité d'azotate d'urée; comme cette urine ne contenait pas d'acide urique, ainsi que je m'en suis assuré, je supposerai que la totalité de l'azote dosé appartient à l'urée: 1000 parties d'urine renfermeraient alors 4,90 d'urée.

Sels alcalins, potasse, silice. — 50 grammes d'urine ont été évaporés dans un creuset de platine; l'opération est longue, mais elle s'exécute sans projections, en ayant soin, après avoir incliné le creuset, d'appliquer la flamme de la lampe vers la partie supérieure de la paroi. En augmentant ensuite la chaleur, sans toutefois la rendre assez intense pour fondre la matière, on finit par opérer une combustion complète. Le résidu salin, après avoir été chauffé au rouge, a pesé $0^{gr},625$; les sels repris par l'eau ont laissé un peu de magnésie ; la dissolution alcaline, formée en grande partie de carbonate de potasse, a été traitée par l'acide chlorhydrique : on a desséché, puis repris par l'eau qui, cette fois, a laissé $0,0035$ de silice, ou $0,07$ pour 1000 parties d'urine. Le chlorure de platine a formé dans la dissolution saline $1^{gr},851$ de chlorure double $= 0,360$ de potasse, ou $7,20$ pour 1000 parties d'urine.

Acide phosphorique. — Des cendres de 50 grammes d'urine on a obtenu $0,035$ de pyrophosphate de magnésie provenant de la calcination du phosphate ammoniacomagnésien : soit, pour 1000 parties d'urine, $0,44$ d'acide phosphorique ([1]).

Acide sulfurique. — $60^{gr},45$ d'urine incinérés ont donné $0,180$ de sulfate de baryte $= 0,062$ d'acide sulfurique ; pour 1000 parties d'urine, $1,02$.

Chlorure de sodium. — $144^{gr},08$ d'urine ont produit $0,138$ de chlorure d'argent fondu. Le chlore paraît uni au sodium, du moins en partie, car on retire des cendres de l'urine des cristaux de sel marin ; il y aurait alors dans 1000 parties d'urine $0,39$ de chlorure de sodium.

Si l'on verse dans l'urine de porc alcaline une dissolution concentrée d'un sel de chaux, il y a effervescence, en même temps qu'un précipité de carbonate calcaire ; c'est là un caractère des bicarbonates alcalins.

$159^{gr},55$ d'urine traités par l'eau de chaux, à l'abri de l'air, ont laissé déposer $2^{gr},337$ de carbonate.

Ce serait, pour 1000 grammes d'urine, carbonate de chaux. . . . . $14^{gr},65$

Retranchant $0^{gr},87$ de carbonate de magnésie et $0^{gr},07$ de silice. . . . . $0,94$

Il reste pour le carbonate de chaux. . . . . $13,71$

([1]) Il est vraisemblable que l'urine de porc contient une faible quantité

Dans 1000 grammes d'urine, on aurait dosé 6^{gr},03 d'acide carbonique constituant des bicarbonates.

Recherchons à présent la potasse qui devait être unie à l'acide carbonique.

On a vu que 50 grammes d'urine ont donné, par l'incinération, 0^{gr},625 de sels alcalins, pour 1000... 12^{gr},50

Dans ces sels, il devait y avoir :

	gr
Magnésie	0,42
Silice	0,07
SO³.. 1^{gr},02 + KO.. 1^{gr},20 = SO³KaO...	2,22
PO⁵.. 0^{gr},44 + 2KO. 0^{gr},58 = PO⁵2KaO.	1,02
Cl Na	0,39
	4,12

En retranchant ce nombre des 12^{gr},50 de sels alcalins. il reste 8^{gr},38, que l'on peut considérer comme du carbonate de potasse équivalent à 5^{gr},71 de potasse KaO, exigeant 5^{gr},34 d'acide carbonique pour former 11^{gr},05 de bicarbonate de potasse.

L'acide carbonique dosé par l'eau de chaux = 6^{gr},03 : c'est un excédant de 0^{gr},69 ; mais l'urine renferme certainement, au moment de l'émission, de l'acide carbonique libre.

	gr
La potasse dosée par le chloroplatinate pesait	7,20
Retranchant la potasse unie à SO³ et à PO⁵	1,78
Il reste	5,42

pour la potasse que l'on aurait dû trouver à l'état de carbonate dans les sels alcalins provenant de l'incinération de l'urine; on en a obtenu 5^{gr},71.

de phosphate ammoniacomagnésien. Pelouze m'a dit avoir analysé des calculs retirés de la vessie du porc, formés de phosphate ammoniacomagnésien. Quelques-uns de ces calculs consistaient en oxalate de chaux.

V.	19

Dans 1000 grammes d'urine de porc, on a dosé :

Bicarbonate de potasse..........	11,05
Urée......	4,90
Carbonate de magnésie.	0,87
Carbonate de chaux......	Traces
Sulfate de potasse.......... ...	2,22
Phosphate de potasse...	1,02
Chlorure de sodium.	0,39
Silice	0,07
Matières fixes...............	20,52
Eau et substances indéterminées..	979,48
	1000,00

Les matières fixes obtenues directement, en évaporant l'urine, pesaient 21^{gr},20.

Je n'ai pas trouvé d'acide hippurique.

La présence du bicarbonate de potasse dans l'urine de porc était indiquée par le dosage de l'acide carbonique ; néanmoins j'ai cru devoir vérifier le fait par une expérience spéciale. L'urine venait d'une truie nourrie avec des pommes de terre et des eaux grasses ; elle était alcaline, faisait effervescence avec les acides et laissait déposer du carbonate de magnésie par l'ébullition. Le sulfate de magnésie n'occasionnait pas de précipité dans l'urine fraîche ; mais, après qu'on l'eut fait bouillir et filtrée, le même sel y faisait naître un dépôt de carbonate de magnésie.

156^{gr},48 d'urine ont donné, par l'eau de chaux, 0,504 de carbonate.

De 156^{gr},48 d'urine on a obtenu, par le chlorure de calcium, 0,250 de carbonate de chaux, c'est-à-dire moitié moins.

Négligeant les très-petites proportions de matières étrangères, on a, dans 1000 parties d'urine :

Par l'eau de chaux : acide carbonique.. .	1,41
Par le chlorure de calcium.	0,70

§ II. — Urine de vache.

La vache mangeait du regain et des pommes de terre. Son urine, recueillie le matin, faisait une très-vive effervescence quand on y versait un acide, et aussitôt elle laissait déposer de nombreux cristaux d'acide hippurique. L'alcalinité de cette urine était des plus prononcées avec les réactifs; cependant sa saveur était plutôt amère qu'alcaline. J'ai trouvé, pour sa densité prise à la température de $12^{\circ},2$, $1,040$.

L'urine de vache a offert plusieurs des propriétés de l'urine de porc, tendant à y faire admettre la présence d'un bicarbonate alcalin; la seule différence, c'est que ces propriétés sont bien plus tranchées dans l'urine de vache, à cause de la plus forte proportion de principes solubles qu'elle contient. Ainsi l'oxalate d'ammoniaque trouble lentement cette urine : une fois qu'elle a bouilli, elle n'est plus troublée par ce réactif; or, pendant l'ébullition, il se dépose du carbonate de magnésie mêlé d'un peu de carbonate de chaux, et en même temps il se dégage de l'acide carbonique.

Quand on verse dans de l'urine fraîchement rendue une solution de chlorure de calcium, on remarque une effervescence très-sensible, due à un dégagement de gaz acide carbonique. C'est précisément ce qui se passe quand on mêle une dissolution d'un sel neutre de chaux à un bicarbonate alcalin. L'urine fraîche de vache traitée par la potasse n'a pas donné de vapeurs ammoniacales.

Carbonate de magnésie et carbonate de chaux. — $119^{gr},15$ d'urine ont laissé déposer, par suite d'une ébullition prolongée, un précipité blanc; chauffé au-dessous du rouge naissant, il a pesé $0,337$; c'étaient de la magnésie et du carbonate de chaux. De la chaux on a formé $0,064$ de sulfate $= 0,065$ de carbonate; la magnésie devint alors $0,273$.

19

1000 parties d'urine contenaient, par conséquent, 4,74 de carbonate de magnésie, et 0,55 de carbonate de chaux.

Acide carbonique uni aux alcalis. — 197^{gr},30 d'urine traités par l'eau de chaux, à l'abri de l'air, ont donné un précipité qui, bien lavé, séché et chauffé au-dessous du rouge, a pesé....................................... 4,081

Dans 197^{gr}, 3 d'urine, on a versé du chlorure de calcium en excès : il y a eu dégagement d'acide carbonique ; on a fait bouillir, puis, après avoir étendu de beaucoup d'eau, on a recueilli et lavé le précipité jusqu'à ce que l'eau de lavage ne fût plus troublée par l'oxalate d'ammoniaque.

Le précipité chauffé au-dessous du rouge a pesé.. 2,170

Rapportant à 1000 grammes d'urine :

I. Le précipité produit par l'eau de chaux eût pesé. 20,684^{gr}

Déduisant le carbonate de chaux préexistant dans l'urine et la magnésie du carbonate de magnésie décomposé par la chaleur.......... 2,806

Il reste pour le carbonate dosant l'acide carbonique....... .... 17,878 = CO². 7,87^{gr}

II. Le précipité produit par le chlorure de calcium eût pesé............................... 11,000

Retranchant........................... 2,806

Il reste pour le carbonate dosant l'acide carbonique............. .... 8,194 = CO². 3,61

Ainsi, par le dosage fait avec l'eau de chaux, 1000 grammes d'urine contiendraient 7^{gr},87 d'acide carbonique ; par le dosage fait avec le chlorure de calcium, 3^{gr},61, à peu près moitié moins. C'est que, dans le premier cas, on a précipité la totalité de l'acide du bicarbonate alcalin, et, dans le second cas, la moitié seulement de l'acide carbonique, l'autre moitié ayant repris l'état gazeux par suite de la double décomposition accomplie entre le sel alcalin et le sel calcaire. Théoriquement, l'acide carbonique dosé par l'eau de chaux devrait peser le double de l'acide carbonique dosé par le chlorure de calcium, c'est-à-dire 7^{gr},22 et non pas 7^{gr},87. Il y a un excédant de 0^{gr},61. Cet excès est dû à ce qu'il y a dans l'urine de l'acide carbonique libre.

Azote. — 3^{gr},105 d'urine, absorbés par de l'oxyde de cuivre et brûlés, ont produit 25^{cc},7 d'azote; température, 19°,2 ; baromètre à zéro, 747^{mm},55, le gaz mesuré sur l'eau.

Dans 1000 parties d'urine, il y avait, d'après cette analyse, 9,35 d'azote.

Acide hippurique, urée. — 987 grammes d'urine, concentrés au bain-marie, ont fourni, par l'addition de l'acide chlorhydrique, 11^{gr},67 d'acide hippurique très-peu coloré et desséché à 110 degrés. Les eaux de lavage renfermaient encore 1,25 de cet acide. Ainsi 1000 parties d'urine ont donné 13,1 d'acide hippurique, contenant 1,05 d'azote. En attribuant à l'urée l'excès d'azote (8,30) indiqué par l'analyse, on aurait dans 1000 parties d'urine de vache 17,77 d'urée.

Sels alcalins, potasse. — 33^{gr},417 d'urine, évaporés et incinérés dans un creuset de platine, ont laissé 1,190 de sels alcalins parfaitement blancs, pour 1000 grammes, 23^{gr},82. Ces sels, changés en chlorure et calcinés de nouveau, ont abandonné, en se dissolvant, 0,06 de magnésie contenant une petite quantité de silice. Par le chlorure de platine, on a eu 3,491 de chlorure double représentant 0,674 de potasse; 20,17 pour 1000 parties d'urine.

Acide phosphorique. — Le carbonate de chaux obtenu en versant du chlorure de calcium dans l'urine ne renfermait pas de phosphate calcaire.

Acide sulfurique. — En dosant cet acide dans 119^{gr},15 d'urine, j'ai recueilli 0,573 de sulfate de baryte = 0,197 d'acide sulfurique; pour 1000 parties, 1,65.

Chlorure de sodium. — De 119^{gr},15 d'urine j'ai pu obtenir 0,443 de chlorure d'argent, équivalant à 0,181 de sel marin; pour 1000 parties, 1,60.

On a dosé dans 1000 grammes d'urine de vache :

Bicarbonate de potasse......	14,55	CO^2...	7,22	KaO..	7,73
Hippurate de potasse..	17.41	Acide.	13,10	KaO..	4,31
Sulfate de potasse...	2,59	SO^3 ..	1.65	KaO..	1,94
Chlorure de sodium........	1,60				
Carbonate de magnésie......	4,74				
Carbonate de chaux........	0,55				
Acide carbonique libre.....	0,61				
Acide phosphorique........	0,00				
Silice................	Traces.				
Potasse....	7,09				
Urée........	7,17				
Eau et matières indéterminées.	933,69				

	1000,00	KaO..	13,98

La potasse dosée par le chlorure de platine... 20,17

Différence........ .... 6.19

Cet alcali excédant est nécessairement combiné à un acide organique, peut-être à l'acide lactique. En suivant un procédé indiqué par Berzélius pour déceler cet acide dans l'urine de l'homme, j'ai retiré de l'urine de porc et de l'urine de vache un sel soluble de chaux ayant les propriétés attribuées aux lactates. Avec 150 grammes d'urine de porc on a préparé 0^{gr},1 de sel de chaux; c'était trop peu pour tenter d'en extraire l'acide lactique, et j'ai eu recours, pour en constater la présence, à un procédé recommandé par Pelouze. Dans la dissolution du sel de chaux, on a versé du nitrate de cuivre, puis un lait de chaux : le précipité a été séparé; dans la liqueur filtrée, on reconnut une quantité très-appréciable d'oxyde de cuivre que la chaux n'avait pas précipitée. Ce serait un des caractères de l'acide lactique que d'empêcher l'entière précipitation de l'oxyde des sels de cuivre par un alcali. J'avais donc admis, sous la responsabilité de Pelouze, en me fondant sur cette réaction, l'acide lactique dans l'urine des herbivores; mais n'étant pas encore parvenu à en extraire cet acide, qui probablement n'est pas le seul capable de s'opposer à la complète décomposition d'un sel de cuivre par un alcali, je ne considère plus comme suffisamment démontrée l'existence des lactates alcalins dans l'urine fraîche des herbivores. De nouvelles recherches sont donc nécessaires; je me borne, par conséquent, à signaler dans l'urine de vache un acide uni aux 7ᵍʳ,09 de potasse restés disponibles (¹).

§ III. — URINE D'UN CHEVAL NOURRI AVEC DU TRÈFLE VERT ET DE L'AVOINE.

Cette urine était très-alcaline. L'urine de cheval laisse déposer, au moment même où elle est rendue, un sédiment calcaire très-abondant, et, comme les derniers jets sont troubles, il est à présumer qu'une partie de ce sédiment est déjà formé dans la vessie.

Le dépôt calcaire a été recueilli et analysé séparément; l'urine qui le surnageait avait une couleur jaune extrèmement pâle; mais, au contact de l'air, elle passait promptement au brun foncé. J'ai trouvé, pour sa densité déterminée à la température de 22 degrés, 1,0373.

Carbonate de chaux et carbonate de magnésie. — 100 grammes d'urine ont laissé, après l'ébullition, une matière blanche qui, chauffée à la lampe, a pesé 0ᵍʳ,59.

Le dépôt rassemblé au fond du vase dans lequel l'urine avait été reçue a été jeté sur un filtre et lavé à grande eau. Après avoir été chauffé à une chaleur qui n'atteignit pas le rouge, ce sédiment, qui provenait de 2600 grammes d'urine, a pesé 18ᵍʳ,01. Cette matière avait l'aspect et la ténuité de la farine; elle s'est dissoute avec effervescence dans l'acide chlorhydrique faible, sans laisser de résidu. De 1ᵍʳ,87 on a

---

(¹) Je dois faire observer que, pour tirer une conclusion certaine quand on emploie le procédé de Pelouze pour constater la présence de l'acide lactique, il faut, avant tout, s'assurer de l'absence de sels ammoniacaux dans la liqueur soumise à l'essai.

obtenu, au moyen de l'acide sulfurique et de l'alcool, 2,14 de sulfate de chaux, équivalant à 1,577 de carbonate; par différence on a, pour la magnésie renfermée dans 1,87 de matière, 0,293.

Dans 100 parties de sédiment calciné à une température suffisante pour chasser l'acide carbonique du carbonate de magnésie, il entre, d'après cette analyse :

$$
\begin{array}{lr}
\text{Carbonate de chaux} \ldots \ldots & 84,33 \\
\text{Magnésie} \ldots \ldots \ldots \ldots & 15,67 \\
\hline
& 100,00
\end{array}
$$

Le sédiment recueilli et celui qu'on aurait obtenu si l'on eût fait bouillir les 2600 grammes d'urine auraient pesé, après une calcination convenable, 33^{gr},35, dans lesquels il y aurait eu 5,226 de magnésie, équivalant à 10,82 de carbonate et 28,124 de carbonate de chaux. Ainsi, dans 1000 parties d'urine, il entrait 10,82 de carbonate de chaux et 4,16 de carbonate de magnésie.

Acide carbonique uni à l'alcali. — 200 grammes d'urine ont donné, par l'eau de chaux, un précipité qui, chauffé à la lampe, a pesé 4^{gr},61.

200 grammes d'urine, traités par le chlorure de calcium avec les précautions déjà indiquées, ont donné un précipité du poids de 2^{gr},876.

Mais, comme 200 grammes d'urine laissent déposer, par l'ébullition, un précipité de carbonate de chaux et de magnésie qui pèse 1,18, et que l'on doit retrancher des nombres obtenus ci-dessus, il reste alors, pour les précipités formés :

A. Par l'eau de chaux : carbonate de chaux. 3,437 Acide carboniq. 1,500
B. Par le chlorure : carbonate de chaux.. 1,696 Acide carboniq. 0,746

Pour 1000 parties d'urine :

$$
\begin{array}{lr}
\text{D'après A : acide carbonique} \ldots \ldots & 7,50 \\
\text{» \quad B : \qquad »} \qquad \ldots \ldots & 3,73
\end{array}
$$

Azote. — 2^{gr},007 d'urine, imbibés dans de l'oxyde de cuivre, ont produit, par la combustion, 25^{cc},5 d'azote, à la température de 14°,5, baromètre à zéro, 744^{mm},63.

1000 parties d'urine contiendraient, suivant cette détermination, 14,41 d'azote.

Acide hippurique, urée. — 1037 grammes d'urine, concentrés par l'évaporation et traités par l'acide chlorhydrique, ont donné 3^{gr},90 d'acide hippurique. Ainsi 1000 parties de l'urine examinée contenaient 3,76 d'acide hippurique renfermant 0,30 d'azote. Il resterait donc dans l'urine, en supposant qu'elle ne contînt pas d'autres principes azotés que de l'acide hippurique et de l'urée, 14,11 d'azote, qui appartiendraient à cette dernière substance. Il y aurait eu alors, dans 1000 parties d'urine de cheval, 30,21 d'urée.

Sels alcalins, potasse. — 19^{gr},71 d'urine ont laissé 0,524 de cendres alcalines, qu'on a transformées en chlorure. Après la dissolution, il est resté un léger résidu, dans lequel on a trouvé 0,02 de silice. Les chlorures alcalins, avec lesquels se trouvait une très-petite quantité de sulfate de potasse, pesaient 0,542; on a produit 1,38 de chlorure double, répondant à 0,266 de potasse; pour 1000 parties d'urine, 13,50.

Acide phosphorique. — Le précipité, par le chlorure de calcium, ne renfermait pas de phosphate.

Acide sulfurique. — De 200 grammes d'urine, j'ai obtenu 0^{gr},315 de sulfate de baryte.

Chlorure de sodium. — De 50 grammes d'urine, j'ai formé 0,037 de chlorure d'argent, équivalant à 0,015 de sel marin; pour 1000 parties, 0,74.

Soude. — Cette faible proportion de chlorure de sodium m'a fait rechercher la soude, recherche que j'ai négligée dans les analyses précédentes. Les chlorures provenant de l'action de l'acide chlorhydrique sur la cendre alcaline de 19^{gr},71 d'urine pesaient 0^{gr},542. Le chlorure de potassium, le sulfate de potasse et le chlorure de sodium

déjà dosé qui s'y trouvaient mélangés devaient peser o,459.
Il reste, par conséquent, o,083 pour le chlorure de sodium
dosant o,044 de soude ; pour 1000 parties d'urine, 2,23.

Le mode d'essai de Pelouze indiquerait la présence de
l'acide lactique dans l'urine de cheval ; mais il ne convient
pas, je crois, de doser par différence une substance qu'on
n'a pas aperçue.

Les acides dosés demandent, pour constituer des sels de
potasse :

o,54 d'acide sulfurique : potasse. o,64
3,76 d'acide hippurique : potasse.   1,24
7,46 d'acide carbonique, pour bicarbonate.   7,98
                                                      ⎯⎯⎯⎯
                                                      9,86

Il resterait ainsi $3^{gr},64$ de potasse et 2,23 de soude, qui
sont unis à un acide non déterminé.

On a dosé dans 1000 parties d'urine de cheval :

	gr		gr		gr
Bicarbonate de potasse. . . .	15,44	CO². . . .	7,46	KaO. .	7,98
Hippurate de potasse.	5,00	Acide. .	3,76	KaO. .	1,24
Sulfate de potasse.	1,18	SO³. . .	o,54	KaO. .	o,64
Chlorure de sodium.	o,74				
Carbonate de magnesie. . . .	4,16				
Carbonate de chaux.	10,84				
Acide carbonique libre.	o,08				
Acide phosphorique.	o,00				
Silice.	1,01				
Potasse.	3,90				
Soude.	2,23				
Urée.	30,21				
Eau et matières indéterminées.	925,21				
	1000,00			KaO. .	9,86

La potasse dosée par le chlorure de platine.   13,50

Différence   3,64

Ces $3^{gr},64$ de potasse et les 2,23 de soude sont combinés
à un acide dont la nature n'a pas été déterminée.

§ IV. — URINE D'UNE VACHE NOURRIE AVEC DU TRÈFLE VERT.

Les détails dans lesquels je suis entré me paraissent prouver suffisamment que, dans l'urine des herbivores, l'acide carbonique constitue, avec l'alcali, un bicarbonate; j'ai désiré, néanmoins, apporter encore une nouvelle preuve.

L'urine que j'ai examinée venait d'être rendue par une vache nourrie avec du trèfle en fleur; cette urine était d'une limpidité parfaite, à peine colorée en jaune à l'instant de l'émission. A la température de 16 degrés, elle a pesé, spécifiquement, 1,0268; ses propriétés alcalines étaient prononcées; l'acide chlorhydrique y produisait une forte effervescence, et, après quelques instants, il apparaissait des cristaux d'acide hippurique, mais en moins grande quantité qu'il ne s'en était déposé dans l'urine de la vache nourrie avec du foin et des pommes de terre.

308 grammes de cette urine, traités par l'eau de chaux, ont formé un précipité qui, après calcination au-dessous du rouge, a pesé 2,60.

308 grammes de la même urine ont été introduits dans un ballon d'une capacité de 2 litres. Du col du ballon partait un tube aboutissant à un grand flacon à goulot étroit, rempli d'eau de chaux. On a chauffé le ballon; à mesure que la température s'élevait, on voyait se former et s'étendre à la surface de l'urine une pellicule irisée de carbonate terreux; il se dégageait quelques bulles de gaz, et c'est à partir de cette époque qu'on aperçut un trouble sensible dans l'eau de chaux. Ce trouble augmenta de plus en plus; mais c'est au moment qui précéda l'entrée en ébullition qu'il y eut un dégagement tumultueux d'acide carbonique. Le gaz continua à passer encore pendant longtemps; on ôta le feu quand on jugea qu'il ne passait plus que de la vapeur d'eau.

L'urine, qui était limpide lorsqu'elle fut mise dans le ballon, est devenue laiteuse par suite de l'ébullition, à cause des carbonates terreux qu'elle tenait en suspension. Le carbonate formé dans l'eau de chaux, par le courant de gaz acide carbonique, a pesé 1,29.

Cette expérience n'avait pas pour objet un dosage exact ; mais elle fait voir clairement que l'acide carbonique, dégagé de l'urine par l'ébullition, est à très-peu près la moitié de l'acide dosé directement et en totalité. L'urine de vache s'est donc comportée, dans cette circonstance, comme l'eût fait la dissolution d'un bicarbonate.

La propriété que possède l'urine de vache de perdre sa limpidité par l'ébullition ou par une exposition prolongée à l'air, en laissant déposer, dans les deux cas, des carbonates terreux, indique que cette urine doit contenir de l'acide carbonique libre. Je tenais à constater ce fait.

J'ai mis, dans un flacon tubulé, de l'urine de vache ; le tube du flacon plongeait dans un vase contenant de l'eau de baryte non saturée. L'urine était recouverte, dans une expérience, d'une couche d'huile de 2 centimètres d'épaisseur, pour s'opposer à la formation des écumes : j'ai trouvé ensuite que cette précaution était inutile. L'appareil a été placé sous la cloche d'une machine pneumatique ; à mesure que la pression diminuait sous la cloche, on voyait des bulles de gaz sortir de l'urine ; il ne s'est pas élevé d'écume, et bientôt l'eau de baryte a été fortement troublée. Pendant longtemps, cependant, l'urine a conservé sa transparence, et ce n'a été qu'après avoir passé quelques heures dans le vide qu'elle a commencé à se troubler.

La présence de l'acide carbonique libre dans l'urine des herbivores implique nécessairement celle des bicarbonates alcalins ; car il ne saurait exister à la fois, dans le même liquide, de l'acide carbonique en liberté et du sous-carbonate de potasse ou de soude.

Écume formée pendant l'ébullition de l'urine des her-

bivores. — Je n'ai point rencontré, dans cette urine, la matière albumineuse, coagulable, signalée par divers chimistes. Il est vrai que, en chauffant l'urine dans une bassine, on voit se former, un peu avant l'ébullition, une écume quelquefois abondante et assez cohérente pour qu'on puisse l'enlever avec une écumoire ; mais cette écume, lavée à l'eau froide, ne contient qu'une trace insignifiante de matière organique ; elle m'a paru entièrement formée de carbonate de chaux et de carbonate de magnésie.

Matière colorante. — J'ai insisté, à plusieurs reprises, sur la faible coloration de l'urine fraîche. En effet, toutes ces urines, d'un jaune extrêmement pâle quand elles viennent d'être émises, se foncent en couleur par leur exposition à l'air. C'est là, à n'en pas douter, une véritable oxydation. Si l'on répand, par exemple, quelques gouttes d'urine fraîche de cheval sur une assiette de porcelaine, les gouttes semblent incolores ; mais en peu de temps, il suffit d'une demi-heure, elles prennent une teinte lie de vin très-prononcée.

Quand on remplit avec de l'urine de vache, à peine colorée, un vase de verre étroit et profond, on voit, en quelques jours, la coloration se propager graduellement depuis la surface jusqu'au fond du liquide.

Dans un flacon hermétiquement fermé et plein d'urine, la coloration n'a plus lieu.

Huile rousse. — Plusieurs auteurs ont signalé, dans l'urine de la plupart des animaux herbivores, une huile rousse, à laquelle seraient dues la couleur et l'odeur de cette urine. Je viens de montrer que l'urine fraîche ne contient pas de matière colorante rouge, et que cette matière est un produit d'oxydation. Quant à l'huile elle-même, j'ai fait de vains efforts pour l'obtenir. On prétend que cette huile peut être obtenue par voie de distillation. J'ai distillé, dans une seule opération, 100 litres d'urine de cheval, et je n'ai pas vu passer une trace d'huile ; l'eau con-

densée était incolore et limpide ; elle avait l'odeur particulière à l'urine de cheval.

Dans une autre occasion, j'ai concentré 5o litres d'urine
de vache, et, après en avoir séparé l'acide hippurique par
l'addition d'un excès d'acide chlorhydrique, j'ai distillé,
en me servant d'une grande cornue de verre ; la distillation
a été poussée jusqu'à ce que les sels commençassent à se
déposer. L'eau recueillie avait au plus haut degré l'odeur
propre à l'urine des herbivores. La présence de l'acide
chlorhydrique dans les produits de la distillation a fait
naître quelques difficultés pour la purification du principe
odorant ; mais, d'après quelques essais encore trop impar-
faits, je soupçonne que la matière odorante est un acide
volatil. Enfin la substance colorante de l'extrait d'urine ne
se dissout pas dans l'éther ; ce qui arriverait probablement
si l'huile rousse avait quelque connexion avec les huiles
fixes ou les huiles volatiles. La seule manière d'obtenir
quelque chose qui ressemble à l'huile rousse consiste à
distiller l'extrait d'urine jusqu'à siccité ; mais, par ce
moyen, il passe un produit pyrogéné analogue, sinon identique, avec la matière huileuse qui apparaît quand on décompose les hippurates alcalins par le feu.

SUR LA

RUPTURE DE LA PELLICULE DES FRUITS

EXPOSÉS A UNE PLUIE CONTINUE.

ENDOSMOSE DES FEUILLES ET DES RACINES.

Par M. Joseph BOUSSINGAULT.

Les fruits à minces pellicules, mûrs ou près de la maturité, se fendillent à la surface lorsqu'ils restent exposés
à une pluie persistante ; leur conservation devient alors
impossible, et le seul moyen d'en tirer parti quand on ne
les consomme pas immédiatement, c'est de leur faire subir
la fermentation alcoolique.

Les cerises, les prunes, les abricots, certaines variétés
de raisins sont particulièrement sujets à cet accident. La
rupture de la pellicule, dans la circonstance que je viens
de rappeler, est certainement due à une augmentation de
volume résultant d'une accumulation d'eau dans les cellules ; le tissu épidermique, n'étant pas suffisamment élastique, cède, se déchire sur les points où il offre le moins de
résistance ; mais à quoi faut-il attribuer cette accumulation ? Serait-ce à ce que l'eau apportée par la séve n'est
plus évaporée ? ce qui impliquerait que l'ascension des
liquides dans l'organisme d'une plante persiste, malgré les
conditions les plus défavorables à l'évaporation : or Hales
a montré que la transpiration accomplie à la surface des
feuilles est une des principales causes du mouvement de la
séve : aussi ce mouvement cesse-t-il durant la nuit ou
par un temps pluvieux, l'absorption par les racines
étant alors suspendue. On ne saurait donc admettre que
l'eau accumulée provienne de la séve, et il y a tout lieu
de croire que, dans un fruit exposé à la pluie, elle pénètre

en traversant la pellicule par endosmose. C'est ce que semblent établir les expériences dont je vais présenter les résultats.

1. Le 1er juillet, à 7 heures du soir, on suspendit dans l'eau une cerise noire. Douze heures après, deux fissures apparurent sur la pellicule. Le fruit a été pesé après avoir été essuyé.

Cerise avant l'immersion. . 6,105 (gr)

» après l'immersion. . 6,192

Eau entrée en douze heures. . 0,087 Par heure 0^{gr},007

Un accroissement de volume occasionné par l'introduction de 0^{cc},1 d'eau a déterminé la rupture de la pellicule.

2. Le 2 juillet, à 11 heures du matin, une cerise rose pâle (bigarreau) fut suspendue dans l'eau.

A 2 heures de l'après-midi, la cerise n'était pas entamée : néanmoins on reconnut la présence du sucre réducteur dans l'eau d'immersion. A 6 heures du soir, il y avait deux légères fissures.

Cerise avant l'immersion. . 9,537 (gr)

» après l'immersion. . 9,635

Eau entrée en sept heures. . . . 0,098 Par heure 0^{gr},014

Une augmentation de $\frac{1}{10}$ de centimètre cube avait fait rompre la pellicule.

La cerise fut remise dans l'eau ; treize heures après, les déchirures étaient devenues des crevasses de 2 à 3 millimètres d'ouverture.

Après la première immersion, la cerise avait pesé. . . . . 9,635 (gr)

Après la seconde immersion. . . 10,000

Eau introduite en treize heures. . 0,365 Par heure 0^{gr},028

Entre la deuxième et la troisième pesée, il a pénétré dans le même temps beaucoup plus d'eau dans le fruit qu'entre la première et la deuxième. Cela a tenu à ce que, par suite de la rupture de la pellicule, le liquide s'est trouvé en contact direct avec les cellules de la pulpe. Dans cette condition, il n'est pas rare de voir, après une pluie continue, les fruits présenter des crevasses assez larges, assez profondes pour que le noyau soit mis à nu.

3. Pour déterminer la nature du sucre sortant par endosmose des fruits immergés, on recouvrit d'eau 1 kilogramme de cerises noires. Vingt-quatre heures après, quelques cerises avaient leurs pellicules rompues. L'eau d'immersion fut évaporée, jusqu'à ce que 100 centimètres cubes renfermassent 6 à 7 grammes de matière sucrée. Le liquide ainsi concentré réduisait la solution cupropotassique. Le pouvoir rotatoire dextrogyre du sucre dissous a été trouvé notablement inférieur à celui du sucre interverti.

4. *Mirtyles.* — Les baies de ce fruit sont très-consistantes ; aussi résistent-elles à l'action de la pluie. Après une immersion prolongée pendant quarante-huit heures, on ne remarqua pas de rupture. L'eau était colorée en bleu ; il ne s'y trouvait pas de sucre interversible. La dissolution de la matière sucrée réductrice obtenue par endosmose déviait fortement vers la gauche le rayon de lumière polarisée.

5. *Prunes de mirabelles.* — Une prune pesant $13^{gr}, 015$, d'une surface de 24 centimètres carrés, a été suspendue dans l'eau. Cinq heures après, la pellicule était rompue sur plusieurs points. Avant la rupture, on avait reconnu la présence du sucre dans l'eau d'immersion.

Avant l'immersion, la prune
pesait. . . . . $13,015^{gr}$

Après l'immersion. . . . . $13,310$

Eau introduite en cinq heures. $0,295$ Par heure $0^{gr},059$

Par heure et par centimètre carré. . . . . $0^{gr},0025$.

Une augmentation de $\frac{3}{10}$ de centimètre cube dans le volume du fruit avait fait rompre la pellicule.

V.   20

6. *Prunes noires.* — Une prune du poids de $41^{gr},80$, dont la surface était de $46^{cq},3$, a présenté plusieurs fissures, après être restée dans l'eau pendant vingt-quatre heures. Avant la rupture de la pellicule, l'eau renfermait du sucre.

Poids avant l'immersion... $41^{gr},80$
Après l'immersion. . . . . . . $45,35$

Eau entrée en vingt-quatre heures $\quad 3,55$ Par heure $\quad 0^{gr},148$

Par heure et par centimètre carré. . . . . $0^{gr},0032$.

La rupture a lieu par un accroissement de $3^{cc},5$ dans le volume du fruit.

7. *Poire.* — Une poire a été tenue en suspension dans l'eau; trois jours après, il y eut apparition de sucre. La rupture de la pellicule n'eut pas lieu avant le douzième jour :

Avant l'immersion, la poire pesait $\quad 58^{gr},49 \quad$ Surface $\quad 71^{cq},7$
Après l'immersion. . . . . $61,50$

Eau entrée en douze jours. . . $\quad 3,01 \quad$ Par jour $\quad 0^{gr},251$

Par jour et par centimètre carré. . . . . $0^{gr},0035$.

L'eau n'a pénétré dans le fruit qu'avec une extrême lenteur. La rupture a eu lieu lorsque le volume eut augmenté de 3 centimètres cubes.

8. *Raisin.* — Deux grains de la variété dite tokai, pesant ensemble $7^{gr},66$, ayant une surface de $5^{cq},10$, ont été plongés dans l'eau. La pellicule de l'un des grains se rompit le cinquième jour. Avant cette rupture l'eau contenait du sucre réducteur.

Avant l'immersion les grains pesaient. $\quad 7^{gr},66$
Après l'immersion. . . . . $8,07$

Eau introduite en cinq jours. $\quad 0,41 \quad$ Par jour $0^{gr},082$

Par jour et par centimètre carré. . . . . $0^{gr},016$

La rupture a été déterminée par $\frac{2}{10}$ de centimètre cube d'accroissement dans le volume du grain de raisin.

Plusieurs grappes de raisin ont été mises dans de l'eau. Le jour suivant, avant qu'il y ait eu rupture, l'eau d'immersion a été concentrée. Le liquide renfermait du sucre réducteur ayant un pouvoir rotatoire de — 28°,5 à la température de 15 degrés ; c'est, à très-peu près, le pouvoir rotatoire du sucre interverti.

De ces expériences il paraît résulter que la rupture de la pellicule des fruits sucrés pendant une pluie continue est la conséquence d'un accroissement de volume occasionné par une introduction d'eau. Il en ressort, en outre, que, par endosmose, le fruit cède à l'eau dont il est entouré une partie de sa matière sucrée. La pellicule qui le recouvre agit alors comme une membrane interposée entre deux liquides miscibles et de différente nature.

FEUILLES.

Les feuilles exposées à la pluie n'éprouvent pas l'effet que l'on remarque sur la plupart des fruits : leur épiderme reste intact ; elles ne sont cependant pas imperméables : leur parenchyme est accessible à l'air, et elles laissent passer la vapeur aqueuse pendant leur transpiration. Il est vrai que les feuilles se mouillent difficilement, surtout si elles sont rigides et si leur face supérieure est enduite d'un vernis en quelque sorte hydrofuge. On en jugera par une observation faite sur une feuille de laurier-cerise :

I. La feuille pesait...	$3^{gr},27$ Surface 133^{cq}	
Après douze heures d'immersion.	$3,30$	
Eau absorbée.....	$0,03$ Par heure $0^{gr},0025$	
Par heure et par centimètre carré.	$0^{gr},00002$	

Pour les feuilles moins rigides, la perméabilité est beaucoup plus prononcée.

II. *Chou.* — La feuille de cette plante contient du sucre réducteur ; on n'y a pas trouvé de sucre interversible.

Une feuille d'un vert pâle a été immergée ; trois jours après, l'eau ne réduisait pas encore la liqueur cupropotassique. La réduction eut lieu le quatrième jour, alors que la feuille était complétement mouillée ; l'air adhérent qui s'opposait d'abord au contact avec l'eau ayant disparu, l'eau d'immersion contint bientôt une quantité assez forte de sucre réducteur.

III. *Agave americana.* — L'agave renferme une forte proportion de sucre de canne mêlé à un sucre réducteur.

Un fragment de feuille pesant 30 grammes a été suspendu dans l'eau, la section étant maintenue hors du liquide ; deux jours après, on trouva du sucre interversible dans l'eau d'immersion, mais pas de sucre réducteur.

IV. Des feuilles de *Boussingaultia* furent plongées dans l'eau ; quarante-huit heures après, elles étaient mouillées sur toute leur surface. Il y avait du sucre interversible dans l'eau d'immersion sans traces de sucre réducteur. On s'était assuré que les deux sucres existaient dans les feuilles. Il est possible que, durant l'immersion des feuilles, il y ait eu à la fois endosmose et dialyse, puisqu'on n'a pas retrouvé dans l'eau les deux sucres préexistants.

RACINES.

Il restait à examiner si l'épiderme des racines se comporterait comme la pellicule des fruits, comme le tissu enveloppant les feuilles ; si, en absorbant l'eau par imbibition, les organes souterrains d'une plante céderaient au liquide placé en dehors de l'organisme une partie des matières sucrées qui pourraient s'y rencontrer.

I. Un navet privé de feuilles, pesant 400 grammes, fut tenu en suspension dans l'eau. A partir du jour qui suivit l'immersion on rechercha le sucre. Le huitième jour l'eau

n'en renfermait pas la moindre trace. La température était
de 11 degrés.

Une betterave du poids de 1075 grammes a été submergée jusqu'au collet, lorsqu'on venait de l'arracher au sol ;
de temps à autre on recherchait le sucre dans l'eau ; après
dix jours d'immersion, la betterave n'avait pas cédé de
sucre à ce liquide, quoiqu'elle dût en contenir à peu près
100 grammes. Le thermomètre a indiqué de 9 à 11 degrés (¹).

Sans doute une racine privée de feuilles n'est pas dans
une condition favorable à l'absorption ; néanmoins l'endosmose pouvait avoir lieu ainsi qu'il arrive lorsqu'une
dissolution de sucre est séparée de l'eau par une membrane.
Des expériences instituées au Conservatoire des Arts et
Métiers ont d'ailleurs démontré que la non-diffusion du
sucre de la betterave, du navet dans l'eau ambiante, ne
tient pas, comme on aurait pu le croire, à l'épaisseur, à
une texture passablement ligneuse, mais probablement à
une constitution de l'épiderme dont les racines sont enve-
loppées.

Des grains de froment, d'orge, de maïs ont été mis à
germer sur des toiles métalliques placées à une très-courte
distance de la surface de l'eau, de façon que les radicelles pénétrassent dans ce liquide presque aussitôt après
leur apparition. Quand les racines eurent une longueur
de 8 à 10 centimètres, ce qui arriva vingt jours après la
germination, on rechercha les matières sucrées dans l'eau
où elles s'étaient développées. Afin de rendre plus perceptible l'indication des réactifs, cette eau avait été réduite,

_____

(¹) Dans une séance de la Société d'agriculture de France, M. Muret a
présenté des betteraves qui étaient restées sous l'eau pendant un mois, lors
des grandes crues de la Seine ; il a ajouté qu'elles sont dans un parfait
état de conservation. M. Peligot a d'ailleurs constaté par l'analyse que la
teneur en sucre de ces racines n'a pas diminué malgré cette submersion.

par évaporation, au $\frac{1}{10}$ de son volume initial. Dans aucun cas on ne réussit à y constater la présence du sucre, soit avant, soit après avoir interverti. Cependant toutes ces racines renfermaient de notables quantités de matières saccharines ; leur saveur était fortement sucrée. Les racines du froment broyées avec de l'eau fournirent une solution réduisant énergiquement la liqueur cupropotassique. Dans $1^{gr},4$ de racines de maïs prises à l'état où on les retira de l'eau, on dosa $0^{gr},1$ de sucre, environ 7 pour 100.

Durant cette végétation naissante des céréales, il s'est formé des feuilles d'une longueur de 8 à 10 centimètres. Par conséquent il y a eu absorption de la part des racines, déterminée par la transpiration des parties vertes.

Or, pendant ce mouvement ascensionnel de l'eau extérieure vers la plante, des matières saccharines n'ont pas été exclues, il n'y a pas eu d'endosmose. Les racines délicates, transparentes, à nombreuses radicelles, des céréales se sont comportées exactement comme la betterave, le navet à épiderme épais ; l'eau les a pénétrées par imbibition des parois cellulaires sans qu'il y eût diffusion du sucre des cellules dans l'eau d'immersion.

SUR LA

NITRIFICATION DE LA TERRE VÉGÉTALE.

Dans un Mémoire communiqué à l'Académie, il y a quelques années, je me suis attaché à faire ressortir l'analogie que présente un sol arable fumé, amendé, ameubli par la charrue, avec une nitrière. Dans les deux cas, on rencontre des matières minérales associées à des détritus organiques.

Les nitrières de l'Algérie, si bien étudiées par le colonel Chabrier, sont des décombres de villages abandonnés, des grottes où, pendant l'hiver, les troupeaux trouvent un abri. Ces matériaux salpêtrés offrent tous ce caractère de renfermer des parcelles d'humus, provenant de substances végétales, de substances animales altérées ou en voie d'altération.

Sous l'équateur, l'importante nitrière de Tacunga, dont j'ai suivi les travaux pendant la guerre de l'indépendance, est une terre dérivant de la désagrégation de roches trachytiques, très-riche en composés humiques, ayant par sa teneur, en principes azotés, en phosphates, en sels calcaires et alcalins, la constitution et la fertilité du terreau.

En Espagne, dans de nombreuses localités, particulièrement dans les environs de Saragosse, on voit des sols, assez féconds pour ne pas exiger de fumier, produisant, à la volonté du cultivateur, soit du salpêtre, soit d'abondantes moissons de froment.

Dans la vallée du Gange, le salpètre de *houssage*, effleuri à la surface d'un limon déposé périodiquement par le fleuve, est ramassé à côté de riches cultures de tabac, d'indigo, de maïs.

Sans doute, l'association d'éléments minéraux et organiques n'est pas la condition unique de la formation des nitrates ; les inépuisables gisements de nitrate de soude au Pérou, comparables, par leur masse, à des gisements de sel marin, ont une tout autre origine. Enfin l'océan aérien est en réalité une immense nitrière, en ce sens que, toutes les fois qu'un éclair apparaît dans son sein, il y a formation de nitrate, de nitrite d'ammoniaque. Cette union directe de l'azote gazeux avec l'oxygène et l'un des éléments de l'eau est un phénomène considérable de la Physique du globe, sur lequel j'ai souvent insisté ; néanmoins je crois devoir reproduire ici les arguments par lesquels j'ai cherché à en démontrer la permanence.

En effet, sans tenir compte de ce qui se passe en dehors des tropiques, en se bornant à considérer la zone terrestre équatoriale, on arrive à cette conclusion que, pendant l'année entière, tous les jours, à tous les instants, l'atmosphère est incessamment sillonnée par des déflagrations électriques, à ce point qu'un observateur placé sous l'équateur, s'il était doué d'un organe assez délicat, y entendrait continuellement le bruit du tonnerre. C'est que, pour un lieu situé dans la région intertropicale, la saison des orages dépend de la position que le Soleil occupe dans l'écliptique ; elle se manifeste deux fois par an, alors que l'astre est dans la proximité du zénith, c'est-à-dire lorsque la déclinaison du Soleil est égale à la latitude et de même dénomination.

C'est donc un phénomène électrique qui donne naissance aux composés nitrés, à l'ammoniaque que l'on trouve dans la pluie, dans la neige, dans la grêle, dans les brouillards, composés éminemment fertilisants amenés sur la terre par ces météores aqueux.

J'ajouterai que pendant la combustion de certains corps dans l'air il y a formation d'acide nitrique.

Dans la terre végétale, dans les matériaux d'une nitrière artificielle, tout tend à faire présumer que l'acide nitrique est surtout développé aux dépens de l'azote des substances organiques. Les salpêtriers ont d'ailleurs reconnu, depuis longtemps, que le sang, l'urine, les détritus des animaux favorisent singulièrement la production du nitre. C'est sur cette donnée pratique que les anciens chimistes basèrent leur opinion sur l'utilité des matières animales introduites dans une nitrière, opinion adoptée par Lavoisier, et que, plus tard, Gay-Lussac défendit, lorsqu'elle fut attaquée en invoquant des observations inexactes ou tout au moins incomplètes, lorsque l'on voulut nier l'efficacité des substances azotées comme agents nitrifiants, en attribuant à la porosité seule la puissance de créer l'acide nitrique par la condensation des principes constituants de l'atmosphère.

La terre, à tous les degrés de fertilité, depuis le terreau jusqu'à la terre de bruyère, exposée à l'air après avoir été humectée, se nitrifie si elle renferme un élément calcaire ou alcalin; des expériences précises l'ont établi. Néanmoins, de ce que tout sol cultivable contient de l'azote combiné, il ne s'ensuit pas nécessairement que l'azote gazeux de l'atmosphère ne puisse concourir, dans une certaine mesure, à la production des nitrates, et c'est pour rechercher si ce concours a lieu que j'ai entrepris les expériences que je vais décrire.

Dans la terre végétale, le salpêtre apparaît d'abord en quantités assez notables; puis bientôt la nitrification se ralentit, comme s'il fallait que l'exposition à l'air soit prolongée pour que les composés humiques deviennent aptes à se nitrifier. On en jugera par une observation faite avec de la terre d'un potager, prise après une pluie persistante, afin qu'elle ne renfermât que fort peu de nitrates.

Cette terre séchée pesait 10 kilogrammes. Après l'avoir humectée, on en façonna un prisme que l'on plaça à l'air. Tous les quinze jours on fit un dosage.

	Dans 10 kilogrammes de terre; nitrates exprimés en nitrate de potasse.
5 août, mise en expérience............	0,096
17 août........................	0,628
2 septembre......................	1,800
17 septembre.....................	2,160
2 octobre.......................	2,060

A partir du 2 octobre, la formation des nitrates est devenue très-lente, mais elle ne s'est pas arrêtée.

Pour décider si l'azote atmosphérique était intervenu dans l'apparition des nitrates, il aurait fallu connaître rigoureusement combien il entrait d'azote combiné dans les 10 kilogrammes de terre au commencement et à la fin de l'observation; or, pour qui est familier avec les procédés de l'analyse, cela n'était pas possible.

Des dosages faits nécessairement sur peu de matière, sur 20 grammes par exemple, soit sur 60 ou 80 grammes en exécutant trois ou quatre opérations successives, n'auraient pas donné une garantie suffisante d'exactitude, puisque, en concluant de l'azote dosé l'azote appartenant aux 10 kilogrammes de terre végétale, l'erreur d'analyse serait multipliée par 167, par 125. Il y a plus, en supposant que l'on parvînt à éliminer cette source d'erreurs, et que l'on constatât une légère acquisition d'azote par la terre salpêtrée, on ne serait pas encore suffisamment autorisé à admettre définitivement l'intervention de l'azote de l'air, par cette raison que l'azote trouvé en excès pourrait provenir des composés nitrés de l'ammoniaque, des poussières apportées par l'atmosphère, composés qui contribuent probablement à l'amélioration d'un sol laissé en jachère.

Pour résoudre la question que l'on avait en vue, il fallait éliminer, ou tout au moins atténuer les deux causes d'erreurs que je viens de signaler, opérer sur une quantité de terre assez limitée, dont le poids ne différerait pas considérablement de celui de la même terre que l'on soumettrait à l'analyse ; enfermer la terre à nitrifier dans de l'air confiné, à l'abri, par conséquent, des matières dont l'atmosphère libre est ordinairement le véhicule.

Dispositif des expériences.

La terre végétale, pesée sèche, mélangée avec trois fois son poids de sable quartzeux lavé et calciné, humectée avec de l'eau distillée exempte d'ammoniaque, était introduite dans un ballon de verre ayant à peu près une capacité de 100 litres. L'eau avait été ajoutée en quantité bien inférieure à celle qu'il aurait fallu pour porter le mélange au maximum d'imbibition, précaution indispensable, parce que, non-seulement un sol trop humide n'est pas nitrifiable, mais aussi parce que les nitrates préexistants disparaissent quand l'eau d'humectation dépasse une certaine limite, ainsi que je l'ai reconnu dans des recherches sur le chaulage [1].

Le sable avait été employé pour rendre la terre plus perméable.

Dans un des appareils, de la cellulose fut incorporée au mélange pour savoir si, par la combustion lente d'une plus forte proportion de carbone que celle appartenant à la terre, on favoriserait l'oxydation de l'azote.

Les ballons renfermant les mélanges à nitrifier, clos avec des bouchons en caoutchouc, ont été déposés dans un cellier.

---

[1] BOUSSINGAULT, *Agronomie*, t. III, p. 174-176 ; 2e édition.

L'*azote*, avant et après la nitrification, a été dosé par la combustion au moyen de l'oxyde de cuivre; la présence de nitrates dans la terre ne permettait pas de le doser par la chaux sodée : ce procédé eût donné les résultats les plus erronés. Toutes les fois qu'une terre contient de l'acide nitrique, la perte en azote occasionnée par l'emploi de la chaux sodée est très-forte : elle dépasse souvent la moitié du poids de l'azote contenu, de sorte que l'analyse indiquerait moins d'azote dans la terre nitrifiée que dans la même terre prise avant la nitrification, bien que, en réalité, les deux échantillons en continssent des quantités égales.

Le *carbone* des substances organiques, de l'humus, a été pesé à l'état d'acide carbonique obtenu en chauffant la terre au rouge dans un courant de gaz oxygène.

L'*acide nitrique* a été déterminé en faisant usage d'une teinture normale d'indigo ([1]).

La nitrification s'accomplit toujours avec une extrême lenteur. Dans l'observation rapportée précédemment, en six semaines, il y a eu 0^{gr},2 de nitrates formés dans 1 kilogramme de terre végétale; mais ce n'était pas là tout ce que cette terre pouvait produire : une année après, de la même terre, recueillie dans un endroit abrité contre la pluie, on retira 2 à 3 grammes de salpêtre par kilogramme.

Dans les nitrières, la nitrification ne marche pas plus rapidement, bien que des dispositions soient prises pour la favoriser, entre autres celle de remuer la masse à la pelle tous les cinq ou six mois avant le lessivage des terres.

Les expériences, telles qu'elles étaient instituées, ne permettaient pas d'agiter à certains intervalles les mélanges enfermés dans les ballons; pour suppléer à l'agitation, on se décida à laisser la terre à nitrifier en contact avec l'air confiné pendant un temps considérable. Le contact dura

---

([1]) BOUSSINGAULT, *Agronomie*, t. II, p. 244; 2e édition.

onze ans. Les appareils, fermés en 1860, furent ouverts
en 1871.

La terre végétale employée dans les expériences avait
été séchée à l'air et passée au crible : sa couleur, d'un
brun clair, devenait brun foncé par l'addition de l'eau.
C'était une terre légère, riche en humus, d'une constitution homogène.

Dosage de l'azote dans la terre sèche.

I. Terre. 5^{gr} Azote à zéro. Pression. $0,76^m$ $19,0^{cc}$. En poids. $0,02388^{gr}$ [1]
II. » . 5 » » 18,57 » . $0,02334$ [2]

$$\frac{}{10} \qquad \frac{}{0,04722}$$

Rapportant à 100 grammes de terre :

Azote. . . . . $0,4722^{gr}$
Acide nitrique. . . . . . $0,0029 =$ Azote, $0^{gr},00075$ [3]
Carbone de l'humus. $3,663$ [4]

Dans la même terre, on avait trouvé pour 100 grammes :

Chaux. . . . . $1,000^{gr}$
Magnésie. . . . . $0,050$
Potasse. . . . . $0,010$
Ammoniaque toute formée. . . . . $0,020$

---

[1] Gaz, $20^{cc},0$; températ., $9^o,5$; températ. de l'eau, $10^o,5$; pression,
$747^{mm},1$; traces de bioxyde d'azote.

	Gaz.	Tempé-rature.	Température de l'eau.	Pression.	Gaz réduit.
[2]	$19^{cc},5$	$8^o,0$	$8^o,0$	$754^{mm},6$	$18^{cc},81$

Après traitement par le sulfate de fer :

	$18^{cc},9$	$5^o,5$	$5^o,5$	$751^{mm},8$	$18^{cc},33$

AzO² disparu. $0^{cc},48$

$$\frac{0^{cc},48}{2} = 0^{cc},24 + 18^{cc},33 = 18^{cc},57.$$

[3] Dosage par la teinture d'indigo.

[4] $25^{gr},04$ de terre brûlée dans un courant de gaz oxygène, acide carbonique obtenu $0^{gr},274 =$ carbone $0^{gr},073$.

On a, pour 100 grammes de terre mise à nitrifier :

Azote total (¹).................	0,4722
Acide nitrique..................	0,0029
Ammoniaque....................	0,0200
Carbone.......................	3,6630
Chaux.........................	1,0000
Magnésie......................	0,0500
Potasse (²)....................	0,0100

Première expérience. — Dans un ballon de 100 litres de capacité, on a introduit, le 1ᵉʳ août 1860, un mélange de :

Terre végétale.....................	100ᵍʳ
Sable quartzeux.	300
Humecté avec eau..................	56
	456

Au fond du ballon, la matière était disposée en un cône de 5 à 6 centimètres de hauteur. Au moment de la fermeture :

Température de l'air..............	25°
Hauteur barométrique.............	0ᵐ,74

L'appareil a été ouvert le 3 août 1871. Le mélange possédait à un faible degré l'odeur particulière à la terre humide ; sa couleur était d'un brun foncé ; sa consistance assez forte pour que l'on fût obligé d'employer une baguette pour le désagréger. Sur les parois du vase, vers le haut, on

---

(¹) Comprenant l'azote de l'acide nitrique et de l'ammoniaque.

(²) A l'état de silicate ou de carbonate. La terre contenait une notable proportion d'acide phosphorique ; on n'a fait figurer ici que les substances pouvant intervenir dans la nitrification.

apercevait des gouttelettes d'eau qu'il n'a pas été possible
de recueillir.

Le mélange retiré du ballon a pesé. . . . . 440^{gr}
Lors de l'introduction, en 1860, il pesait. . . . 456
Différence. 16

Cette différence doit être, en partie, attribuée à l'eau
adhérente au verre.

Dosages exécutés sur le mélange.

Azote :

		Pression.		En poids.
		^{m}	^{cc}	^{gr}
I. Mélange humide.	20 Gaz à zéro.	0,76	16,9	0,02124 [1]
II. »	20 »	»	15,8	0,01986 [2]
	40			0,04110

Dans 100 grammes du mélange, dosé :

Azote. 0,10275
Acide nitrique. 0,14040
Carbone de l'humus, etc. . . . . 0,69700 [3]

	Gaz.	Tempé-rature.	Température de l'eau.	Pression.	Gaz réduit.
[1]	19^{cc},0	7°,5	6°,0	743^{mm},55	18^{cc},09
Après traitement par le sulfate de fer :					
	16^{cc},8	10°,0	10°,0	742^{mm},14	15^{cc},82
				Az O² disparu.	2^{cc},27

$$\frac{2^{cc},27}{2} = 1^{cc},13 + 15^{cc},82 = 16^{cc},9.$$

	Gaz.	Tempé-rature.	Température de l'eau.	Pression.	Gaz réduit.
[2]	20^{cc},2	6°,0	8°,0	752^{mm},8	19^{cc},59
Après traitement par le sulfate de fer :					
	12^{cc},55	6°,7	7°,0	744^{mm},9	12^{cc},01
				Az O² disparu.	7^{cc},58

$$\frac{7^{cc},58}{2} = 3^{cc},79 + 12^{cc},01 + 15^{cc},75.$$

[3] 10 grammes de terre brûlée dans un courant de gaz oxygène; acide
carbonique 0^{gr},2555 = carbone 0^{gr},0097.

Résumé des dosages.

Dans 100 grammes du mélange de terre et de sable pesant 440 grammes :

I. Azote.. 0,10620   Acide nitrique.. 0,14040
II.   0,09930   Carbone...... 0,69700
Moyenne.. 0,10275

Deuxième expérience. — Le 1er août 1860 ; capacité du ballon, 100 litres ([1]), introduit :

Terre végétale...................... 100gr
Sable quartzeux. 300
Cellulose........................ 5
Humecté avec eau. 56
                                    ———
                                    461

Ballon fermé à la température de..... 25°
Hauteur barométrique. 0m,74

L'appareil a été ouvert le 5 août 1871.

L'odeur constatée, l'aspect et la consistance du mélange étaient les mêmes que dans la première expérience.

De nombreuses gouttelettes d'eau se trouvaient sur la partie supérieure des parois du ballon.

Le mélange extrait a pesé................ 435gr
Lors de l'introduction, en 1860, il pesait.... 461
                                    ———
                        Différence....... 26

Cette différence doit être attribuée, en partie, aux gouttelettes d'eau que l'on n'a pu enlever.

_____

([1]) Dans le jaugeage on n'a pas tenu compte des fractions de litre, le ballon employé dans cette expérience ne contenant pas tout à fait 100 litres.

Dosages exécutés sur le mélange :

		Pression.			En poids.
	gr	m		cc	gr
I. Mélange humide.	20 Gaz à zéro.	0,76		16,51	0,02075 (^{1})
II. »	10 »	»		8,95	0,01125 (^{2})
	30				0,03200

Dans 100 grammes du mélange dosé :

	gr
Azote.	0,10667
Acide nitrique.	0,12920
Carbone de l'humus, etc.	0,77200 . ^{3})

Discussion des erreurs possibles dans le dosage de l'azote.

Dans des opérations faites sans qu'on ait introduit de matière dans les tubes à combustion, l'expulsion de l'air était si complète que le balayage prolongé avec l'acide car-

	Gaz.	Tempé-rature.	Température de l'eau.	Pression.	Gaz réduit.
$^{(1)}$	18^{cc},5	10^0,0	10^0,0	743^{mm},4	17^{cc},46

Après traitement par le sulfate de fer :

	16^{cc},5	10^0,0	10^0,0	743^{mm},8	15^{cc},57
				AzO^3 disparu.	1^{cc},89

$$\frac{1^{cc},89}{2} = 0^{cc},945 + 15^{cc},57 = 16^{cc},51.$$

	Gaz.	Tempé-rature.	Température de l'eau.	Pression.	Gaz réduit.
$^{(2)}$	10^{cc},0	11^0,0	11^0,0	750^{mm},8	9^{cc},50

Après traitement par le sulfate de fer :

	8^{cc},7	7^0,5	8^0,0	754^{mm},1	8^{cc},40
				AzO^2 disparu.	1^{cc},10

$$\frac{1^{cc},1}{2} = 0^{cc},55 + 8^{cc},40 = 8^{cc},95.$$

^{3}) 10 grammes de terre, brûlés dans un courant de gaz oxygène; acide carbonique 0^{gr},283 = carbone 0^{gr},0772.

bonique dégagé du bicarbonate de potasse pur n'a pas fourni plus de $\frac{2}{10}$ à $\frac{3}{10}$ de centimètre cube de gaz non absorbable par la potasse.

En comparant l'azote obtenu par deux dosages exécutés sur une même quantité de matière, on a constaté les différences que voici :

Terre végétale non mélangée. 0,0054gr

Terre mélangée au sable, première expérience. . 0,0038

Terre mélangée au sable, deuxième expérience. . 0,0030

Terre végétale analysée.	10gr	erreur possible sur 100gr de terre. . .	0,0054gr
1re expérience, terre analysée. .	40	» 440 » . . .	0,0152
2e expérience, terre analysée. . .	30	» 435 » . . .	0,0188

Les différences trouvées dans les dosages de la terre mêlée au sable sont notablement plus fortes que pour la terre végétale seule; cela tient très-probablement à ce que les mélanges, si intimes qu'ils soient, ne sont pas aussi homogènes.

Il m'a semblé qu'il convenait de comparer le poids de l'azote contenu dans la terre végétale avant et après la nitrification, sur les quantités réelles de matière soumise au dosage, afin de ne pas multiplier l'erreur des analyses. J'ai réuni cette comparaison dans un tableau.

Première expérience.

Terre retirée du ballon, en 1871. 440gr

Terre végétale sèche contenue. . . . 100   Azote   0gr,1722

Dosage I. Matière. . . . . 20gr   Azote dosé. . 0,02124gr

       Tenant terre. 4,5454   Azote initial. 0,02146

                                  Différence. . — 0,00022

Dosage II. Matière. . . . . 20gr   Azote dosé. . 0,01986gr

       Tenant terre. 4,5454   Azote initial. 0,02146

                                  Différence. . — 0,00160

Deuxième expérience.

Terre retirée du ballon en 1871 : 435 grammes.

Dosage I. Matière. ... 20^{gr} Azote dosé.. 0,02075
Tenant terre. 4,5980 Azote initial. 0,02171

Différence.. — 0,00096

Dosage II. Matière..... 10^{gr} Azote dosé.. 0,01125
Tenant terre. 2,299 Azote initial. 0,01086

Différence.. + 0,00039

Sur quatre dosages, trois accuseraient, en
moyenne, une perte d'azote de........ 0,00093
L'autre indiquerait un gain de........... 0,00039

Si l'on considérait comme fournis par une seule expérience les quatre résultats précédents, on aurait pour les 70 grammes de terre mélangée :

Avant la nitrification, azote. 0,0755
Après la nitrification, azote......... 0,0731

Différence....... 0,0024

Examinons maintenant, en appliquant les moyennes, les changements survenus, non-seulement dans les proportions d'azote, mais aussi dans les proportions d'acide nitrique, de carbone, que la terre contenait lorsqu'elle a été placée, en 1860, dans une atmosphère confinée.

Rappelons d'abord ce que l'on a dosé dans 100 grammes de matière :

	Azote.	Acide nitrique.	Carbone.
Terre végétale non mélangée. ..	0,47220	0,0029	3,663
1re *expérience :* terre mélangée..	0,10275	0,1404	0,697
2e *expérience :* terre mélangée..	0,10667	0,1292	0,772

21.

Première expérience (terre végétale, 100 gr., sable, 300 gr.).

	Azote total.	Acide nitrique.	Azote dans l'acide nitrique.	Carbone.	Acide Az O exprimé en nitrate de potasse.
	gr	gr	gr	gr	gr
En 1860...................	0,4722	0,0029	0,00075	3,663	0,005
En 1871, terre humide 440 gr.	0,4520	0,6178	0,16000	3,067	1,155
Différence............	—0,0202	+0,6149	+0,15925	—0,596	+1,150

Deuxième expérience (terre végétale 100 gr., sable 300 gr.,
cellulose $5^{gr} = C \; 0^{gr},2.222$).

	Azote total.	Acide nitrique.	Azote dans l'acide nitrique.	Carbone.	Acide Az O exprimé en nitrate de potasse.
	gr	gr	gr	gr	gr
En 1860...................	0,4722	0,0029	0,00075	5,885	0,005
En 1871, terre humide, 435 gr.	0,4640	0,5620	0,14570	3,358	1,051
Différence............	—0,0082	+0,5591	+0,14495	—2,527	+1,046

Discussion.

Dans chacune de ces expériences, le 1er août 1860, l'air enfermé dans les ballons, ramené à la température de zéro et à la pression de $0^{gr},76$, occupait un volume de $85^{lit},9$ ([1]), pesant $111^{gr},13$, dans lesquels il entrait, en négligeant l'acide carbonique,

$$\text{Oxygène.......................} \quad 25,67$$
$$\text{Azote. ....} \quad 85,46$$

Première expérience. — La perte totale en azote a été de $0^{gr},020$, les $\frac{4}{100}$ de l'azote initial.

([1]) En tenant compte du volume de la terre.

Il y a eu production de 0^{gr},615 d'acide nitrique, dans lesquels il entrait :

Azote.	0,159
Azote éliminé.	0,020
Azote déplacé.	0,179
L'azote initial étant.	0,472
Azote resté dans la terre nitrifiée.	0,293

Cet azote resté dans le sol appartenait à l'humus et autres matières organiques.

La perte en carbone s'est élevée à 0^{gr},596, les $\frac{16}{100}$ de ce que la terre en contenait avant la nitrification.

A 100 de carbone brûlé par combustion lente répond une formation d'acide nitrique de 103,2.

Deuxième expérience. — L'introduction de 5 grammes de cellulose avait porté à 5^{gr},885 le carbone du mélange de terre et de sable mis à nitrifier ([1]).

La perte totale en azote a été de 0^{gr},008, un peu moins de $\frac{2}{100}$ de l'azote initial.

Il y a eu production de 0^{gr},559 d'acide nitrique renfermant :

Azote.	0,145
Azote éliminé.	0,008
Azote déplacé.	0,153
L'azote initial étant.	0,472
Azote resté dans la terre nitrifiée.	0,319

La perte en carbone a atteint 2^{gr},527, les $\frac{43}{100}$ du carbone préexistant.

A 100 de carbone brûlé par combustion lente répond une formation d'acide nitrique de 22.

([1]) Admettant 2^{gr},222 de carbone dans la cellulose,
3,663 de carbone apporté par 100 gr. de terre végétale.
_____
5,885

Ainsi. contrairement à ma prévision, la combustion du carbone de la matière organique non azotée, de la cellulose ajoutée à la terre, n'aurait pas favorisé la production de l'acide nitrique.

Il reste à examiner si l'oxygène de l'air confiné dans les appareils a suffi pour brûler et le carbone disparu et l'azote constituant de l'acide nitrique.

Prenant la deuxième expérience dans laquelle la terre avait reçu de la cellulose, on trouve que :

	Oxygène.
Les $2^{gr},527$ de carbone manquants ont pu former acide carbonique $9^{gr},26$, tenant.............	$6,74$
Dans les $0,559$ d'acide nitrique produit, il entrait..	$0,41$
Pouvant avoir contribué à la combustion........	$7,15$
Dans l'air confiné, il y avait.................	$25,67$
En 1871, dans l'atmosphère de l'appareil, il devait rester.................................	$18,52$

Dans la première expérience, la terre n'ayant pas reçu de cellulose :

	Oxygène
Le carbone disparu, $0^{gr},596$, a pu produire acide carbonique $1,59$, tenant..................	$0,99$
Dans les $0^{gr},615$ d'acide nitrique formé, il y avait.	$0,43$
Pouvant avoir contribué à la combustion.........	$1,42$
Dans l'air introduit.	$25,67$
Restant..........	$24,25$

On voit que, dans les appareils, l'atmosphère confinée était bien loin d'être épuisée en oxygène après être restée en contact avec la terre végétale pendant un temps considérable.

Troisième expérience. — On s'est proposé de rechercher quel serait le résultat de la nitrification de la terre végétale accomplie dans une atmosphère très-limitée, dont l'oxygène ne suffirait pas pour brûler la totalité de la matière organique.

De la terre du Liebfrauenberg, employée dans les deux premières expériences, et non mélangée à du sable, a été mise dans un flacon de 7 litres de capacité après avoir été humectée.

En 1860, introduit terre............... 100^{gr}

Ajouté eau.............. 16
                                      ———
                                      116

En 1871, la terre retirée a pesé........ 112,5

Différence........ 3,5

Cette terre humide était d'un brun foncé, émettant une faible odeur de moisi.

Dosages exécutés sur la terre végétale retirée en 1871.

Azote.

			Pression.		En poids.
		^{gr}	^{m}	^{cc}	^{gr}
I.	Terre humide.	3,4 Gaz à zéro.	0,76	11,6	0,01457 (¹)
II.| »	3,0	»	»	9,44	0,01186 (²)
III.| »	4,0	»	»	12,33	0,01549 (³)
		10,4				0,04192

	Gaz.	Tempé- rature.	Température de l'eau.	Pression.	Gaz réduit.
(¹)	12^{cc},4	15°,0	15°,0	747^{mm},4	11^{cc},6
(²)	11^{cc},6	9°,0	10°,0	742^{mm},3	10^{cc},96

Après traitement par le sulfate de fer :

	8^{cc},0	9°,1	10°,1	741^{mm},4	7^{cc},93
				Az O² disparu.	3^{cc},03

$$\frac{3^{cc},03}{2} = 1^{cc},51 + 7^{cc},93 = 9^{cc},44.$$

	Gaz.	Tempé- rature.	Température de l'eau.	Pression.	Gaz réduit.
(³)	13^{cc},9	7°,8	7°,8	750^{mm},5	13^{cc},34

Après traitement par le sulfate de fer :

	11^{cc},7	8°,1	8°,1	756^{mm},5	11^{cc},31
				Az O² disparu.	2^{cc},03

$$\frac{2^{cc},03}{2} = 1^{cc},015 + 11^{cc},31 = 12^{cc},33.$$

Dans 100 grammes de terre dosée :

Azote................ 0,40308
Acide nitrique......... 0,2904 $=$ Azote, 0^{gr},0752
Carbone de l'humus, etc. 2,8210 ([1])

Comparant, sur les quantités réelles de matière soumise au dosage, l'azote contenu avant et après la nitrification, on a, l'azote initial de 100 grammes de terre sèche introduite dans le flacon étant 0^{gr},4722 :

I. Terre humide. 3^{gr},4 $=$ terre sèche. 3^{gr},022 tenant azote. 0,01427
Azote dosé. 0,01457

Différence. $+0,00030$

II. Terre humide. 3^{gr},0 $=$ terre sèche. 2^{gr},667 tenant azote. 0,01259
Azote dosé. 0,01186

Différence. $-0,00073$

III. Terre humide. 4^{gr},0 $=$ terre sèche. 3^{gr},555 tenant azote. 0,01679
Azote dosé. 0,01549

Différence. $-0,00130$

Sur 3 dosages. 2 ont donné, en moyenne, une perte d'azote de.. 0,00101^{gr}
» l'autre a donné, un gain...................... 0,00030

En définitive 9^{gr},244 de terre végétale auraient donné :

Avant la nitrification, azote.......... 0,04365^{gr}
Après la nitrification................. 0,04192

Différence........ $-0,00173$

Appliquant la moyenne des dosages à la terre mise en expérience :

	Azote total.	Acide nitrique.	Azote dans l'acide nitrique.	Carbone.	Acide Az O^5 exprimé en nitrate de potasse.
1860, 100 gr. terre sèche.....	0,4722^{gr}	0,0029^{gr}	0,00075^{gr}	3,663^{gr}	0,005^{gr}
1871, terre humide, 112^{gr},5..	0,4534	0,3267	0,08461	3,174	0,611
Différence.............	$-0,0188$	$+0,3238$	$+0,08386$	$-0,489$	$+0,606$

([1]) 2^{gr},272 de terre brûlée; acide carbonique 0^{gr},235 $=$ carbone 0^{gr},064 1.

La perte en azote a été de $0^{gr},019$, près des $\frac{4}{100}$ de l'azote initial. Il y a eu formation d'acide nitrique, $0^{gr},324$, tenant :

Azote..........................	$\overset{gr}{0},084$
Azote éliminé.....................	$0,019$
Azote déplacé........	$0,103$
L'azote initial étant................	$0,472$
Azote resté dans les matières organiques.	$0,369$

La perte en carbone a atteint $0^{gr},489$, les $\frac{13}{100}$ de ce que la terre en renfermait avant la nitrification.

A 100 de carbone brûlé par combustion lente répond une production d'acide nitrique de 66.

Dans cette troisième expérience, le même poids de terre végétale a produit bien moins de salpêtre que dans la première et dans la deuxième, près de la moitié seulement. Une quatrième observation, faite aussi sur 100 grammes de terre, et exactement dans les mêmes conditions, a rendu $0^{gr},626$ de nitrate, exprimés en nitrate de potasse; cette coïncidence prouve que la diminution constatée ne provenait pas d'une circonstance accidentelle; dépendrait-elle de ce que la terre, n'ayant pas été mêlée à du sable, était moins accessible à l'air? Cela n'est pas impossible. Néanmoins je crois plus rationnel d'attribuer la différence à l'insuffisance de l'oxygène. Il est probable que la nitrification aura marché d'abord comme dans les appareils où la terre végétale était en relation avec un beaucoup plus grand volume d'air; puis elle se sera arrêtée quand la totalité de l'oxygène aura été consommée par les éléments combustibles. Le carbone manquant, $0^{gr},489$, a pu prendre $1^{gr},30$ d'oxygène pour constituer de l'acide carbonique; c'est à très-peu près ce que pouvait en contenir l'air du flacon où la terre végétale avait été placée.

Ici se présente une question : en 1871, la nitrification

était-elle achevée? La terre, mise dans les grands ballons, avait-elle rendu en salpêtre tout ce qu'elle pouvait rendre? S'il en a été ainsi, la production du nitre a pu cesser bien avant leur ouverture. La forte quantité de matière humique restée dans le mélange salpêtré ne saurait être invoquée contre cette opinion, puisqu'il est des sols riches en principes carbonés qui donnent peu ou point de nitrates, par exemple les terrains tourbeux; c'est que tous ces principes ne sont pas nitrifiables.

Je crois devoir mentionner une observation qui tendrait à faire croire que, dans l'intervalle compris entre le commencement et la fin des expériences, la terre avait perdu l'aptitude à la nitrification, à une époque qu'il serait d'ailleurs impossible de fixer. Ce qui restait du mélange terreux de la première expérience, après que l'on en eut prélevé les quantités nécessaires pour les dosages, fut renfermé dans un grand vase.

Le 14 juin 1872, dix mois après, on a trouvé :

Dans 15 grammes du mélange, acide nitrique... $0{,}018^{gr}$
En 1871, on en avait dosé, dans 15 grammes. . $0{,}021$

Il n'y avait pas eu accroissement dans la proportion de nitrates.

Il est donc présumable que la nitrification avait été accomplie avant l'expiration des onze années pendant lesquelles la terre était restée confinée en vase clos.

La nitrification pourrait être arrêtée par insuffisance de bases salifiables. Il est évident qu'une terre végétale, alors même qu'elle serait pourvue d'humus nitrifiable, ne produirait pas de nitrates, du moins de nitrates alcalins et terreux, si la chaux, la magnésie, la potasse y manquaient, et que, dans le cas où ces bases ne s'y trouveraient qu'en proportion restreinte, la nitrification serait suspendue aussitôt après leur saturation. Tel n'était pas le cas pour la terre du

Liebfrauenberg; on a vu, en effet, que, dans les 100 grammes de terre placés dans les ballons, il y avait :

	gr		gr		gr
Chaux...	1,00	pouvant fixer acide	1,93	= nitrate	2,93
Magnésie.	0,05	»	0,14	»	0,19
Potasse..	0,01	»	0,015	»	0,025
			2,085	= nitrate	3,145

Il se trouvait par conséquent dans la terre assez de bases pour saturer 2 grammes d'acide nitrique, trois ou quatre fois autant qu'il s'en est développé.

La proportion du salpêtre formé durant un aussi long séjour de la terre végétale dans une atmosphère confinée pourra paraître assez faible, $1^{gr},15$ de nitrate dans 100 grammes de terre, soit $11^{gr},5$ par kilogramme. C'est, après tout, autant et même plus que ce que contiennent les bonnes terres salpêtrées.

Suivant un rapport des anciens régisseurs des poudres, en France, les terres salpêtrées rendraient par kilogramme :

Dans quelques provinces..........	1,2	de nitre.
En Touraine....................	8,5	»
Terres de nitrières artificielles.......	10,0	»
Id. exceptionnellement	30,0	»
Terre d'une bergerie.............	8,4	»

Il résulte de ces recherches que, dans la nitrification de la terre végétale accomplie dans une atmosphère confinée que l'on ne renouvelle pas, dans de l'air stagnant, l'azote gazeux ne paraît pas contribuer à la formation de l'acide nitrique; l'azote dosé, en 1871, dans la terre salpêtrée, ne pesait pas plus, ne pesait même pas tout à fait autant qu'en 1860. Dans la condition où on l'a observée, la nitrification aurait eu lieu aux dépens des substances organiques de l'humus, que l'on rencontre dans tous les sols fertiles.

EXPÉRIENCES STATIQUES

SUR

LA DIGESTION.

Dans le cours de mes recherches sur le développement de la graisse dans les animaux, j'eus occasion de constater que du riz retiré du gésier d'un canard cédait à l'éther notablement plus de matière grasse qu'il n'en renfermait avant d'avoir séjourné dans cet estomac. Cette observation était, au reste, assez peu importante, parce que cet accroissement dans la proportion des principes gras pouvait dépendre de ce que l'amidon avait été absorbé plus rapidement que l'huile, qui se serait en quelque sorte concentrée dans la partie de l'aliment non encore digéré. Cependant, ayant reconnu, depuis, que le chyme sec de l'intestin grêle du même animal contenait près de 5 pour 100 de graisse, bien que le riz digéré n'en présentât que quelques millièmes, je crus devoir examiner ces faits avec attention ; car non-seulement ils indiquaient que les divers principes immédiats sont absorbés par les organes digestifs avec des vitesses fort différentes, mais, de plus, ils étaient de nature à faire supposer que, dans certaines circonstances, la graisse répartie dans les produits de la digestion pouvait bien excéder celle contenue dans la nourriture ; et, dans ce cas, il y avait à rechercher si la matière grasse dérivait de la fécule ou de l'albumine entrant, l'une et l'autre, dans la composition du riz.

Dans les expériences dont je vais présenter les résultats, j'ai eu particulièrement en vue de comparer le poids de la matière alimentaire ingérée au poids de la matière digérée ou en voie de digestion, afin d'en conclure, par différence, celui de la matière assimilée dans l'organisme, ou éliminée par les voies respiratoires. Les conséquences auxquelles je suis arrivé me semblent devoir jeter quelque lumière sur plusieurs points, encore fort obscurs, de la nutrition.

Les observations ont été faites sur des canards. Dans les recherches de ce genre, il y a beaucoup d'avantages à pouvoir ingérer les aliments, afin de ne rien laisser à la volonté de l'animal, chez lequel la répugnance à prendre telle ou telle nourriture n'est pas toujours surmontée par le sentiment de la faim.

La méthode généralement suivie consistait à mettre les canards à la diète pendant trente-six heures, en leur laissant de l'eau à discrétion; alors on les gavait, puis on les plaçait dans une boîte disposée de telle sorte, qu'il devenait facile de recueillir les déjections. Après un certain nombre d'heures, indiqué dans la description de chaque expérience, on tuait l'animal, et l'on retirait des divers organes les matières qui s'y rencontraient. On pesait ces matières avant et après leur dessiccation, et elles étaient ensuite traitées par l'éther; on reprenait par l'eau chaude le résidu laissé par la dissolution éthérée, afin d'enlever les substances solubles : c'est alors seulement qu'on pesait la matière grasse, après l'avoir parfaitement desséchée. Les déjections, toujours très-aqueuses, ont été dosées à l'état sec; lavées et séchées de nouveau, on les traitait par l'éther; quelquefois on a extrait l'acide urique du résidu insoluble dans l'eau.

Pour le but que je m'étais proposé d'atteindre, il devenait indispensable de connaître, afin d'en tenir compte, la matière renfermée dans les intestins au commencement de chaque expérience, alors que l'animal avait passé un jour et demi sans manger. J'ai dû aussi déterminer le poids des déjections émises pendant l'inanition, et doser la graisse contenue dans ces matières. Ces recherches préliminaires ont permis de constater ce fait curieux, qu'un oiseau, en ne prenant que de l'eau, a néanmoins dans ses intestins une

quantité de substance sèche qui ne diffère pas considérablement de celle que l'on trouve lorsque l'animal est abondamment nourri.

Canard tué après trente-six heures d'inanition.

On a trouvé : dans le ventricule succenturié, une très-
petite quantité d'une substance jaune, gluante, acide; dans
le gésier, quelques grains de sable. L'intestin grêle se
trouvait rempli d'une matière tirant au brun, très-homo-
gène, sensiblement acide et ayant la consistance du miel.
Le gros intestin et le cloaque étaient vides à peu près. Les cœcums contenaient une matière peu fluide, d'un vert foncé et
d'une odeur fétide. Les déjections rendues dans les dernières
vingt-quatre heures ont pesé, sèches, $2^{gr}, 74$. On a retiré :

	Humide.	Sec.	Graisse.
	^{gr}	^{gr}	^{gr}
Du ventricule, du gésier et des intestins.	10,82	2,29	0,105
Déjections en vingt-quatre heures.....	»	2,74	0,055
Graisse normale................			0,160

Canard tué après trente-six heures d'inanition.

On a retiré :

	Humide.	Sec.	Graisse.
	^{gr}	^{gr}	
Du ventricule et du gésier.........	1,40	0,30	^{gr} 0,145
Des intestins....................	9,10	2,20	
Des cœcums (matière verte alcaline)...	1,29	0,21	traces.
Déjections en vingt-quatre heures....	»	2,71	
Partie insoluble des déjections $1^{gr},19$	»	»	0,031
Partie soluble des déjections $1^{gr},52$	»	»	»
Graisse normale.................			0,176

De la partie insoluble des déjections, on a extrait $0^{gr},27$
d'acide urique.

TROISIÈME EXPÉRIENCE.

Canard tué après trente-six heures d'inanition.

On a retiré :

	Humide.	Sec.	Graisse.
	gr	gr	gr
Du ventricule, gésier, intestins	10,00	2,10	0,12
Déjections en vingt-quatre heures..	»	2,80	0,05
Graisse normale..................			0,17

QUATRIÈME EXPÉRIENCE.

Canard gavé avec de l'argile.

J'ai recherché, dans cette expérience, si l'ingestion d'une substance non digestive provoquerait une sécrétion intestinale plus chargée de graisse que ne l'a été celle obtenue précédemment.

Un canard, privé de nourriture depuis trente-six heures, a été gavé à deux reprises avec des boulettes d'argile humide. Cinq heures après la première ingestion, l'argile a commencé à être évacuée sous la forme de longs cylindres, accompagnés d'un liquide jaune, acide et très-abondant. On a tué le canard vingt-quatre heures après le commencement de l'expérience. On a retiré :

	Humide.	Sec.	Graisse.
	gr	gr	gr
Du ventricule et du gésier..........	»	»	»
Matières des intestins et des cœcums..	11,45	2,85	0,125
Déjections.......	»	18,40	0,055
Graisse normale..................			0,180

La graisse obtenue dans cette circonstance ne diffère pas, en quantité, de celle extraite dans les trois premières expériences.

En moyenne, la graisse retirée de l'appareil digestif d'un

canard, après trente-six heures d'inanition, est représentée

par. . . . . $0^{gr},17$

La matière sèche intestinale, par. . . . . $2^{gr},36$

Les déjections desséchées, rendues en vingt-

quatre heures, par. . . . . $2^{gr},75$

L'acide urique de ces déjections (une détermi-

nation) par. . . . . $0^{gr},27$

Dans ce qui va suivre, j'admettrai comme constants les nombres exprimant la quantité de graisse et celle de la matière intestinale. Le poids des déjections normales sera corrigé d'après la durée des expériences.

CINQUIÈME EXPÉRIENCE.

Canard gavé avec du riz.

A $7^h 3o^m$ du matin, on a gavé un canard avec 71 grammes de riz cru qu'on avait fait tremper pendant quelque temps. Le soir, à la même heure, on a encore donné 80 grammes de riz. Le lendemain, à $7^h 3o^m$, on a tué l'animal. Dans l'œsophage on a retrouvé du riz parfaitement intact, desséché : il a pesé 21 grammes. Le riz, à l'état où il a été ingéré, renfermait 0,864 de substances sèches et 0,004 de matière huileuse. La totalité du riz sec soumis à la digestion, déduction faite de celui retrouvé dans l'œsophage, a été, par conséquent, de $112^{gr},32$. Dans le ventricule succenturié, l'aliment était encore reconnaissable : chaque grain se trouvait enveloppé d'un liquide visqueux, jaune et à réaction acide; dans le gésier, il y avait une pâte de même couleur, homogène, un peu sèche et légèrement acide. L'intestin grêle était rempli d'une pulpe jaune assez fluide pour couler avec facilité; cette pulpe rougissait le papier de tournesol; elle devenait de moins en moins liquide à mesure qu'elle s'éloignait du point où l'intestin est uni au gésier: le gros intestin ne contenait qu'une petite quantité d'une matière épaisse d'un jaune foncé, presque brune; les cœcums étaient pleins d'une substance verte, épaisse et fétide. Les déjections, très-liquides, légèrement acides, tenaient en dispension de la matière verte des cœcums : c'est à peine si l'on y distinguait de l'acide urique. Des divers organes qui viennent d'être mentionnés, on a retiré :

	Humide.	Sec.	Graisse.
Du ventricule succenturié	3,78	1,70	0,045
Du gésier	8,00	4,42	
De l'intestin grêle	14,25	3,35	0,155
Du gros intestin	0,37	0,15	
Déjections	»	4,94	0,140
		14,56	

Graisse totale, d'un jaune pâle, très-fusible	0,340
Graisse normale à déduire	0,17
Différence	+ 0,17
Le riz digéré renfermait : graisse	0,52
Différence	— 0,35

Ainsi il y a eu 0^{gr},35 de la graisse appartenant à l'aliment qui ont été appropriés par le canard en vingt-quatre heures; soit un peu plus de 1 centigramme par heure.

Assimilation ou combustion respiratoire de l'aliment.

Retiré ou sorti de l'appareil digestif	14,56
Matières intestinales et déjections normales	5,12
Matières retrouvées dans les intestins et les déjections	9,44
Riz sec digéré	112,32
Assimilé ou brûlé en vingt-quatre heures	102,88
Par heure	4,29

V.   22

La composition du riz, privé d'humidité, peut être re-présentée par :

	gr
Amidon ou substances analogues.....	89,20
Albumine........................	8,68
Matière grasse....................	0,46
Ligneux et cellulose...............	1,10
Substances minérales	0,56
	100,00

Dans les 4^{gr},29 d'aliments assimilés par heure, il entre 2^{gr},82 d'amidon et 0^{gr},37 d'albumine, matières qui, réu-nies, renferment à très-peu près 2 grammes de carbone. Examinons maintenant si ces 2 grammes de carbone suf-fisent pour satisfaire aux besoins de la respiration.

Un canard, pesant 1^{kg},30, brûle par jour, en respirant, 22 grammes de carbone (1). Les canards, sujets des expé-riences actuelles, pesaient, en moyenne, 1^{kg},09; on peut donc supposer qu'ils brûlaient, par jour, 18 grammes de carbone; soit, par heure, 0^{gr},75. Or, comme dans l'aliment assimilé dans le même espace de temps il entrait 2 grammes de ce combustible, on voit que la ration de riz satisfaisait amplement aux exigences de la respiration, et qu'on peut la considérer comme très-convenable. C'est, d'ailleurs, ce que l'expérience confirme; car, dans une autre occasion, j'ai nourri parfaitement des canards, qui pesaient 1^{kg},33, avec une ration de riz moins forte. J'ai répété l'expérience dont je viens de donner les résultats, en la faisant durer moins de temps.

SIXIÈME EXPÉRIENCE.

Canard gavé avec du riz.

A 7^{h}30^m du matin, on a commencé à gaver avec du riz trempé; à 4 heures de l'après-midi, on a donné le reste de

---

(1) RIGNAULT et REISET, *Annales de Chimie et de Physique*, 3e série, t. XXVI.

l'aliment : le canard a été tué à 10 heures du soir. Il y avait eu 100 grammes de riz d'ingérés; mais, comme on en a retrouvé 12^{gr},55 dans l'œsophage, le riz digéré se réduit à 87^{gr},55, représentant 75^{gr},56 de substance sèche.

On a retiré :

	Humide.	Sec.	Graisse.
	gr	gr	gr
Du ventricule et du gésier.........	13,83	9,76	0,065
Des intestins..................	23,63	5,41 ⎫	
Des cœcums (matière verte alcaline)..	»	0,27 ⎬	0,280
Déjections.....................	»	2,00	0,085
		17,44	

Graisse totale............	0,43
Graisse normale...........	0,17
Différence..... +	0,26
Dans les 87^{gr},45 de riz ingéré, graisse.....	0,35
Différence..... —	0,09

Assimilation ou combustion de l'aliment.

	gr
Retiré ou sorti de l'appareil digestif...............	17,44
Matières intestinales et déjections normales..........	4,08
Matières retrouvées dans les intestins et les déjections..	13,36
Riz sec digéré.................................	75,56
Assimilé ou brûlé en quinze heures...............	62,20
Par heure.............	4,15

Ces deux résultats sont dans le même sens; il y a eu, à fort peu de chose près, la même quantité de matières introduites dans l'organisme; seulement la graisse qui manque, dans la sixième expérience, pour compléter celle que l'aliment a introduit, est moindre. Il est cependant à présumer que l'absorption de la matière grasse est plus prononcée que ne l'indique l'observation; il ne suffit pas, en effet, de retrouver un peu moins de graisse que n'en contenaient les aliments digérés pour conclure contre sa formation pendant la digestion. Une égalité parfaite me semblerait même une présomption en faveur de la production de la matière grasse, car il est peu naturel de supposer qu'aucune partie de cette matière n'est absorbée, durant le trajet, à travers le tube intestinal. Pour apprécier la quantité de graisse enlevée à la nourriture pendant son passage dans l'appareil digestif, j'ai donné des aliments dans lesquels il entrait une notable proportion de matières grasses.

SEPTIÈME EXPÉRIENCE.

Canard gavé avec du fromage.

Le fromage avait été obtenu en faisant cailler du lait écrémé; fortement exprimé, il contenait 0,358 de substances sèches, y compris 0,074 de beurre. Au nombre de ces substances se trouvait nécessairement du sucre de lait, puisqu'on avait mis à la presse sans lavage préalable.

Depuis $9^h 30^m$ du matin jusqu'à 4 heures de l'après-midi, on a donné à un canard 120 grammes de fromage pressé, équivalant à $42^{gr},96$ de fromage sec. L'animal a été tué à 9 heures du soir; on a retiré de son œsophage des morceaux de fromage qui, après une complète dessiccation, ont pesé $4^{gr},93$. Le ventricule renfermait une pulpe assez grossière; le gésier une pâte liquide, acide. A l'origine de l'intestin grêle, la matière avait la même fluidité, la même acidité, le même aspect que celle trouvée dans le gésier; plus avant, le chyme prenait une teinte verte, tout en conservant sa liquidité et son acidité. Dans le gros intestin, on rencontrait une pâte épaisse verte, à peine acide, et fétide. Durant la dessiccation de la matière extraite des intestins, surtout vers la fin, il s'est développé une odeur de viande rôtie extrêmement intense. J'ai toujours observé cette odeur, même en desséchant la matière provenant des intestins des canards inanitiés. Les déjections étaient très-liquides et chargées d'acide urique. On a retiré :

	Humide.	Sec.	Graisse.
	gr	gr	gr
Du ventricule et du gésier..........	10,73	4,68	0,58
Des intestins....................	15,25	3,25	0,82
Déjections.....................	»	5,00	0,14
		12,93	
Graisse totale..............			1,54
Graisse normale............			0,17
Différence........ +			1,37
Dans les 28gr,03 de fromage sec ingéré : graisse......			7,87
Graisse de l'aliment absorbée en onze heures et demie..			6,50
Par heure...........			0,57

Assimilation ou combustion de l'aliment.

	gr
Retiré ou sorti de l'appareil digestif................	12,93
Matières intestinales et déjections normales..........	3,67
Matières retrouvées dans les intestins et les déjections...	9,26
Fromage sec digéré.............................	38,03
Assimilé ou brûlé en onze heures et demie............	28,77
Par heure........ ...	2,50

Les 2gr,50 de matière alimentaire assimilés peuvent se décomposer, d'après ce qui vient d'être constaté, en 0gr,57 de graisse contenant 0gr,46 de carbone, et en 1gr,03 de caséum en renfermant 1gr,04. C'est donc, par heure, 1gr,5 de carbone qui intervient dans la nutrition. Ce nombre est même un minimum, car l'acide urique excrété contient, à poids égal, moins de carbone que n'en renferme le caséum qui a participé à sa production. Au reste, 1gr,5 de carbone est déjà plus que suffisant pour entretenir la combustion respiratoire. J'ajouterai encore que la graisse assimilée ne porte pas seulement du carbone dans l'organisme : elle y introduit, en outre, de l'hydrogène, contribuant à la pro-

duction de la chaleur animale. Aussi le fromage est-il reconnu pour très-nutritif, et l'on sait tout le parti qu'on en
tire dans la pratique pour provoquer chez les jeunes animaux un développement rapide de chair et de graisse.

Nous venons de reconnaître qu'il y a eu, par heure,
absorption de $0^{gr},57$ de graisse, lorsque cette matière était
unie, pour quelques centièmes, à un corps aussi azoté et
aussi apte à la nutrition que l'est le caséum. Il devenait
intéressant de rechercher la limite de cette absorption en
donnant comme aliment une substance essentiellement
formée de graisse.

HUITIÈME EXPÉRIENCE.

Canard gavé avec du lard.

Le lard fumé qui a servi dans cette expérience contenait,
séparé de la couenne :

Graisse.....................	$96^{gr},3$
Tissu cellulaire.............	1,0
Sel marin.................	1,0
Humidité	1,7
	100,0

A 8 heures du matin, on a commencé à gaver. Le canard a reçu 50 grammes de lard; on l'a tué à 8 heures du
soir, quand on fut assuré que son jabot était vidé. Le gésier
ne renfermait qu'une légère quantité d'une matière jaune
et acide. Les deux intestins étaient remplis par un chyme
assez liquide dans l'intestin grêle, beaucoup plus épais dans
le gros intestin, d'un gris clair, opalin et faiblement acide.
Les cœcums se trouvaient très-distendus par un liquide
vert très-fétide. Les déjections ont été extrêmement abondantes, parce que l'animal avait beaucoup bu : elles étaient
acides et recouvertes d'une couche de graisse figée.

On a retiré :

	Humide.	Sec.	Graisse.
	gr	gr	gr
Du ventricule et du gésier..........	0,40	0,10	0,67
Des intestins....................	16,89	3,09	
Des cœcums.....................	1,00	0,84	0,71
Déjections......................	»	38,47	36,87
		42,50	

Graisse totale.............................	38,25
Graisse normale..	0,17
Différence.................	+38,08
Dans le lard ingéré il y avait : graisse.........	48,15
Graisse absorbée en douze heures..................	10,07
Par heure................	0,84

Assimilation ou combustion de l'aliment.

	gr
Retiré ou sorti de l'appareil digestif................	42,50
Matières intestinales et déjections normales..........	3,85
Matières retrouvées dans les intestins et les déjections..	38,65
Lard sec ingéré................................	49,15
Assimilé ou brûlé en douze heures	10,50
Par heure................	0,88

Il y a eu 0gr,84 de graisse absorbés dans une heure. C'est, à très-peu près, la quantité assimilée dans mes expériences antérieures, lorsque j'ajoutais aux 125 grammes de riz donnés au canard 60 grammes de beurre ; la graisse fixée dans un jour s'est élevée à 19 ou 20 grammes : soit 0gr,81 par heure.

En comparant les matières sèches de l'aliment à celles retirées des intestins, ou sorties avec les déjections, on voit que de la graisse seule a été absorbée. Le lard privé de maigre est évidemment une nourriture insuffisante, non-seulement parce qu'il ne renferme pas assez de principes alimentaires azotés, mais aussi parce que la graisse qu'il fournit à l'organisme y porte à peine la dose de combustible nécessaire à la respiration. Les $0^{gr},88$ de lard assimilé par heure contiennent au plus $0^{gr},7$ de carbone; l'hydrogène qui s'y trouve équivaut à environ $0^{gr},3$ de ce combustible, en tout 1 gramme de carbone, lorsque, dans le même temps, l'animal en brûle $0^{gr},75$.

On trouve, en définitive, que la graisse, quand elle est donnée seule, n'est pas absorbée en proportion plus forte que lorsqu'elle est mêlée à un aliment très-riche en amidon. J'ai dû examiner s'il en serait encore ainsi dans le cas où la matière grasse se trouverait intimement unie à un principe azoté, comme cela a lieu pour la plupart des graines oléagineuses, qui possèdent, au plus haut degré, la faculté de nourrir et d'engraisser les animaux.

NEUVIÈME EXPÉRIENCE.

Canard gavé avec du cacao.

J'ai fait d'inutiles tentatives pour ingérer du lin ou du colza : ces graines pénétraient dans la trachée, et les canards mouraient par suffocation. Je me suis alors décidé à employer des semences de cacao; celles dont je me suis servi renfermaient :

	^{gr}
Beurre extrait par l'éther.	48,4
Légumine et albumine.	20,6
Matières solubles dans l'eau	13,4
Ligneux et cellulose (coques).	9,6
Eau.	8,0
	100,0

Je n'ai pas recherché la théobromine. Après avoir constaté la présence de la légumine et de l'albumine, j'ai dosé ces matières par une détermination d'azote ([1]).

([1]) $1^{gr},072$ de cacao ont donné : azote, 29 centimètres cubes ; température, $10^0,3$; baromètre, 760 millimètres. $1^{gr},250$ de cacao ont cédé à l'éther $0^{gr},605$ de beurre.

A 10 heures du matin, on a commencé à gaver ; le canard a été tué à 10 heures du soir. Dans cet intervalle, on avait ingéré 50 grammes de semence ; dans le jabot, on en a recueilli 4 grammes, pesés après avoir été séchés à l'étuve. Les déjections étaient couleur de chocolat, cylindriques ; la partie liquide fort abondante, car l'animal a bu près de 1 litre d'eau distillée, avait une teinte jaune ; ce liquide n'avait pas la réaction acide.

Le ventricule et le gésier renfermaient une pâte brune assez sèche et acide. Le chyme ne possédait pas une couleur uniforme : sur quelques points il était lactescent ; sur d'autres, particulièrement dans le gros intestin, il ressemblait exactement à du chocolat épais ; sur toute la longueur du tube intestinal, il y avait une très-faible réaction acide. On a retiré :

	Humide.	Sec.	Graisse.
	^{gr}	^{gr}	^{gr}
Du ventricule, gésier et intestins.....	14,00	3,05	1,00
Déjections.......................	»	21,90	11,40
		24,95	
Graisse...........................			12,40
Graisse normale...................			0,17
Différence................			+12,23

46 grammes de cacao, matière sèche 42^{gr},32, contenaient : graisse.......................	22,27
Graisse absorbée en douze heures............. ...	10,04
Par heure................	0,83

Assimilation ou combustion de l'aliment.

Retiré ou sorti de l'appareil digestif................	24^{gr},95
Matières intestinales et déjections normales..........	3,85
Matières retrouvées dans les intestins et les déjections..	21,10
Cacao sec ingéré............................	42,32
Assimilé ou brûlé en douze heures.................	21,22
Par heure................	1,77

0^{gr},83 de beurre de cacao doivent contenir environ 0^{gr},66 de carbone. 1 gramme de légumine, qui complète la quantité de matière alimentaire assimilée ou brûlée dans une heure, en renferme 0^{gr},51; on a donc, pour le carbone introduit par heure dans l'organisme, 1^{gr},17. Comme le cacao est considéré avec raison comme une substance alimentaire au plus haut degré, j'ai fait une seconde expérience pour constater de nouveau l'assimilation de cette matière.

DIXIÈME EXPÉRIENCE.

Canard gavé avec du cacao.

Depuis 7 heures du matin jusqu'à 1 heure de l'après-midi, un canard a reçu 31^{gr},7 de cacao. Après la mort, on a extrait du jabot 8 grammes de semences; il reste alors 23^{gr},7 pour le poids du cacao digéré ou en voie de digestion. On a retiré :

	Humide.	Sec.
	gr	gr
Du ventricule et du gésier....................	6,09	2,89
Des intestins............................	28,20	4,60
Déjections..............................	»	9,90
		17,39
Matières intestinales et déjections normales..........		3,05
Matières retrouvées dans les intestins et les déjections..		14,34
Cacao ingéré, sec.............................		21,80
Assimilé ou brûlé en douze heures.................		7,46
Par heure................		1,24

Ces expériences montrent que la quantité de graisse absorbée dans un temps donné, par la paroi des organes digestifs, est sensiblement la même, quelle que soit la nature d'un aliment surabondamment chargé de principes gras. Ainsi, le cacao renfermant la moitié de son poids de matière butyreuse, le lard, le beurre mêlé au riz ont fourni, par heure, à très-peu près, 8 décigrammes de graisse. C'est à cette quantité que paraît se borner, pour le canard, la faculté absorbante des organes. On voit par là qu'il ne faudrait pas dépasser une certaine limite dans la proportion des matières grasses à introduire pour améliorer une ration destinée à provoquer l'engraissement, puisque, au delà de cette limite, la graisse passerait en pure perte dans les excréments.

L'absorption d'une certaine quantité de substances grasses pendant la nutrition étant un phénomène constant, pour rechercher s'il y a production de graisse durant la digestion, il convient d'expérimenter avec des matières qui en soient totalement privées; car si, après la digestion de semblables matières, la graisse fournie par le chyme ou par les déjections n'excède pas celle que nous savons exister dans les mêmes circonstances quand l'animal ne reçoit aucune nourriture, on aura, sinon une preuve, du moins de très-fortes raisons pour admettre qu'il n'y a pas eu développement de principes gras dans l'appareil digestif; en effet, comme je l'ai déjà fait remarquer, il serait peu naturel de supposer que la graisse produite ait été absorbée en totalité. Pour conclure à la formation de la matière grasse, il faudra nécessairement que la graisse extraite après l'alimentation excède la graisse normale.

Comme les aliments, abstraction faite de la matière grasse, sont essentiellement composés de deux ordres de principes, les substances nutritives azotées et celles qui ne renferment pas d'azote, j'ai successivement expérimenté avec de l'amidon, du sucre, de la gomme, puis avec de l'albumine et du caséum.

ONZIÈME EXPÉRIENCE.

Canard gavé avec de l'amidon.

A 7 heures du matin, on a gavé un canard, à jeun depuis trente-six heures, avec des fragments d'amidon. A midi, on en avait ingéré 60 grammes, représentant 51^{gr},78 d'amidon sec. On a tué le canard à 4 heures de l'après-midi : il ne restait rien dans le jabot. *Ventricule*, matière pultacée jaune et acide; *gésier*, vide; *intestins*, liquide homogène, jaune pâle, acide, devenant plus épais dans le gros intestin; *déjections*, jaunes, très-liquides, acides, peu de matière urique; matière verte analogue à celle des cœcums : mucus assez abondant. On a retiré :

	Humide.	Sec.	Graisse.
	gr	gr	gr
Du ventricule..........	0,80	0,20	0,006
Des intestins..........	20,22	3,62	0,138
Déjections	»	4,02	0,035
		7,84	
Graisse............................			0,179
Graisse normale......................			0,170
Différence ....+			0,009

La graisse trouvée dans l'appareil digestif et dans les déjections n'excède pas la graisse normale; du moins la différence est de l'ordre des variations que présente la matière grasse observée dans les intestins et les déjections des canards privés de nourriture.

Assimilation ou combustion de l'aliment.

	gr
Retiré ou sorti de l'appareil digestif................	7,84
Matières intestinales et déjections normales..........	3,89
Matières retrouvées dans les intestins et les déjections.	4,45
Amidon *sec* ingéré.............................	51,78
Assimilé ou brûlé en *neuf* heures..................	47,33
Par heure..............	4,26

Les 5^{gr},26 d'amidon portent dans l'organisme 2^{gr},37 de carbone, quantité bien supérieure à celle qui est nécessaire pour entretenir la respiration pendant une heure.

DOUZIÈME EXPÉRIENCE.

Canard gavé avec du sucre.

A 6 heures du matin, on a commencé à ingérer des morceaux de sucre bien sec. L'expérience a duré neuf heures. Une demi-heure après la première ingestion, le canard a eu une selle très-copieuse et très-liquide. On a donné 60 grammes de sucre.

Les déjections renfermaient du sucre. On a retiré :

	Humide.	Sec.	Graisse.
	gr	gr	gr
Des intestins et du gésier...........	11,50	2,80	0,110
Déjections.....................	»	10,00	0,055
		12,80	
Graisse............................			0,165
Graisse normale....................			0,170
Différence..............			—0,005

Assimilation ou combustion de l'aliment.

	gr
Retiré ou sorti de l'appareil digestif..............	12,80
Matières intestinales et déjections normales..........	3,39
Retrouvé.....................................	9,41
Sucre sec ingéré..............................	60,00
Assimilé ou brûlé en neuf heures.................	50,59
Par heure.................	5,62

$5^{gr},62$ de sucre renferment à très-peu près la quantité de carbone qui se trouve dans les $5^{gr},26$ d'amidon assimilés dans l'expérience précédente.

TREIZIÈME EXPÉRIENCE.

Canard gavé avec de la gomme arabique.

Les aliments contenant assez souvent des matières analogues à la gomme, je pensais que cette substance serait absorbée aussi rapidement que l'avaient été l'amidon et le sucre; l'expérience n'a pas confirmé cette prévision.

On a ingéré 5o grammes de gomme arabique. Les déjections rendues en neuf heures étaient mucilagineuses, légèrement acides; évaporées, elles ont laissé un résidu ayant les propriétés de la gomme; fortement desséché, il a pesé 46 grammes. La presque totalité de la gomme avait donc échappé à la digestion. La matière sèche traitée par l'eau a donné un léger résidu duquel j'ai extrait 0^{gr},11 d'acide urique. C'est cette quantité d'acide que rendrait, en neuf heures, un canard à l'inanition.

Ces expériences rendent donc extrêmement vraisemblable que le sucre, l'amidon, donnés seuls, ne produisent pas de graisse pendant leur séjour dans l'appareil digestif, et, de plus, elles établissent que ces mêmes matières sont absorbées avec une rapidité telle, qu'elles apportent dans l'organisme plus d'éléments combustibles qu'il n'en faut pour entretenir la respiration. J'examinerai maintenant comment se comportent les principes azotés alimentaires quand ils sont administrés isolément.

QUATORZIÈME EXPÉRIENCE.

Canard gavé avec de l'albumine.

A un canard qui n'avait reçu aucune nourriture depuis trente-six heures on a donné du blanc d'œuf durci par la chaleur :

A 9 heures du matin............	60^{gr}
A 11 heures du matin............	60
A 2 heures de l'après-midi........	5o
A 4 heures et demie............	5o
A 7 heures et demie............	5o
	270

Le canard a été tué à 9 heures du soir; on a retiré du

jabot 69^{gr},35 de blanc d'œuf; reste 200^{gr},65. Par une longue dessiccation, on a trouvé que le blanc d'œuf renfermait 0,138 de matière sèche; soit 27^{gr},69 pour 200^{gr},65.

Deux heures après la première ingestion, il y a eu une selle abondante chargée d'acide urique. Le canard n'a pas bu, ce qui s'explique par la forte proportion d'eau que retient l'albumine coagulée.

Dans le ventricule et le gésier, l'aliment se trouvait en morceaux enveloppés d'une pâte glaireuse, jaune et acide; le chyme de l'intestin grêle était assez fluide, homogène et d'un vert foncé; la fluidité diminuait en avançant vers le gros intestin. Avant le point de jonction des cœcums, le tube intestinal était fortement distendu, sur une longueur de 5 centimètres, par un gaz fétide. Au delà, dans la direction du cloaque, on retrouvait une matière verte, très-épaisse, d'une odeur désagréable; elle ramenait au bleu le papier rougi de tournesol. On a retiré :

	Humide.	Sec.	Graisse.
	gr	gr	gr
Du ventricule et du gésier.......	13,23	6,03	0,03
Des intestins...................	23,73	4,28	0,27
Déjections...... ....,	»	7,40	0,07
		16,71	0,37
Graisse jaune, consistance du beurre................			0,37
Graisse normale................................			0,17
Différence.................			+0,20

Ainsi nous trouvons un excès de 2 décigrammes sur la graisse normale, et cet excès doit être un minimum, puisqu'il y a toujours de la graisse absorbée pendant le passage du bol alimentaire dans le tube intestinal. Si cet excès avait pour origine la matière appartenant au blanc d'œuf, il faudrait que celui-ci en contînt 0,006; or une semblable proportion ne saurait passer inaperçue, puisqu'en traitant par l'éther, comme on l'a fait, 2 grammes de blanc

d'œuf desséché, réduit en poudre impalpable, on en aurait
extrait $0^{gr},012$ de matière grasse, tandis qu'en réalité cette
matière n'a pas pesé tout à fait 1 milligramme.

Assimilation ou combustion de l'aliment.

Retiré ou sorti de l'appareil digestif........ $16,71^{gr}$
Matières intestinales et déjections normales... $3,73$
                                                 ──────
        Retrouvé.. .... $12,98$
Albumine sèche ingérée.................. $27,69$
                                         ──────
Assimilé ou brûlé en douze heures........ $14,71$
        Par heure........... $1,23$

$1^{gr},23$ d'albumine, fixée dans l'organisme, en une heure
de temps, contiennent au plus $0^{gr},67$ de carbone, lorsque l'animal en consume $0^{gr},75$. L'albumine serait donc,
au point de vue de la combustion respiratoire, un aliment
insuffisant.

La difficulté qu'il y a à ingérer du blanc d'œuf coagulé, à
cause de son volume, m'a engagé à répéter cette expérience
en employant du blanc d'œuf privé d'une partie de son
humidité par une dessiccation préalable.

QUINZIÈME EXPÉRIENCE.

Canard gavé avec de l'albumine.

Le blanc d'œuf, coupé en morceaux, a été placé dans
une étuve. En diminuant de volume, les morceaux sont
devenus transparents sur les bords tout en restant opaques
au centre. On a fait prendre au canard 225 grammes de
blanc d'œuf qui, après la dessiccation partielle, ne pesèrent
plus que $42^{gr},50$; mais, comme ce blanc d'œuf coagulé ne
contient que $0,138$ de substance sèche, les $42^{gr},50$ ne
renfermaient réellement que $31^{gr},05$ d'albumine entièrement privée d'eau.

On a commencé à gaver à 6 heures du matin. On a tué le

canard à 9 heures du soir. On a ôté du jabot des morceaux qui, desséchés, ont pesé, en poudre, $5^{gr},88$; l'albumine sèche digérée est ainsi réduite à $25^{gr},17$.

Les matières contenues dans les intestins, les déjections, se sont présentées avec les mêmes caractères que dans l'expérience précédente; la seule différence à signaler, c'est qu'il n'y avait pas de gaz accumulés dans le tube intestinal. On a retiré :

	Humide.	Sec.	Graisse.
Du ventricule et du gésier.	$4^{gr},5o$		$o^{gr},4o$
Des intestins.	$15,79$	$3,74$	
Déjections.	»	$o,4o$	$o,13$
		$10,14$	
Graisse presque blanche, consistance du beurre.			$o,53$
Graisse normale.			$o,17$
Différence			$+o,36$

Assimilation ou combustion de l'aliment.

Retiré ou sorti de l'appareil digestif.	10.14^{gr}
Matières intestinales et déjections normales. . . .	$4,67$
Retrouvé.	$6,17$
Albumine sèche ingérée.	$25,17$
Assimilé ou brûlé en quinze heures.	$19,00$
Par heure	$1,27$

Ici encore, les éléments de l'albumine introduits dans l'organisme, et qui n'ont pas reparu dans les excréments, ne contiennent pas assez de carbone pour satisfaire à la respiration.

SEIZIÈME EXPÉRIENCE.

Canard gavé avec du caséum pur.

Le fromage contenant encore du beurre et qui n'est pas complétement privé de sucre de lait est un aliment des plus substantiels. Nous avons reconnu, en effet, que ce fro-

V.   23

mage présente, pendant le temps de son séjour dans l'organisme, des éléments bien suffisants pour la nutrition. Il
devenait intéressant d'étudier l'action du caséum séparé
des deux matières qu'il retient ordinairement, alors même
qu'on le prépare avec du lait privé de crème.

J'ai lavé à grande eau du caillé de lait écrémé, afin d'enlever la lactine; je l'ai soumis à la presse, puis, pendant
plusieurs jours, je l'ai traité par l'éther dans un appareil de
déplacement, jusqu'à ce qu'il ne cédât plus de beurre au
dissolvant. J'ai considéré la purification, qui dura près de
quinze jours, comme terminée, quand la matière, séchée
et réduite en poudre extrêmement fine, n'abandonna plus
la moindre trace de graisse à l'éther. Le caséum, après avoir
été exposé à l'étuve pour volatiliser l'éther adhérent, se
présentait à l'état d'une poudre blanche, inodore, insipide,
contenant 0^{gr},732 de substance sèche, la dessiccation étant
opérée à 110 degrés. Sous cet état pulvérulent, il eût été
impossible de l'ingérer; pour lui donner une consistance
convenable, j'ai versé dessus de l'eau bouillante. Le caséum
s'est pris alors en une masse élastique, ayant par son aspect
de l'analogie avec le gluten. Cette masse exprimée fortement dans un linge a pu être moulée et coupée en morceaux.

A 6 heures du matin, j'ai commencé à gaver un canard
qui avait passé trente-six heures sans manger; à 6^{h}30^m du
soir, l'animal a été tué; il avait pris une quantité de caséum
humide renfermant 57^{gr},06 de matière sèche; mais, comme
j'ai extrait du jabot 20^{gr},03 de caséum pesé après dessiccation, le caséum sec, soumis à la digestion, pesait 37^{gr},03.

A 8 heures du matin, le canard avait déjà rendu en abondance des déjections visqueuses, formées d'un liquide presque incolore, acide, dans lequel on voyait de la matière
verte des cœcums et de l'acide urique; à 11 heures, les parties blanches d'acide urique étaient en très-grande quantité.
Dans le ventricule, les morceaux de caséum se trouvaient

comme usés à leur surface enveloppée d'un liquide jaune et très-acide. Cette pulpe acide se retrouvait dans le gésier, mêlée, comme cela arrive fréquemment, avec des grains de quartz et des fragments de verre. Dans l'intestin grêle, il y avait un chyme verdâtre assez fluide et acide; ce chyme était plus épais, plus foncé en couleur, moins acide dans le gros intestin. Le tube intestinal était rempli sur toute sa longueur. On a retiré :

	Humide.	Sec.	Graisse.
	gr	gr	gr
Du ventricule et du gésier..	20,00	9,50	0,05
Des intestins.............	11,23	2,22	0,31
Déjections...............	»	6,05	0,06
		17,77	
Graisse d'un beau jaune, solide, cristalline......			0,42
Graisse normale............................			0,17
Différence.................			+0,25

Cette graisse excédante est à peu près égale à celle qui a été obtenue par la digestion de l'albumine.

Assimilation ou combustion de l'aliment.

	gr
Retiré ou sorti de l'appareil digestif..........	17,77
Matières intestinales et déjections normales.....	4,23
Retrouvé..	13,54
Caséum sec ingéré.....................	37,03
Assimilé ou brûlé en douze heures et demie...	23,49
Par heure..............	1,87

Ce caséum contiendrait, s'il était parfaitement pur, 1 gramme de carbone, quantité à peine suffisante pour entretenir la respiration de l'animal pendant une heure.

23.

DIX-SEPTIÈME EXPÉRIENCE.

Canard gavé avec du caséum.

Dans cette expérience, je me suis proposé de faire prendre une plus forte dose de caséum pur, et de constater si l'animal conserverait son poids sous l'influence de ce régime. Le caséum a été préparé par la méthode que j'ai décrite, avec cette différence, que le lavage à l'éther a été effectué sur la matière préalablement desséchée et réduite en poudre.

1^{gr},722 de ce caséum bien desséché, broyé et traité par l'éther, ont donné 0^{gr},0015 de graisse.

Le 17 juillet, à 11 heures du matin, un canard, à jeun depuis trente-six heures, a pesé 1105 grammes. On lui a ingéré, à plusieurs reprises, 103^{gr},20 de caséum pesé sec, mais préparé comme il a été dit précédemment. Le 19 juillet, à 11 heures du matin, quand on l'a tué, le canard pesait 1085 grammes, ayant ainsi perdu 20 grammes de son poids initial. Du jabot, on a ôté 7^{gr},05 de caséum sec. Le caséum sec digéré devient alors 96^{gr},16.

Le premier jour, l'animal a très-peu bu : aussi ses déjections étaient-elles assez consistantes, acides au moment de l'émission et très-chargées d'acide urique. Durant la nuit du 15 au 18, il a rendu près d'un demi-litre d'excréments très-liquides, mais dans lesquels il y avait toujours beaucoup d'acide urique. On a retiré :

	Humide.	Sec.	Graisse.
	gr	gr	gr
Du ventricule et du gésier..	0,50	0,10 ⎫	0,23
Des intestins............	8,25	2,20 ⎭	
Déjections	690,00	38,50	0,27
		40,80	
Graisse jaune solide...............			0,50
Graisse normale....................		0,17 ⎫	0,25
Graisse restée dans les 96^{gr},15 de caséum.		0,08 ⎭	
Différence			+0,25

Assimilation ou combustion de l'aliment.

Retiré ou sorti de l'appareil digestif......	40,80
Matières intestinales et déjections normales.	7,86
Retrouvé...............................	32,94
Caséum sec ingéré....................	96,15
Assimilé ou brûlé en quarante-huit heures.	63,21
Par heure............	1,36

Ces deux expériences s'accordent pour établir que le caséum *absorbé* est insuffisant pour la nutrition. Les pesées montrent aussi l'insuffisance de ce régime, puisque, en quarante-huit heures, après avoir digéré près de 100 grammes de caséum pur, le canard a perdu 20 grammes de son poids initial.

Je viens de dire que le caséum a été *absorbé*. En effet, on n'en retrouve que des traces douteuses dans les excréments. La partie insoluble des déjections est presque entièrement formée d'acide urique; j'en ai retiré $21^{gr},10$ d'acide pur et parfaitement sec. Au reste, ces déjections sèches renfermaient :

Graisse.............	0,27
Acide urique.........	21,10
Matières solubles.....	9,73
Matières insolubles....	7,40
	38,50

Dans les matières solubles figure l'ammoniaque, qui existe en quantité notable dans les déjections fraiches, ainsi que je m'en suis convaincu. Je ne m'attendais pas à constater une production aussi considérable d'acide urique : $21^{gr},1$ de cet acide contiennent $7^{gr},60$ de carbone, et représentent, par conséquent, $14^{gr},2$ de caséum. Ainsi, près de $\frac{1}{7}$ du caséum digéré aurait été transformé et expulsé à l'état d'acide urique.

DIX-HUITIÈME EXPÉRIENCE.

Canard gavé avec de la gélatine.

Depuis un Rapport fait à l'Académie des Sciences, au nom d'une Commission et par l'organe de M. Magendie, on est généralement porté à croire que la gélatine ne doit plus être rangée parmi les substances alimentaires. Sous l'empire de cette disposition, j'étais persuadé qu'en nourrissant des canards avec de la colle-forte je retrouverais la totalité de cette matière dans les déjections. On verra, par les expériences suivantes, que cette prévision ne s'est point réalisée.

J'ai employé de la colle-forte de Bouxwiller, où on la prépare avec les os des chevaux abattus dans l'établissement. Cette colle est transparente, presque incolore; aussi est-elle recherchée par les restaurateurs pour la confection des gelées. Avant de l'ingérer, je l'ai fait gonfler dans l'eau. De 8 heures du matin à 1 heure de l'après-midi, un canard à jeun depuis trente-six heures a reçu 60 grammes de colle pesée sèche; on l'a tué à 5 heures.

Les déjections formaient un liquide à réaction acide dans lequel on apercevait de la matière blanche insoluble, mélangée à la substance verte des cœcums; ce liquide précipitait par l'infusion de noix de galle; il s'y trouvait donc de la gélatine. On a retiré :

	Humide. gr	Sec. gr
Du ventricule et du gésier..................	»	»
Des intestins.............................	11,00	3,01
Déjections	»	28,00
Retiré ou sorti de l'appareil digestif.........		31,01
Matières intestinales et déjections normales....		3,28
Retrouvé...............................		27,73
Gélatine sèche ingérée..		60,00
Assimilé ou brûlé en huit heures............		32,27
Par heure..............		4,02

$4^{gr},02$ de gélatine contiennent $2^{gr},04$ de carbone, tandis que le canard n'en brûle que $1^{gr},25$ par heure; elle peut donc intervenir utilement pour la respiration, mais là ne se borne pas probablement le rôle de la gélatine. Des déjections, j'ai extrait $3^{gr},40$ d'acide urique; or, en huit heures de temps, un canard, en ne prenant aucune nourriture ou en recevant comme aliment du sucre ou de la fécule, ne rend que $0^{gr},09$ du même acide. On est donc forcé d'admettre qu'une fois introduite dans l'organisme la gélatine concourt à la formation de l'acide urique, en y éprouvant une modification analogue à celle qu'y subissent l'albumine et le caséum.

DIX-NEUVIÈME EXPÉRIENCE.

Canard gavé avec de la gélatine.

Un canard, pesant à jeun 1129 grammes, a pris, en deux jours, 120 grammes de colle forte. Le second jour, à jeun, il a pesé 1140 grammes; son poids était donc resté à peu près stationnaire après l'usage de ce régime.

VINGTIÈME EXPÉRIENCE.

Canard gavé avec de la gélatine.

J'ai cru devoir répéter la dix-huitième expérience. On a retiré :

	Humide. gr	Sec. gr
Du ventricule et du gésier................	»	»
Des intestins.............	18,00	3,50
Déjections	»	21,50
Retiré ou sorti de l'appareil digestif.........		25,00
Matières intestinales et déjections normales....		3,28
Retrouvé................................		21,72
Gélatine sèche ingérée....................		60,00
Assimilé ou brûlé en huit heures..........		38,28
Par heure.............		4,78

J'ai extrait des déjections $4^{gr},40$ d'acide urique pur

et sec; ainsi, par heure, sous l'influence de la colle comme
nourriture, l'animal a rendu :

Acide urique (moyenne)................. 0,49^{gr}
Sous l'influence du caséum (une expérience).. 0,44

Il me parait évident que la gélatine n'est pas absolument
dénuée de toute faculté nutritive. Sans doute on ne saurait
la considérer comme un aliment complet, puisqu'elle
manque des matières salines et terreuses, des phosphates
indispensables dans la nutrition ; peut-être aussi, malgré
sa constitution azotée et bien qu'elle donne naissance à de
l'acide urique, se borne-t-elle à remplir, dans l'alimentation, le rôle utile du sucre et de l'amidon. Des recherches
qui auraient pour objet d'apprécier à ce point de vue la
valeur alimentaire de cette substance seraient, à mes yeux,
du plus haut intérêt.

VINGT ET UNIÈME EXPÉRIENCE.

Canard gavé avec de la fibrine.

Les expériences mentionnées dans le Rapport de la Commission de *la gélatine* ont établi que cette dernière substance n'est pas la seule qui soit imcomplétement nutritive.
L'albumine, la fibrine sont tout aussi impropres que la gélatine à l'alimentation prolongée, quand elles sont données
à l'état de pureté. « Bien que des chiens, dit le Rapport,
» eussent mangé et digéré régulièrement, chaque jour,
» 500 à 1000 grammes de fibrine, ils n'en ont pas moins
» offert graduellement, par la diminution de leur poids,
» par leur maigreur croissante, les signes d'une alimenta-
» tion insuffisante, et l'un d'eux est mort d'inanition,
» après avoir consommé tous les jours, pendant deux mois,
» un demi-kilogramme de fibrine; le sang avait presque
» complétement disparu ([1]). »

([1]) MAGENDIE, Rapport de la Commission dite *de la gélatine*. (*Comptes
rendus des séances de l'Académie des Sciences*, t. XIII, p. 16, 198 et 237.

Je crois avoir reconnu, dans le cercle à la vérité très-restreint de mes observations, pourquoi l'albumine et le caséum nourrissent insuffisamment. L'expérience que j'ai faite avec la fibrine me semble apporter une nouvelle preuve en faveur de mon opinion.

Du bœuf bouilli, séparé de la graisse, a été divisé et malaxé dans un grand volume d'eau, où on l'a laissé séjourner vingt-quatre heures. L'eau a été renouvelée plusieurs fois. La fibrine a été fortement exprimée dans une toile ; malgré les lavages, elle a conservé l'odeur qui caractérise la viande de bœuf cuite. $9^{gr}, 13$ de fibrine exprimée, à l'état où elle a été ingérée, ont laissé, par une dessiccation opérée à 130 degrés, $3^{gr}, 67$ de matière sèche ; elle en renfermait $0,042$: la fibrine sèche a donné $0,012$ de cendres.

De 9 heures du matin à 5 heures du soir, on a fait prendre à un canard $98^{gr}, 70$ de fibrine humide ; soit, sèche, $39^{gr}, 68$. L'animal a été tué à $10^h 30^m$, quand on eut reconnu que le jabot était à peu près vide ; il ne contenait plus que $0^{gr}, 70$ de matière pesée après dessiccation. Les déjections ont été liquides, acides et abondantes en acide urique.

Le chyme ressemblait à celui de la digestion du caséum. On a retiré :

	Humide.	Sec.
	gr	gs
Du ventricule et du gésier...............	»	»
Des intestins.........................	14,50	3,30
Déjections	«	15,20
Retiré ou sorti de l'appareil digestif.........		18,50
Matières intestinales et déjections normales....		3,91
Retrouvé.............................		14,59
Fibrine sèche ingérée.....................		38,68
Assimilé ou brûlé en treize heures et demie...		24,19
Par heure..............		1,78

$1^{gr}, 78$ de fibrine ne renferment pas même 1 gramme de

carbone; c'est à 0^{gr},25 près le carbone éliminé en une heure par la respiration.

J'ai obtenu des déjections 5^{gr},09 d'acide urique. Il s'y trouvait :

Acide urique.............	5,^{gr}09
Matières insolubles........	4,21
Matières solubles.........	5,90
	15,20

VINGT-DEUXIÈME EXPÉRIENCE.

Canard gavé avec un mélange d'albumine et de gélatine.

Il restait à examiner si un aliment azoté, insuffisant à porter dans l'organisme les éléments combustibles nécessaires à la respiration, serait assimilé ou brûlé en moindre quantité encore, lorsqu'il se trouverait associé à une substance alimentaire facilement absorbable. J'ai, en vue de cet examen, ingéré un mélange d'albumine et de gélatine. Le sujet de cette expérience était un canard âgé de trois mois, à jeun depuis trente-six heures, pesant seulement 910 grammes. A 8 heures du matin, on lui a fait prendre 75 grammes de blanc d'œuf et 30 grammes de gélatine, puis on l'a tué à midi. On a retrouvé dans le jabot 28 grammes de blanc d'œuf, de sorte que la quantité digérée ou en voie de digestion se réduit à 47 grammes; soit 6^{gr},49 d'albumine sèche. On a retiré :

	Humide.	Sec.
Du gésier, intestins, etc..............	18,^{gr}50	6,^{gr}90
Déjections sèches..................	»	11,65
		18,55

Assimilation ou combustion des aliments.

		^{gr}
Retiré ou sorti de l'appareil digestif.......		18,55
Matières intestinales et déjections normales.		2,81
Retrouvé............................		15,74
Ingéré : albumine.....................	$6,49$	
Gélatine...........................	$30,00$	36,49
Assimilé ou brûlé en quatre heures........		20,75
Par heure............		5,19

D'après la composition de l'aliment mixte ingéré, ces 5^{gr},19 devaient renfermer :

$$\text{Albumine............} \quad 0,92 \,^{gr}$$
$$\text{Gélatine............} \quad 4,26$$

On voit, par ce résultat, que ces deux substances réunies sont assimilées ou brûlées dans une proportion peu différente de celle que l'on a trouvée pour chacun des aliments. Nous avons constaté, en effet, que, chez un canard du poids de 1300 grammes, l'assimilation ou la combustion a été par heure :

$$\text{Pour la gélatine...} \quad 4,78 \,^{gr}$$
$$\text{Pour l'albumine...} \quad 1,23$$

VINGT-TROISIÈME EXPÉRIENCE.

Chair musculaire.

La chair musculaire, dans laquelle la fibrine, la gélatine sont associées à des sels alcalins à acides organiques, à des phosphates, à de la graisse et à de la matière colorante du sang, est alimentaire au plus haut degré. J'ai été étonné de la rapidité avec laquelle elle a été digérée dans l'expérience dont je vais rapporter les détails; j'ajouterai que c'est de tous les aliments avec lesquels j'ai expérimenté le seul qui ait été accepté par les canards; il n'a pas été nécessaire de les gaver. 201 grammes de viande crue de bœuf ont été pris par un canard, entre $9^h 3o^m$ du matin et $1^h 3o^m$ de l'après-midi. A $7^h 3o^m$ du soir, il n'y avait plus rien dans le jabot; c'est alors qu'on a tué l'animal.

Les déjections ont été assez liquides; acides au moment de l'émission, très-chargées d'acide urique.

Par une dessiccation longtemps prolongée, la chair a fourni $0,238$ de substance sèche; soit $47^{gr},84$ pour 201 grammes. On a retiré :

	Humide.	Sec.
	gr	gr
Du gésier.............................	»	»
Des intestins....	15,10	2,90
Déjections	»	20,08
Retiré ou sorti de l'appareil digestif.......		22,98
Matières intestinales et déjections normales.		3,62
Retrouvé.............................		19,36
Viande sèche ingérée...................		47,84
Assimilé ou brûlé en onze heures........		28,48
Par heure...........		2,59

En évaluant à $0^{gr},53$ le carbone de la chair musculaire sèche, en raison de la graisse qui pouvait s'y rencontrer, on voit que, par heure, cet aliment a porté dans le système environ $1^{gr},4$ d'éléments combustibles, c'est-à-dire bien plus qu'il n'en fallait pour la respiration. J'ai retiré des déjections :

	gr
Acide urique sec........	8,68
Matières insolubles.....	5,32
Matières solubles... ...	6,80
	20,80

Je n'ai pas réussi à constater la présence de l'urée dans

ces déjections; je me suis assuré aussi qu'elles ne contiennent pas d'acide hippurique.

D'après les vues de M. Dumas sur la digestion, cette fonction comprend deux ordres de phénomènes : elle remplace les matériaux du sang incessamment détruits par la respiration, en même temps qu'elle restitue ou qu'elle ajoute de nouvelles parties à l'organisme. Les produits de la digestion doivent donc suffire, d'une part, à la combustion respiratoire, source de la chaleur animale, et de l'autre à l'assimilation. En effet, chaque être vivant, pour assurer son existence, doit développer dans un temps donné une certaine quantité de chaleur; il lui faut, par conséquent, des aliments combustibles et des aliments plastiques pour réparer les pertes de matière occasionnées par les sécrétions qui ne cessent pas de se manifester, même durant la diète la plus absolue.

Les résultats exposés dans ces recherches, en montrant que l'albumine, la fibrine, le caséum, bien qu'absorbés en proportions considérables par les voies digestives, ne fournissent pas toujours assez d'éléments combustibles à l'organisme, expliquent, selon moi, pourquoi ces mêmes substances, si éminemment propres à l'assimilation, deviennent cependant des aliments insuffisants quand elles sont données seules. Pour qu'elles nourrissent complétement, il faut qu'elles soient unies à des matières qui, une fois parvenues dans le sang, y brûlent en totalité, sans se transformer en corps que l'organisme expulse aussitôt, comme cela arrive à l'urée et à l'acide urique; aussi ces substances alimentaires essentiellement combustibles, comme l'amidon, le sucre, les acides organiques, et je me hasarde à y joindre la gélatine, entrent-elles toujours pour une proportion plus ou moins forte dans la constitution des aliments substantiels. Ce sont les aliments respiratoires dont le rôle principal est de contribuer à la production de la chaleur animale et d'économiser, en quelque sorte, les matériaux azotés, plus spécialement destinés à l'assimilation. J'ajouterai que si, comme chacun sait, les substances albuminoïdes ne peuvent pas être remplacées en totalité dans la nutrition par des matières non azotées, elles ne peuvent pas davantage être substituées totalement à ces dernières, et que, de toute nécessité, l'albumine, la fibrine, le caséum, pour devenir une nourriture substantielle, doivent être associés à un aliment respiratoire.

RELATION

D'UNE

EXPÉRIENCE ENTREPRISE POUR DÉTERMINER L'INFLUENCE QUE LE SEL,

AJOUTÉ A LA RATION,

EXERCE SUR LE DÉVELOPPEMENT DU BÉTAIL.

On sait avec quelle avidité le sel est recherché par les herbivores : aussi, dans les grands pâturages de l'Europe et de l'Amérique méridionale, on le considère comme indispensable à l'élève du bétail. Cependant Mathieu de Dombasle a contesté l'absolue nécessité du sel pour l'entretien de la race bovine.

La soude se rencontre dans tous les fluides animaux. Aussi, au point de vue physiologique, peut-on admettre qu'un sel de soude est nécessaire, indispensable même dans l'alimentation, et il devient tout naturel de voir, dans l'usage modéré du chlorure de sodium, un puissant moyen hygiénique. C'est dans ces limites que j'ai toujours compris l'utilité du sel marin, et, chaque année, nous en faisons consommer dans nos étables 300 à 400 kilogrammes; mais ce que je ne comprends pas, ce sont ces opinions exagérées qu'on a émises sur les facultés alimentaires du sel. Je ne crois pas, par exemple, que 3 kilogrammes de foin additionnés de sel nourrissent autant que 4 kilogrammes du même fourrage donnés sans assaisonnement; que, par son intervention dans une ration, 1 kilogramme de sel développe 10 kilogrammes de chair ou de graisse. Au reste, on ne trouve nulle part la preuve de ces assertions, et j'entends par preuve, en matières agricoles, un résultat précis obtenu à l'aide de la balance; mais, comme on ne trouve pas davantage la preuve de l'opinion contraire, j'ai cherché à déterminer, par une expérience directe, quelle est l'influence du sel dans la nutrition du bétail.

J'ai choisi dans nos étables six jeunes taureaux ayant à peu près le même âge et le même poids. Je les ai répartis en deux lots, ainsi qu'il suit :

Lot n° 1.

A, âgé de 8 mois, a pesé à jeun, le 1er octobre.... 142 kg
B, âgé de 8   »   »   147
C, âgé de 7   »   »   145

Poids initial du lot n° 1.... 434

Rationné à 3 pour 100 du poids vivant, ce lot a reçu pour nourriture :

Du 1er au 25 oct. inclusiv., par jour... 13 kg de foin et regain.
Du 26 octobre au 13 novembre....... 14   »

Dans les quarante-quatre jours d'expérience, il a été consommé 591 kilogrammes de fourrage : chaque jour ce lot a reçu 102 grammes de sel; par tête, 34 grammes.

Lot n° 2.

A′, âgé de 10 mois, a pesé à jeun, le 1er octobre... 140 kg
B′, âgé de 8½   »   »   ... 135
C′, âgé de 10½   »   »   ... 132

Poids initial du lot n° 2... 407

Rationné à 3 pour 100 du poids vivant, ce lot a reçu :

Du 1er au 25 oct. inclusiv., par jour. 12,5 kg de foin et regain.
Du 26 octobre au 13 novembre..... 13,5   »

Dans les quarante-quatre jours, il a été consommé 569 kilogrammes de fourrage.

Le lot n° 2 n'a point reçu de sel.

Le 13 novembre, le lot n° 1, qui avait eu du sel, a pesé :

A................ 165^{kg} Gain en 44 jours..... 23^{kg}

B................ 158   »   11

C 157   »   12

                  $\overline{480}$ Gain total du lot n° 1.. $\overline{46}$

Le 13 novembre, le lot n° 2, qui n'avait pas eu de sel, a pesé :

A'................ 146^{kg} Gain en 44 jours.... 6^{kg}

B'................ 154   »   19

C'................ 152   »   20

                  $\overline{452}$ Gain total du lot n° 2. $\overline{45}$

On voit, par ces pesées, que le sel ajouté à la ration du lot n° 1 n'a produit aucun effet appréciable sur l'accroissement du poids vivant, puisque, sous l'influence d'un régime alimentaire exactement semblable,

100^{kg} du lot ayant eu du sel sont devenus.... $110,6^{kg}$

100 du lot n'ayant pas eu de sel......... 111,0

En d'autres termes :

100^{kg} de fourrage additionné de sel ont produit.................... $7,8^{kg}$ de poids vivant

100 de fourrage non salé ont produit... 7,9   »

Sans rien préjuger sur l'influence hygiénique que pourrait exercer un usage plus prolongé du sel, je puis affirmer que, pendant la durée de l'expérience, les deux lots se sont maintenus dans un excellent état de santé. Au reste, afin de pouvoir un jour prononcer avec certitude sur les effets qui résulteraient d'une privation de sel longtemps prolongée, j'ai pris des mesures pour que les taureaux du lot n.° 1 ne participent pas aux distributions de sel faites dans les étables : on surveillera attentivement l'état sanitaire de ces

V.   24

animaux, on appréciera leurs qualités comme reproduc-
teurs ; en un mot, ils resteront en observation jusqu'au moment où ils iront à la boucherie.

Comme on pouvait le prévoir, les animaux au régime
avec sel ont bu davantage que les animaux au régime sans
sel. Voici le résumé de quelques séries d'observations faites
à ce sujet :

QUANTITÉ D'EAU BUE par le lot n° 1.		MOYENNE par 24 heures.	QUANTITÉ D'EAU BUE par le lot n° 2.		MOYENNE par 24 heures.
	lit			lit	
Le 20 oct. soir et 21 mat.	44		Le 20 oct. soir et 21 mat.	20	
Le 21 oct. soir et 22 mat.	43	lit	Le 21 oct. soir et 22 mat.	45	lit
Le 22 oct. soir et 23 mat.	36	41	Le 22 oct. soir et 23 mat.	31	32
Le 2 nov. soir et 3 mat.	43		Le 2 nov. soir et 3 mat.		
Le 2 nov. soir et 4 mat.	32		Le 3 nov. soir et 4 mat.	26	
Le 4 nov. soir et 5 mat.	37		Le 4 nov. soir et 5 mat.	42	
Le 5 nov. soir et 6 mat.	50	40 $\frac{1}{2}$	Le 5 nov. soir et 6 mat.	25	31 $\frac{1}{3}$
Le 9 nov. soir et 10 mat.	54		Le 9 nov. soir et 10 mat.	37	
Le 10 nov. soir et 11 mat.	31		Le 10 nov. soir et 11 mat.	36	
Le 11 nov. soir et 12 mat.	41	42	Le 11 nov. soir et 12 mat.	33	35 $\frac{1}{3}$

En moyenne, le lot n° 1 a bu, en vingt-quatre heures,
41^{lit},16 d'eau, tandis que le lot n° 2 n'a bu que 32^{lit},86 ; la
différence est, par conséquent, de 8^{lit},30.

Un point important dans certains cas d'alimentation,
c'est de faire prendre la nourriture dans le moins de temps
possible. Il convenait donc de constater si le lot auquel on
donnait du sel mangeait sa ration avec plus de rapidité
que celui auquel on n'en donnait pas.

Temps employé par les deux lots à manger leurs rations (1).

Le lot n° 1, qui a reçu du sel, a consommé :

	^{h} ^{m}
13^{kg} de foin et regain en........	3.15
13 de foin en..............	4.40
14 de regain en............	2.40
14 de foin en.........	3.50
14 de regain en............	2.45
14 de foin et regain en.......	3.20
14 de foin en..............	3.10
14 de foin en..............	3.15

Le lot n° 2, qui n'a point reçu de sel, a consommé :

	En supposant une quantité	
	de fourrage égale à celle du n° 1.	
	^{h} ^{m}	^{h} ^{m}
12,500^{kg} de foin et regain en..	3. 5	3.13
12,500 de foin en.........	4.20	4.30
13,500 de regain en.... ...	2.55	3. 1
13,500 de foin en.........	4.15	4.25
13,500 de regain en.......	2.50	2 56
13,500 de foin et regain en..	3. 5	3.12
13,500 de foin en.........	3.25	3.33
13,500 de foin en.........	4.00	4. 9

La même ration, consommée en 3^h37^m par le lot n° 2, était mangée en 3^h22^m par le lot n° 1 ; ainsi le sel aurait développé plus d'appétence, et l'on conçoit dès lors comment cette substance peut agir favorablement dans l'engraissement.

Dans le cours de ces recherches, il est arrivé qu'un jour le regain distribué s'est trouvé de très-mauvaise qualité : aussi n'a-t-il été mangé qu'avec une extrême répugnance par les soixante têtes de bétail renfermées dans l'étable ;

---

(1) En y comprenant le temps employé à boire.

24.

toutes, à l'exception du lot n° 1, en ont laissé dans les crèches; les animaux de ce lot, qui recevaient du sel en plus forte proportion, ont consommé leur ration en totalité. C'est une nouvelle preuve à ajouter à celles que l'on possède déjà sur l'utile intervention du sel, lorsqu'il s'agit de faire consommer des fourrages avariés.

En présence des questions agitées en ce moment, je suis le premier à comprendre toute la gravité du résultat auquel j'ai été conduit par l'observation : aussi n'ai-je rien négligé pour donner à cette expérience toutes les garanties désirables d'exactitude. Ces garanties, je les ai trouvées en grande partie dans le zèle et l'activité d'un habile agronome, M. Eugène Oppermann, qui a bien voulu me seconder dans ces recherches (¹).

La nullité d'action du sel ajouté à la ration sur la production du poids vivant semble en opposition avec le principe physiologique que j'ai rappelé, que la soude est essentielle à l'organisme, et par conséquent indispensable dans l'alimentation. Mais il faut remarquer que, si l'on est généralement d'accord sur la nécessité de la présence d'un sel de soude dans les aliments, on ignore encore la limite de la dose à laquelle ce sel deviendrait insuffisant. Or cette dose peut être telle, que la proportion de sel marin, qui fait partie des substances minérales contenues dans les aliments, soit suffisante, et au delà, pour satisfaire aux exigences de la digestion, surtout quand on n'a pas, comme dans l'engraissement, à surexciter l'appétit. Ces considérations m'ont conduit à déterminer la quantité de sel marin préexistant dans le fourrage consommé chaque jour par les animaux en observation. Le foin provenait des prairies de Durrenbach, situées dans la vallée de la Sauer. Ce fourrage laisse en moyenne 6 pour 100 de cendres, et,

(¹) Ce travail a été entrepris alors que l'on discutait dans les Chambres françaises la question de l'abolition de l'impôt du sel.

dans ces cendres, l'analyse y a indiqué 4,3 pour 100 de chlorure de sodium. Par conséquent, comme la ration moyenne donnée à chaque tête du lot n° 2 était de 4^{kg},31, on trouve que, dans cette ration, il entrait 250 grammes de substances minérales, parmi lesquelles il y avait plus de 11 grammes de sel marin, sans tenir compte d'à peu près 1 gramme du même sel qui existe dans les 11 litres d'eau bus chaque jour par les taureaux. Il paraîtrait que ces 12 grammes de chlorure de sodium sont suffisants pour une pièce de bétail du poids de 150 kilogrammes, puisqu'on n'a pas obtenu un développement plus rapide de poids vivant en ajoutant à la ration une dose de sel beaucoup plus forte. On ne se fait pas, en général, une idée exacte des principes salins qui entrent dans la constitution des aliments : ainsi une vache laitière, en consommant, par jour, 18 kilogrammes du foin dont il vient d'être question, reçoit avec ce fourrage 46 grammes de sel marin ([1]).

On trouve toujours une certaine proportion de chlorure de sodium dans les cendres que laissent les plantes fourragères, mais cette proportion est sujette à de grandes variations, qui dépendent probablement de la constitution géologique du sol, de la nature des engrais et de la qualité des eaux d'irrigation. Cette variation expliquerait, peut-être mieux que toutes les raisons données jusqu'à présent, la divergence des opinions émises sur les avantages de l'emploi du sel dans les étables. On conçoit, par exemple, que le sel produise un effet très-favorable dans les localités où les fourrages n'en contiennent que peu ou point, et que cet effet soit bien moins prononcé là où les aliments végétaux sont plus abondamment pourvus de sel marin. Il

([1]) On a déduit le poids du sel marin de celui du chlore dosé à l'état de chlorure d'argent. Il est clair qu'une partie du chlore pourrait constituer du chlorure de potassium.

y aurait donc, au point de vue de l'alimentation, de l'intérêt à doser le chlorure de sodium des graines et des plantes fourragères de diverses provenances. Les analyses des cendres que nous possédons aujourd'hui montrent déjà que certaines rations pourraient être suffisamment riches en sel marin, tandis que d'autres n'en contiendraient qu'une fort minime quantité. C'est ce dont on peut se convaincre en examinant le tableau suivant, dans lequel est indiquée la proportion de chlorure de sodium renfermée dans 100 kilogrammes de substance alimentaire.

Sel marin contenu dans 100 *kilogrammes de grains ou de fourrage.*

ALIMENTS.	LOCALITÉS.		ALIMENTS.	LOCALITÉS	
	Alsace.	Allemagne.		Alsace.	Allemagne.
	gr	gr			gr
Foin de prairie. . .	255	402	Maïs.	Traces.	//
Trèfle fané.	261	407	Fèves de marais. . .	35gr	75
Luzerne fanée.	//	169	Pois.	5	14
Pois coupés en fleur	//	280	Haricots	6	//
Paille de colza.	//	700	Chènevis.	//	5
Paille de froment. .	53	50	Graine de lin.	//	69
Paille d'orge	//	120	Glands.	//	3
Paille d'avoine.	220	8	Pommes de terre. .	43	//
Paille de seigle.	//	30	Betteraves.	66	//
Froment.	0	0	Navets.	28	//
Avoine.	11	//	Topinambours. . . .	33	//
Seigle.	//	0	Pissenlit, en vert. .	//	170
Orge	//	0	Choux	40	35

On voit, en consultant ce tableau, qu'une tête de bétail consommant par jour 20 kilogrammes de foin prendrait avec cet aliment 51 grammes de sel marin, et qu'elle n'en recevrait plus que 21 grammes si cette ration était remplacée par 50 kilogrammes de pommes de terre. Dans 12 kilogrammes d'avoine, équivalent nutritif de 20 kilogrammes de foin, il n'y aurait plus que 1 gramme de chlorure de sodium ; et la proportion de ce sel deviendrait peut-être inappréciable, si la ration se composait uniquement de seigle ou de maïs.

Il resterait à examiner si le sel marin ne se borne pas à introduire de la soude dans l'organisme et s'il exerce une action spéciale sur le phénomène de la digestion. On sait, par exemple, qu'on peut nourrir pendant plusieurs années des granivores avec du chènevis et du maïs, graines dans les cendres desquelles on rencontre à peine des traces de chlorure de sodium ; mais on sait aussi qu'il est utile d'ajouter du sel marin à ces aliments, quand on les donne à très-fortes doses dans le but de provoquer un engraissement rapide.

Aliments donnés à discrétion.

L'expérience a été continuée sans rien changer aux dispositions adoptées, avec cette seule différence, que les deux lots de jeunes taureaux ont été nourris à discrétion, et qu'une partie de la ration a été donnée en betteraves. Chaque jour, on distribuait à chaque lot une quantité de nourriture supérieure à celle qu'il pouvait consommer, et, le jour suivant, au moment de distribuer la nouvelle ration, on pesait ce qui était resté dans les crèches, afin de constater la consommation réelle.

Le lot formé des pièces A, B, C a continué à recevoir par jour 102 grammes de sel.

Le 13 novembre 1846, au matin, lors de la conclusion de la première observation, les pesées ont indiqué :

Pour le lot n° 1 qui avait reçu du sel :

A.	165^{kg}
B.	158
C.	157
	480

Pour le lot n° 2 qui n'avait pas reçu de sel :

$$A'\ldots\ldots\ldots\ldots\ldots 146^{kg}$$
$$B'\ldots\ldots\ldots\ldots\ldots 154$$
$$C'\ldots\ldots\ldots\ldots\ldots 152$$
$$\overline{452}$$

Cette deuxième observation, commencée le 13 novembre 1846, a été terminée le 11 mars 1847, au matin.

Dans les cent dix-sept jours écoulés entre ces deux époques, les lots ont consommé les quantités suivantes de fourrage :

Par le lot n° 1 ayant du sel :

	^{kg}
Foin.	792
Regain	940
Betteraves, $1250^{kg} =$ foin	312
Consommation exprimée en foin et regain	2044
Sel consommé	12

Par le lot n° 2 n'ayant pas de sel :

Foin.	753
Regain.	870
Betteraves, $1160^{kg} =$ foin	290
Consommation exprimée en foin et regain	1913

Comme il est arrivé dans la première observation, le lot n° 1, au régime du sel, a bu beaucoup plus que le lot n° 2. En moyenne :

Le lot n° 1 a bu par jour 54 litres d'eau ;
Le lot n° 2   31 litres d'eau.

Cette détermination, comme toutes les autres pesées, ont été faites par M. Le Bel, pendant mon absence de la ferme.

Les pesées exécutées le 11 mars 1847, au matin, ont donné :

Lot n° 1, ayant consommé 12 kilogrammes de sel :

	Pesée			
	du 13 novembre.	du 11 mars.		
A.......	165^{kg}	210^{kg}	Gain en 117 jours.	45^{kg}
B......	158	200	»	42
C......	157	208	»	51
	480	618		138

Lot n° 2, qui n'a pas eu de sel :

	Pesée			
	du 13 novembre.	du 11 mars.		
A'.......	146^{kg}	171^{kg}	Gain en 117 jours.	25^{kg}
B'......	154	214	»	60
C'......	152	205	»	53
	452	590		138

Les poids moyens des lots étant :

Pour le lot n° 1, 549^{kg}, et le foin consommé par jour, 17,47^{kg},
Pour le lot n° 2, 521^{kg}, et le foin consommé par jour, 16,35,

il s'ensuit que 100 kilogrammes de poids vivant ont pris, pour se rationner :

Dans le n° 1 ayant du sel........ 3,2^{kg},
Dans le n° 2 n'ayant pas de sel.... 3,1.

On voit que cette consommation de fourrage donné à discrétion ne diffère pas considérablement de la ration normale distribuée à raison de 3 kilogrammes de foin pour 100 kilogrammes de poids vivant. Ce résultat ne s'éloigne d'ailleurs que très-peu de celui que nous avons constaté il y a quelques années, dans une circonstance où des veaux mangeaient à discrétion.

En résumé, dans cette deuxième observation, on trouve que

Le lot n° 1, ayant du sel, en consommant 100^{kg} de fourrage, a produit, de poids vivant........... 6,8 ^{kg}

Le lot n° 2, sans recevoir de sel, en consommant 100^{kg} de fourrage, a produit, de poids vivant ... 7,2

On peut donc en conclure que le sel ajouté à la ration administrée à discrétion n'a pas eu d'effet appréciable sur le développement des jeunes taureaux : ce résultat, au reste, n'a rien de surprenant, en admettant même l'efficacité du sel dans l'alimentation, puisqu'en recherchant, d'après l'analyse des cendres, ce que la nourriture consommée dans un jour renfermait de sel, on trouve que la ration était formée en moyenne, pour chaque tête :

De foin et regain 4^{kg},78, contenant sel marin. . 12 ^{gr}
De betteraves 3^{kg},43, contenant sel marin..... 3
Dans 10 litres d'eau, contenant sel marin...... 1
$$\overline{16}$$

Ainsi chaque individu des lot prenait avec son fourrage 16 grammes de sel marin par jour.

A partir du 11 mars, les lots ont reçu la ration de l'étable, calculée à raison de 2^{kg},5 de foin pour 100 kilogrammes de poids vivant. On a pesé le 31 juillet :

Lot n° 1 (ayant du sel) :

	Pesée		
	du 11 mars.	du 31 juillet.	Gain.
	kg	kg	kg
A	210	280	70
B.	200	254	54
C.	208	279	71
	618	813	195

En 142 jours, le lot n° 1 a consommé l'équivalent de

2294 kilogrammes de foin qui ont produit 195 kilogrammes de poids vif, soit 8ᵏˢ,5o pour 100 kilogrammes de foin.

Lot nᵒ 2 (sans sel) :

	Pesée		
	du 11 mars.	du 31 juillet.	Gain.
	kg	kg	kg
A′..	171	220	49
B′......... ..	214	267	53
C′.	205	237	32
	590	724	134

Le foin consommé a été 2171 kilogrammes; 100 kilogrammes de ce fourrage ont donné 6ᵏᵍ,17 de poids vif.

D'après ces pesées, c'est le fourrage donné avec du sel qui a produit plus de poids vivant.

Après le 31 juillet, la ration de foin a été portée à 3 pour 100 du poids des animaux, et les lots pesés le 1ᵉʳ octobre :

Lot nᵒ 1 (ayant du sel) :

	Pesée		
	du 31 juillet.	du 1ᵉʳ octobre.	Gain.
	kg	kg	kg
A........ ..	280	3oo	20
B....... ..	254	278	24
C....	279	295	16
	813	873	6o

Pour augmenter de 6o kilogrammes, ce lot a consommé 1427 kilogrammes de foin, c'est-à-dire que 100 kilogrammes de fourrage ont donné seulement 4ᵏᵍ,20 de poids vif.

Lot nᵒ 2 (sans sel) :

	Pesée		
	du 31 juillet.	du 1ᵉʳ octobre.	Gain.
	kg	kg	kg
A′..........	220	237	17
B′..........	267	256 (perte)	» 11 ᵏᵍ
C′..........	237	269	32
	724	762	38

Le foin consommé par le lot nᵒ 2 étant 1075 kilo-

grammes, il s'ensuit que le poids vif produit par 100 kilogrammes de fourrage n'a pas dépassé 3ᵏᵍ,52. Mais ce nombre
est évidemment trop faible, parce que pendant l'observation
il est survenu un incident qui mérite d'être signalé. Le
taureau B′ (Alix), appartenant au lot n° 2, a été atteint
d'une affection intestinale; assez grave à son début, elle a
cédé à des injections émollientes, à l'usage du gingembre
et de boissons mucilagineuses; ce traitement a exigé une
diète, durant laquelle le poids du taureau a baissé rapidement de 40 kilogrammes. Lorsque la maladie s'est décla-
rée, l'étable renfermait soixante têtes de bétail; depuis
plus d'une année l'état sanitaire était excellent, et il est
remarquable que l'unique affection intestinale ait précisément atteint l'un des trois animaux qui ne participaient
pas à la distribution quotidienne de sel. En éliminant des
pesées le poids du taureau B′, on trouve que A′ et C′ ont
gagné 49 kilogrammes en consommant 617 kilogrammes
de foin, ou 7ᵏᵍ,94 pour 100 de fourrage. Ainsi, d'après les
pesées du 1ᵉʳ octobre, l'assimilation la plus forte aurait eu
lieu dans le lot rationné sans sel.

A compter du 1ᵉʳ octobre, on profita des belles pousses
de trèfle de l'arrière-saison pour mettre graduellement la
totalité de l'étable au régime du *vert*. Les dernières pesées
furent faites le 31 octobre.

Lot n° 1 (avec sel).

	Pesée		
	du 1ᵉʳ octobre.	du 31 octobre	Gain.
	kg	kg	kg
A.........	300	330	30
B.........	278	298	20
C.........	295	322	27
	873	950	77

Dans le mois d'octobre, le lot n° 1 a consommé :

Regain de foin....................... 150 kg
Trèfle vert... 2400ᵏᵍ = Trèfle fané..... 672

Fourrage sec........ 822

100 kilogrammes de fourrage sec ont produit, par conséquent, $9^{kg},37$ de poids vif.

Lot n° 2 (sans sel) :

	Pesée		
	du 1er octobre.	du 31 octobre.	Gain.
	kg	kg	kg
A'........	237	266	29
B'........	256	298	42
C'........	269	291	22
	762	855	93

Consommé : Regain.................... 150

Trèfle vert... 2160^{kg}. = Trèfle sec..... 605

Fourrage sec............ 755

On a, pour l'accroissement de poids correspondant à une consommation de 100 kilogrammes de trèfle sec et regain, $15^{kg},45$. Cette assimilation extraordinaire vient de ce que le taureau C' a récupéré, et au delà, le poids qu'il avait perdu pendant sa maladie ; en ne faisant pas intervenir C' dans la pesée, on a $10^{kg},14$, pour le poids vivant obtenu par la consommation de 100 kilogrammes de fourrage sec.

Ces recherches, comme celles qui les ont précédées, montrent que le sel est loin d'exercer sur le développement du bétail, sur la production de la chair, l'influence qu'on est généralement porté à lui attribuer ; et les variations dans les résultats obtenus indiquent assez que cette influence peut être assez faible pour qu'il devienne difficile de la constater par des expériences d'une courte durée. En effet, c'est en confondant en une seule observation toutes les observations partielles que l'on voit se manifester la faible action que le sel semble exercer dans l'alimentation du bétail en voie de croissance. L'ensemble de ces recherches comprend alors un intervalle de treize mois, et le résultat obtenu se résume dans les nombres suivants :

Lot n° 1 ayant reçu du sel :

Poids initial.	Poids final.	Gain en 13 mois.	Foin consommé.	Poids vif produit par 100^{kg} de foin.
434^{kg}	950^{kg}	516^{kg}	7178^{kg}	7,19^{kg}

Lot n° 2 n'ayant pas eu de sel :

407^{kg}	855^{kg}	452^{kg}	6615^{kg}	6,83^{kg}

Ainsi, la ration diurne moyenne du lot n° 1, 18^{kg},2 de foin, a produit par jour 1^{kg},309 de poids vif.

Sans l'addition des 102 grammes de sel, cette même ration eût produit 1^{kg},243. L'excès de viande sur pied, attribuable à l'intervention de 102 grammes de chlorure de sodium, est donc de 66 grammes, quantité bien minime, et qui ne compense même pas la valeur du sel marin employé.

Si le sel ajouté à la ration a eu un effet peu prononcé sur la croissance du bétail, il paraît avoir exercé une action favorable sur l'aspect, sur les qualités des animaux. Jusqu'à la fin de mars, les lots ne présentaient pas encore de différence bien marquée dans leur aspect ; ce fut dans le courant d'avril que cette différence commença à devenir manifeste, même pour un œil peu exercé. Il y avait alors six mois que le lot n° 2 ne recevait pas de sel. Chez les animaux des deux lots, le maniement indiquait bien une peau fine, moelleuse, s'étirant et se détachant des côtes ; mais le poil, terne et rebroussé sur les taureaux n° 2, était luisant et lisse sur les taureaux du n° 1. A mesure que l'expérience se prolongeait, ces caractères devenaient plus tranchés : ainsi, au commencement d'octobre, le lot n° 2, après avoir été privé de sel pendant une année, présentait un poil ébouriffé, laissant apercevoir çà et là des places où la peau se trouvait entièrement mise à nu. Les taureaux du lot n° 1 conservaient, au contraire, l'aspect des animaux de l'étable ; leur vivacité et les fréquents indices du besoin de saillir qu'ils manifestaient contrastaient avec l'allure lente et la froideur de tempérament qu'on remarquait chez le lot n° 2. Nul doute que, sur le marché, on eût obtenu un prix plus avantageux des taureaux élevés sous l'influence du sel.

On conçoit tout l'intérêt qu'il y aurait eu à prolonger ces observations, afin de constater jusque dans ses dernières conséquences les effets que peut occasionner la privation de sel. Malheureusement, par une circonstance particulière, les observations n'auraient plus été comparables. En voici la raison : sur les six taureaux soumis à l'expérience depuis un an, il y en avait trois qui, n'ayant pas offert dans leurs formes les qualités recherchées dans un bon reproducteur, ont dû subir la castration.

Engraissement des moutons.

M. Dailly, membre de la Société royale d'Agriculture, a communiqué à l'Académie des Sciences le résultat d'une expérience faite pour rechercher si le sel favorisait l'engraissement des moutons.

Vingt moutons destinés à être engraissés ont été divisés en deux lots, qui ont eu, à discrétion, du regain de luzerne, du foin de basse qualité, de la balle de froment, de la pulpe de pommes de terre, résidu de la fabrication de la fécule, de petites quantités de son et de tourteaux de colza.

L'engraissement, commencé le 18 décembre 1846, a été continué pendant quatre-vingt-sept jours. Un des lots, le n° 1, recevait par jour 256 grammes de sel, soit 25 grammes pour chaque tête.

Les aliments consommés ont été :

	Par le n° 1 ayant du sel.	Par le n° 2 n'ayant pas de sel.
	kg	kg
Regain de luzerne......	500,25	496,25
Foin...............	148,25	144,25
Balle...............	260,50	256,85

	Par le n° 1 ayant du sel.	Par le n° 2 n'ayant pas de sel.
	kg	kg
Son.....	11,00	11,00
Tourteau.............	8,00	8,00
Pulpe..............	3724,00	3605,60
Sel marin...........	21,75	0,00
Eau bue............	533 litres.	256 litres.

Poids des lots.

		kg
Lot n° 1 (sel) .... { Avant l'engraissement.	480,0
Après l'engraissement.	564,0
Gain pendant l'engraissement.	84,0
Lot n° 2 (pas de sel)... { Avant l'engraissement.	505,0
Après l'engraissement.	581,5
Gain pendant l'engraissement.	76,5

La différence 8^{kg},50 en faveur du lot au régime salé est si faible, qu'elle peut dépendre uniquement des erreurs de pesées ; dans tous les cas, elle est loin de compenser la valeur du sel consommé par le lot n° 1. Aussi, en traduisant les résultats en argent, M. Dailly trouva que le lot n° 1 a produit un bénéfice de 41^{fr},47, et le lot n° 2 un bénéfice de 51^{fr},37.

A la boucherie, il a été fourni pour 100 :

Par le lot n° 1, chair nette....	48,13	Suif...	5,10
Par le lot n° 2, chair nette....	47,54	Suif...	4,90

On n'a pas remarqué de différence dans la qualité de la viande.

J'ai recherché la quantité de sel contenue dans les divers aliments consommés. Ces fourrages avaient été récoltés dans la ferme de Trappes, près Versailles.

ALIMENTS.	CENDRES dans 100 d'aliments.	CHLORURE de SODIUM dans 100 de cendres.	SEL MARIN dans 100 kilogrammes d'aliments.
Regain de luzerne.........	6,7	2,30	154^{gr}
Foin	6,6	1,64	108
Balle..........	9,3	1,50	104
Son	6,4	0,00	"
Tourteau................	7,1	0,00	"
Pulpe de pomme de terre...	0,9	1,50	14
Dans 100 litres d'eau......	....	....	8

On a pour le sel contenu dans la ration du n° 2 :

	Ration par jour.	Sel marin.
Regain de luzerne.....	5,70^{kg}	8,78^{gr}
Foin................	1,66	1,79
Balle..............	2,95	4,13
Son................	0,13	0,00
Tourteau............	0,09	0,00
Pulpe...............	41,44	5,08
Eau................	3 litres.	0,24
Total du sel dans la ration........		20,02

Chaque individu du lot, pesant en moyenne 54^{kg},35, trouvait donc dans sa ration environ 2 grammes de sel marin.

SUR

L'INFLUENCE QUE LE SEL,

AJOUTÉ A LA RATION DES VACHES,

EXERCE SUR LA PRODUCTION DU LAIT.

La vache sur laquelle ces observations ont été faites est
le n° 18 de l'étable; on la considère comme bonne laitière.
Le 1er mars 1847, elle a fait deux veaux, et a été saillie
le 21 mai. A partir du 29 avril, on l'a rationnée avec du
foin donné à discrétion; les pesées de fourrages et le jaugeage du lait ont été exécutés sous la surveillance de
M. Le Bel. Dans cette première série, la vache n'a pas
reçu de sel.

Dates.	Foin consommé.	Lait rendu.		Total.
		Matin.	Soir.	
	kg	lit	lit	lit
Avril... 29	10	4,0	4,2	8,2
30	20	4,1	4,3	8,4
Mai.... 1	20	3,7	3,6	7,3
2	20	3,8	3,8	7,6
3	20	4,0	3,5	7,5
4	20	4,0	4,0	8,0
5	20	3,7	4,2	7,9
6	20	3,8	3,6	7,4
7	20	3,8	3,9	7,7
8	20	4,3	3,8	8,1
9	20	4,6	4,1	8,7
10	20	4,0	4,3	8,3
11	20	4,4	4,5	8,9
12	20	4,4	4,4	8,8
A reporter 14	270	56,6	52,2	112,8

| Dates. | Foin consommé. | Lait rendu. | | Total. |
		Matin.	Soir.	
	kg	lit	lit	lit
Report.. 14	270	56,6	52,2	112,8
13	20	3,8	4,0	7,8
14	20	3,5	4,5	8,0
15	20	3,5	3,5	7,0
16	20	4,0	3,5	7,5
17	20	4,0	3,0	7,0
18	21	4,0	3,5	7,5
19	20	4,2	4,2	8,4
Jours... 21	411	83,6	82,4	166,0

Avec ce régime,

Le foin consommé par jour a été...... $19,\overset{kg}{57}$
Le lait obtenu par jour a été......... 7,90

100 kilogrammes de foin ont produit $40^{lit},39$ de lait. Le poids de la vache s'est maintenu à 493 kilogrammes.

A partir du 20 mai, à la ration de foin donnée à discrétion on a ajouté, par jour, 60 grammes de sel.

| Dates. | Foin consommé. | Lait rendu. | | Total. |
		Matin.	Soir.	
	kg	lit	lit	lit
Mai.... 20	22	3,9	3,6	7,5
21	20	3,6	4,6	8,2
22	20	3,8	3,5	7,3
23	20	3,6	4,1	7,7
24	20	3,6	3,5	7,1
25	18	3,8	3,9	7,7
26	20	3,5	3,5	7,0
27	20	3,5	4,0	7,5
28	20	3,5	4,5	8,0
29	20	4,5	4,9	9,4
30	20	4,0	4,3	8,3
31	20	3,8	3,8	7,6
A reporter 12	240	45,1	48,2	93,3

Dates.		Foin consommé.	Lait rendu.		
			Matin.	Soir.	Total.
		kil	lit	lit	lit
Report..	12	240	45,1	48,2	93,3
Juin . . .	1	20	3,3	3,5	6,8
	2	18	3,9	4,6	8,5
	3	20	3,7	4,0	7,7
	4	20	4,4	5,0	9,4
	5	20	4,4	4,1	8,5
	6	20	4,0	4,1	8,1
	7	18	3,4	4,0	7,4
	8	20	3,9	3,9	7,8
	9	20	3,2	3,5	6,7
	10	20	4,0	4,5	8,5
	11	22	4,5	4,0	8,5
	12	18	4,1	4,3	8,4
	13	20	4,0	4,2	8,2
	14	20	4,0	4,5	8,5
	15	20	3,5	4,9	8,4
Jours..	27	536	103,4	111,2	214,6

Avec la ration additionnée de sel, les résultats ont été :

$$\text{Foin consommé par jour} \ldots \ldots \quad 19,85^{kg}$$
$$\text{Lait obtenu par jour} \ldots \ldots \ldots \quad 7,93$$

100 kilogrammes de foin ont produit $40^{lit},04$ de lait. Le poids de la vache, à la fin de l'expérience, était de 498 kilogrammes.

Dans cette expérience, l'influence du sel a donc été nulle, tant sur la production du lait que sur la consommation du fourrage.

Dans une autre expérience, une vache laitière, *Juno*, a reçu du foin à discrétion. Durant la première série, on n'a pas donné de sel; durant la seconde série, la vache a reçu, par jour, 100 grammes de sel : c'est une dose très-forte, à laquelle dans la pratique on n'arrive jamais.

Le lait a été mesuré matin et soir. On a remarqué chez

la vache des signes de chaleur les jours où elle ne consommait pas sa ration ordinaire de foin, pesant, d'après le poids vivant, à peu près 10 kilogrammes.

Dates.		Foin consommé.	Lait rendu.		Total.
			Matin.	Soir.	
		kg	lit	lit	lit
Février.	20	7,0	3,3	2,9	6,2
	21	10,0	2,6	3,0	5,6
	22	10,0	3,4	2,8	6,2
	23	13,0	3,3	3,1	6,4
	24	10,0	3,6	2,8	6,4
	25	8,0	3,2	2,2	5,4
	26	10,0	3,1	2,7	5,8
	27	10,0	3,5	2,6	6,1
	28	12,0	3,2	2,5	5,7
Mars ...	1	10,0	2,5	2,5	5,0
	2	9,0	3,2	2,9	6,1
	3	10,0	3,1	2,5	5,6
	4	14,0	3,3	2,7	6,0
	5	10,0	3,2	3,2	6,4

La vache recevant par jour 100 grammes de sel :

		kg	lit	lit	lit
Mars ...	6	12,5	2,7	2,9	5,6
	7	12,5	3,1	2,5	5,6
	8	12,5	3,2	3,1	6,3
	9	12,5	3,8	2,0	5,8
	10	12,5	2,9	2,4	5,3
	11	5,0	2,8	2,1	4,9
	12	8,0	0,5	3,8	4,3
	13	12,5	2,1	2,0	4,1
	14	12,5	2,5	2,3	4,8
	15	10,0	2,9	2,5	5,4
	16	12,5	2,6	2,4	5,0
	17	12,5	2,6	2,5	5,1
	18	12,5	2,9	2,7	5,6
	19	12,5	2,9	2,2	5,1
	20	12,5	2,5	2,5	5,0
	21	12,5	2,6	2,6	5,2

Ces résultats sont loin de prouver que l'usage du sel favorise la sécrétion du lait. Nous voyons, en effet, qu'avec la nourriture sans addition de sel la vache a rendu par jour, en moyenne, 5^{lit},9 de lait, et que sous l'influence du sel, avec une consommation d'aliments sensiblement plus forte, le rendement n'a plus été que de 5^{lit},2. Dans le premier cas, 100 kilogrammes de foin ont produit 58 litres de lait; dans le second cas, avec le sel, 100 kilogrammes de fourrage ont donné 45 litres de lait. Le sel paraît avoir eu pour effet d'augmenter l'appétit de la vache. Ainsi, sans sel, l'animal nourri à discrétion a consommé, par vingt-quatre heures, 10^{kg},2 de foin; sous l'influence du sel, la ration a été de 11^{kg},6.

Le poids de la vache est resté sensiblement le même pendant la durée de l'observation. Elle a pesé,

	kg
Le 20 février................	422
Le 6 mars............	415
Le 21 mars................	411

La légère perte accusée par ces pesées ne saurait être attribuée à l'usage du sel, puisqu'elle a commencé à se manifester après la nourriture donnée sans sel. La perte totale de 11 kilogrammes est d'ailleurs trop peu considérable pour qu'on puisse affirmer qu'elle n'est pas due aux variations de poids accidentelles, qui laissent toujours, dans de certaines limites, de l'incertitude sur les pesées des animaux.

EXPÉRIENCES

SUR

L'ALIMENTATION DES VACHES

AVEC DES BETTERAVES ET DES POMMES DE TERRE.

M. Playfair a publié quelques observations de nature à faire supposer que la matière butyreuse du lait peut avoir pour origine tout aussi bien le sucre et l'amidon que les substances analogues aux corps gras qui font généralement partie des fourrages. Au premier aperçu, ces observations semblent concluantes. Malheureusement, M. Playfair, pressé sans doute d'arriver à une conclusion, a exécuté ses recherches avec une telle activité, qu'en *quatre jours* il a essayé successivement *quatre régimes distincts* sur la lactation ; et, dans son empressement, l'auteur s'est contenté d'analyser le lait en négligeant la détermination des principes solubles dans l'éther, qui existaient dans les aliments consommés. C'est ainsi que M. Playfair admet, dans le foin, 1,50 pour 100 de matières grasses, lorsqu'il est avéré aujourd'hui que ce fourrage en contient généralement plus de 3 pour 100. Aussi, en assignant aux aliments employés la proportion de substances grasses qui s'y rencontre le plus habituellement, on trouve que, sur les quatre expériences, il y en a deux qui justifient l'opinion qui attribue l'origine de la graisse des animaux aux corps de nature grasse qui préexistent dans les végétaux alimentaires ; les deux autres expériences ont donné, tout au contraire, des résultats qui ne s'accordent plus avec cette manière de voir.

Dans ces deux expériences qui, ensemble, ont duré *qua-*

rante-huit heures, et pendant lesquelles la vache a reçu pour nourriture, dans un cas, du foin, des pommes de terre et des fèves, et, dans l'autre, du foin et des pommes de terre seulement, le beurre contenu dans le lait recueilli en un jour excédait de près de 300 grammes la matière grasse que l'on pouvait supposer dans les fourrages. Si ces deux observations sont exactes, et je n'élève pas l'ombre d'un doute sur leur exactitude, il semble effectivement qu'on doive en conclure que la plus grande partie du beurre a été formée avec l'amidon des tubercules qui entraient pour plus de 12 kilogrammes dans la ration diurne.

Je ne crois pas cependant qu'une observation de quarante-huit heures soit suffisante pour tirer, je ne dis pas une semblable conclusion, mais une conclusion quelconque quand il s'agit d'une question d'alimentation. En restreignant dans des limites trop étroites la durée des observations, on peut arriver aux conséquences les plus erronées. Par exemple, M. Playfair a fait consommer à une vache $6^{kg},3$ de foin et $13^{kg},6$ de pommes de terre, ration dans laquelle il entrait au plus 250 grammes de matières grasses, et l'on a obtenu $11^{kg},5$ de lait renfermant, d'après l'analyse, 540 grammes de beurre ; il y a eu par conséquent dans le lait 290 grammes de gras de plus qu'il ne s'en trouvait dans le fourrage. Mais l'intervalle de vingt-quatre heures est tellement court, que je suis persuadé que si l'on n'eût rien donné du tout à manger à la vache, que je suppose grasse et bien en chair, elle aurait encore rendu, malgré l'abstinence, 8 à 10 kilogrammes de lait contenant certainement 300 à 400 grammes de beurre. En concluerait-on que le beurre dérive de rien? Non, sans doute, et l'on admettrait, comme on l'admet dans les expériences sur l'inanition, que, dans cette circonstance, un animal forme les produits qu'il rend par la respiration et par les sécrétions, aux dépens de sa propre substance, en perdant de son poids.

A une époque où je n'attachais pas une bien grande importance à la présence des principes gras dans les fourrages, j'eus l'occasion de reconnaître l'effet défavorable que produit sur les vaches laitières une ration dans laquelle il entre une trop forte proportion de pommes de terre. Une vache, rationnée avec 38 kilogrammes de tubercules, et qui mangeait en outre de la paille hachée, continua à donner le lait qu'elle rendait sous le régime du foin ; le lait diminua graduellement, comme il arrive toujours à mesure que l'époque du part s'éloigne. Sous l'influence de cette nourriture, ne comportant pas assez de matières grasses, la vache souffrit notablement ; mais il fallut qu'il s'écoulât un certain temps pour s'apercevoir de l'amaigrissement qu'elle éprouvait. Si l'observation, qui s'est prolongée pendant onze jours, n'eût duré que vingt-quatre heures, le résultat fâcheux qu'on a constaté aurait sans doute passé inaperçu.

S'il était démontré que, dans l'alimentation des vaches, le sucre et l'amidon concourent directement à la production du beurre, et que, par conséquent, les racines et les tubercules peuvent être substitués sans inconvénient au foin, aux grains, aux tourteaux huileux, la pratique retirerait très-fréquemment de cette substitution des profits considérables. La question de l'influence d'un semblable régime sur la lactation ne saurait donc être trop examinée, et c'est en raison de son importance et en vue de son utilité que je me suis décidé à nourrir deux vaches uniquement avec des betteraves et des pommes de terre.

Les deux pièces mises en expérience se trouvaient dans des conditions assez semblables. Galatée, âgée de sept ans (n° 5 de l'étable), avait fait son veau quatre-vingt-seize jours avant le commencement des observations. Waldeburge (n° 8) avait vêlé depuis quarante jours : on venait de lui retirer son veau. Ces deux vaches étaient au régime de l'étable, qui se composait, par tête et par vingt-quatre heures, de

	kg
Foin	12,0
Pommes de terre......	8,5
Betteraves...................	12,0
Tourteau de colza	1
Paille hachée à discrétion.	

Avec ce régime, la moyenne du lait rendu par chacune de ces vaches a été de 8 à 9 litres.

Comme il importait que les vaches ne prissent aucune autre nourriture que celle sur laquelle il s'agissait d'expérimenter, on les priva de litière et, afin qu'elles ne souffrissent point de cette privation, on établit dans leurs stalles une estrade en planches sur laquelle elles reposaient commodément.

Je donnerai maintenant le détail des observations.

Expérience I. — *Nourriture aux betteraves.*

VACHE N° 5.

JOURS d'observations.	Bette- raves consom- mées.	Lait rendu.	Poids de la vache
	kg	lit	kg
1er jour.	70,0	7,0	579
2e jour.	70,0	8,0	"
3e jour.	70,0	6,0	"
4e jour.	70,0	6,0	"
5e jour.	47,5	6,0	"
6e jour.	70,0	5,0	"
7e jour.	62,5	6,0	539
8e jour.	60,0	6,5	"
9e jour.	70,0	6,5	"
10e jour.	65,0	6,0	"
11e jour.	50,0	6,0	"
12e jour.	15,0	5,0	"
13e jour.	55,0	4,5	542
14e jour.	70,0	5,0	"
15e jour.	70,0	5,0	536
16e jour.	70,0	4,5	524
17e jour.	70,0	5,0	
Somme..	1055,0	99,0	

COMPOSITION DU LAIT.

Caséum	3,67
Sucre de lait..	3,39
Beurre......	4,56
Chlorur. alcal.	0,43
Phosphate de chaux et de magnésie...	0,22 } 12,27
Eau..........	87,73
	100,00

VACHE N° 8.

JOURS d'obser- vations.	Bette- raves consum- mées.	Lait rendu.	Poids de la vache
	kg	lit	kg
1er jour.	70	6,5	"
2e jour.	70	5,0	582
3e jour.	70	8,5	"
4e jour.	70	7,0	"
5e jour.	48	6,0	"
6e jour.	70	7,0	"
7e jour.	63	7,0	539
8e jour.	60	6,5	"
9e jour.	55	7,0	"
10e jour.	65	6,0	"
11e jour.	65	5,5	"
12e jour.	70	6,5	"
13e jour.	70	5,0	"
14e jour.	70	4,5	"
15e jour.	70	5,5	545
16e jour.	70	6,0	540
17e jour.	70	5,0	535
Somme..	1106	104,0	

COMPOSITION DU LAIT.

Caséum......	3,81
Sucre de lait..	3,74
Beurre.......	3,42 } 11,77
Chlorur. alcal.	0,54
Phosphates...	0,36
Eau..........	88,23
	100,00

Les excréments solides des deux vaches, recueillis dans les dix-sept jours, ont pesé 261 kilogrammes.

Trois dessiccations faites à l'étuve y ont indiqué 15,9 pour 100 de matière sèche = excréments secs 41^{kg},5. Cette matière sèche a cédé à l'éther 3,5 pour 100 de principes gras d'un vert pâle, très-fusible. J'admets dans la betterave, d'après des analyses antérieures :

Matières grasses.............. 0,001
Azote...................... 0,0021
Acide phosphorique.......... 0,00046

Résumé de l'expérience faite avec la betterave.

		Matières grasses.	Caséum, Albumine.
	k g	kg	kg
Les deux vaches ont donné : lait.......	209,0	8,31	7,82
Excréments secs.....................	41,5	1,45	.
Matières grasses dans les produits......	....	9,76	
Betteraves consommées..............	2,181	2,18	28,63
Matières grasses en excès dans les prod.	....	7,58	
	N° 8.	N° 8.	
Poids des vaches au commencement....	579	582	
Poids des vaches à la fin.............	534	540	
Perte en dix-sept jours..............	45	42	
Perte par jour.....................	2,64	2,47	

On voit qu'au bout des dix-sept jours d'observations le poids vivant des deux vaches n'était plus que de 1074 kilogrammes. Comme, au commencement de l'expérience, ce poids était de 1161 kilogrammes, les vaches ont perdu 7,50 pour 100 de leur poids initial.

Après cette observation, les deux vaches se trouvaient en si mauvaise condition, que l'on jugea prudent de les remettre au regain de foin de prairie. Après les avoir lestées avec ce fourrage pendant quatre jours, on les soumit à l'expérience suivante :

Expérience II. — *Nourriture au regain de foin.*

VACHE N° 5.

JOURS d'observations	EN VINGT-QUATRE HEURES — Regain consommé (kg)	Lait rendu (lit)	Poids de la vache (kg)	COMPOSITION DU LAIT.	
1er jour.	14,0	4,0	545		
2e jour.	18,0	4,0	551		
3e jour.	15,0	4,0	557		
4e jour.	14,0	4,5	"	Caséum...... 3,63	
5e jour.	15,0	4,0	"	Sucre de lait . 3,46	
6e jour.	17,5	4,0	"	Beurre...... 5,9?	} 13,73
7e jour.	14,5	4,5	"	Chlorur. alcal. 0,45	
8e jour.	15,0	5,0	"	Phosphates... 0,27	
9e jour.	14,0	4,0	"	Eau......... 86,26	
10e jour.	15,0	5,0	"	100,00	
11e jour.	16,0	4,0	"		
12e jour.	16,5	5,0	"		
13e jour.	18,5	5,0	"		
14e jour.	14,0	4,5	571		
15e jour.	16,0	4,5	564		
Somme..	232,5	65,5			

VACHE N° 8.

JOURS d'observations	EN VINGT-QUATRE HEURES — Regain consommé (kg)	Lait rendu (lit)	Poids de la vache (kg)	COMPOSITION DU LAIT.	
1er jour.	17,0	5,0	549		
2e jour.	14,0	6,0	567		
3e jour.	16,0	6,0	571		
4e jour.	15,5	6,5	"	Caséum...... 3,56	
5e jour.	17,5	6,0	"	Sucre de lait.. 3,94	} 12,61
6e jour.	17,5	6,0	"	Beurre....... 4,39	
7e jour.	15,0	5,5	"	Chlorur. alcal. 0,52	
8e jour.	15,0	6,0	"	Phosphates... 0,20	
9e jour.	16,0	6,0	"	Eau......... 87,39	
10e jour.	17,0	6,0	"	100,00	
11e jour.	16,0	5,0	"		
12e jour.	17,0	6,0	"		
13e jour.	13,5	6,0	581		
14e jour.	17,5	7,0	587		
Somme..	239,5	89,0			

Les excréments humides des deux vaches ont pesé 720 kilogrammes.

Trois dessiccations faites à l'étuve ont indiqué 21,4 pour 100 de matière sèche = excréments secs 154 kilogrammes. Cette matière sèche a cédé à l'éther 3,3 pour 100 de principes gras ayant l'aspect de la cire, et fortement colorés en vert.

Le regain a donné à l'éther 3,5 de matière grasse pour 100 ; il contenait :

Azote.................... 0,012
Acide phosphorique.......... 0,0034

Résumé de l'expérience faite avec le regain de foin.

		Matières grasses.	Caséum, Albumine.
	kg	kg	kg
Les deux vaches ont donné : lait........	159,2	8,03	5,72
Excrements secs......................	154,0	5,08	
Matières grasses dans les produits......	....	13,11	
Regain consommé	472,0	16,52	35,40
Matières grasses en excès dans la nourrit.	....	3,41	
	No 5.	No 8.	
Poids des vaches au commencement.....	552,0	562,0	
Poids des vaches à la fin	572,7	584,0	
Gain en quinze jours.................	20	22	
Gain par jour.......................	1,33	1,47	

Le poids des deux vaches, 1114 kilogrammes au commencement de l'expérience, est arrivé, par quinze jours de régime au regain, à 1156 kilogrammes ; les vaches ont augmenté, par conséquent, de près de 4 pour 100 de leur poids initial.

Les vaches étant revenues, à peu de chose près, au poids qu'elles avaient lors de la première observation, on les a mises au régime de la pomme de terre.

Expérience III. — *Nourriture aux pommes de terre.*

VACHE N° 5.

JOURS d'observations.	EN VINGT-QUATRE HEURES.			COMPOSITION DU LAIT.
	Pommes de terre consommées.	Lait rendu.	Poids de la vache.	
	kg	lit	kg	
1er jour.	40	4,0	545	
2e jour.	49	5,0	557	Caséum 4,37
3e jour.	49	4,5	536	Sucre de lait.. 3,99
4e jour.	49	4,5	"	Beurre....... 3,97 } 12,25
5e jour.	40	4,5	"	Chlorur. alcal. 0,55
6e jour.	49	4,0	"	Phosphates ... 0,27
7e jour.	24	4,0	"	Eau.......... 87,75
8e jour.	10	4,0	"	————
9e jour.	40	2,0	"	100,00
10e jour.	34	3,0	"	
11e jour.	38	2,0	"	
12e jour.	37	1,5	510	
13e jour.	49	2,0	523	
14e jour.	36	2,0	524	
Somme..	544	47,0		

VACHE N° 8.

JOURS d'observations.	EN VINGT-QUATRE HEURES.			COMPOSITION DU LAIT.
	Pommes de terre consommées.	Lait rendu.	Poids de la vache.	
	kg	lit	kg	
1er jour.	49	7,0	530	
2e jour.	49	7,0	542	Caséum 3,99
3e jour.	49	7,0	537	Sucre de lait.. 3,99
4e jour.	49	6,5	"	Beurre....... 4,63 } 13,43
5e jour.	25	6,5	"	Chlorur. alcal. 0,55
6e jour.	49	6,0	"	Phosphates ... 0,27
7e jour.	24	6,0	"	Eau.......... 86,57
8e jour.	9	4,5	"	————
9e jour.	41	4,0	"	100,00
10e jour.	35	5,0	"	
11e jour.	32	4,5	"	
12e jour.	35	4,5	510	
13e jour.	49	4,0	528	
14e jour.	38	4,0	525	
Somme..	533	75,6		

Les excréments humides des deux vaches ont pesé 362 kilogrammes.

Trois dessiccations faites à l'étuve ont indiqué 23,5 pour 100 de matière sèche = excréments secs 85 kilogrammes. L'éther a enlevé à cette matière 0,006 d'un principe gras très-fusible.

Plusieurs analyses que j'ai faites sur la pomme de terre, à l'occasion d'un travail sur l'alimentation du porc, me portent à admettre, dans le tubercule, 0,002 de matière grasse.

La pomme de terre contient en outre :

Azote.................................... 0,0037
Acide phosphorique constituant des phosphates. 0,00109

Résumé de l'expérience faite avec les pommes de terre.

		Matières grasses.	Caseum, Albumine.
	kg	kg	kg
Les deux vaches ont donné : lait.......	128	5,61	5,30
Excréments secs......................	85	0,51	
Matières grasses dans les excréments....	....	6,16	
Pommes de terre consommées..........	1077	2,15	23,88
Matières grasses en excès dans les prod.	....	4,01	
	N° 2.	N° 8.	
Poids des vaches au commencement.....	537	536	
Poids des vaches à la fin..............	519	521	
Perte en quatorze jours...............	18	15	
Perte par jour.......................	1,29	1,07	

Ainsi, en quatorze jours, le poids initial a diminué de 3 pour 100 ; c'est une diminution très-forte si l'on considère qu'elle a été supportée par des animaux dont le poids avait déjà considérablement baissé pendant les quelques jours qui ont précédé la première pesée. En effet, immédiatement après l'alimentation au regain, les vaches pesaient ensemble 1156 kilogrammes ; elles ne pesaient plus que 1073 kilogrammes après qu'elles eurent été *lestées* avec des pommes de terre ; elles avaient éprouvé une perte également forte en passant du régime normal au régime exclusif de la betterave. On peut d'ailleurs juger, par l'ensemble des pesées exécutées dans ces recherches, de l'état d'amaigrissement auquel sont arrivées les deux vaches laitières, par suite de l'alimentation aux racines et aux tubercules, et malgré le régime réparateur du regain qu'elles ont reçu dans l'intervalle des deux expériences extrêmes.

	Poids des deux vaches.
Pendant l'alimentation normale, huit jours avant la 1re expérience	1,205^{kg}
Après avoir été nourries pendant quelques jours (*lestées*) avec des betteraves	1,161
Après dix-sept jours de régime aux betteraves	1,074
Après avoir été *lestées* avec du regain de foin	1,114
Après quinze jours de nourriture au regain de foin. .	1,156
Après avoir été *lestées* avec des pommes de terre. . . .	1,073
Après quatorze jours d'alimentation aux pommes de terre	1,040
Différence extrême	165

On trouve, en définitive, que les deux vaches mises en expérience ont perdu, par tête, 82^{kg},5, par suite des régimes aux betteraves et aux pommes de terre. Cette énorme perte explique suffisamment l'état de maigreur dans lequel sont tombés ces animaux, auxquels il a fallu un temps assez long pour se rétablir : le n° 5 n'a plus voulu recevoir le taureau ; cette vache a repris de l'embonpoint, mais son lait a diminué constamment jusqu'à disparaître entièrement. Waldeburge, le n° 8, a continué à donner du lait tout en prenant de la graisse : elle a été saillie et a donné un veau.

V.   26

Ainsi, à compter de la fin de l'expérience faite avec les pommes de terre, les vaches, mises d'abord au foin pendant quinze jours et au trèfle vert durant un mois, ont pesé :

N° 5 .. 575^{kg}, ayant rendu 4 litres de lait par jour.
N° 8... 578   5

Après deux mois de régime au trèfle :

N° 5... 610^{kg}, ayant rendu 2 litres de lait par jour.
N° 8... 590   6

Les deux vaches avaient repris leur poids initial.

Il résulte évidemment des faits exposés que les betteraves, ou les pommes de terre données seules, sont insuffisantes pour nourrir convenablement les vaches laitières, alors même que ces fourrages sont administrés avec abondance, on peut même dire à discrétion, puisque, très-souvent, les vaches ont laissé une partie de leur ration.

Une ration alimentaire peut être insuffisante par diverses causes : 1° si la nourriture ne contient pas une quantité de principes azotés capable de réparer les pertes des principes également azotés éliminés de l'organisme ; 2° si les matières digestibles ne renferment pas le carbone nécessaire pour remplacer celui qui est brûlé dans la respiration ou rendu avec les sécrétions ; 3° si les aliments ne sont pas assez chargés de sels, particulièrement de phosphates, pour restituer à l'économie ceux de ces principes salins qui en sont continuellement expulsés ; 4° enfin la ration sera insuffisante, si elle n'est pas assez riche en matières grasses pour suppléer, en partie du moins, à celles entraînées par le lait ou par les autres sécrétions.

Ces principes admis, il convient d'examiner si les régimes alimentaires auxquels les vaches ont été soumises dans le cours de ces recherches remplissaient les diverses conditions qui, par leur ensemble, constituent un aliment complet.

	POIDS des aliments ou des produits pour 24 heures.	PRINCIPES CONTENUS.			
		Carbone	Viande.	Acide phosphorique (*)	Matières grasses.
Nourriture aux betteraves.	kil	gr	gr	gr	gr
Une vache a rendu : lait...	6,15	449	230	7	246
Excréments secs (**).........	1,22	448	"	"	43
		957	230	7	289
Betteraves consommées......	64,00	3358	830	29	64
Différences........	....	+2421	+600	-22	-225
Nourriture aux pommes de terre.					
Une vache a rendu : lait.....	4,55	355	192	6	197
Excréments secs.............	3,03	1212	"	"	18
		1567	192	6	215
Pommes de terre consommées.	38,46	4079	869	42	77
Différences	....	+2512	+677	+36	-138
Nourriture au regain.					
Une vache a rendu : lait ...	5,31	330	191	6	273
Excréments secs. ...	5,13	2052	"	"	169
		2442	191	6	442
Regain consommé.........	15,7.	6122	1177	53	550
Différences ...	....	+3680	+986	+47	+108

(*) Acide phosphorique formant des phosphates de chaux, de magnésie, de fer et de potasse.

(**) D'après mes anciennes analyses, j'admets 0,40 de carbone.

On voit que les éléments considérés généralement comme

essentiels à la nutrition étaient abondamment représentés
dans les régimes étudiés. On sait qu'une vache brûle, en
vingt-quatre heures, par la respiration, 2 à 3 kilogrammes
de carbone, en même temps qu'elle en émet 3oo à 4oo
grammes par les urines. L'excès de carbone qu'on remarque constamment dans les aliments suffit évidemment
pour subvenir aux pertes qui ont lieu par les voies que je
viens d'indiquer. On reconnaît également que, dans les
trois régimes, les substances azotées, les phosphates ont
toujours été en grand excès par rapport aux mêmes principes existant dans le lait dosé. Cette quantité excédante a
nécessairement passé dans les déjections. Ainsi, dans la
nourriture reçue par les vaches, il y avait assez de sucre et
d'amidon, assez de principes azotés, assez de substances
salines pour suffire à la production de la chaleur animale,
pour réparer toutes les pertes occasionnées par les sécrétions ; et cependant, sur les trois rations essayées, il en est
deux, celle des racines et celle des tubercules, qui ont été
réellement insuffisantes. Ce sont précisément les deux
rations dans lesquelles la quantité de principes gras se
trouvait de beaucoup inférieure à celle qui faisait partie
du lait et des déjections.

Les faits exposés dans ce travail recevront, sans doute,
diverses explications. Cependant je crois que leur interprétation la plus naturelle, celle, du moins, qui s'accorde
le mieux avec l'ensemble des résultats pratiques que j'ai
eu l'occasion d'enregistrer, consiste à admettre que les
aliments des herbivores doivent toujours renfermer une
dose déterminée de substances analogues à la graisse, des-
tinées à concourir à la production du gras des tissus, ou à la
formation de plusieurs sécrétions contenant, comme le lait
et la bile, des matières grasses en proportion notable.
Chaque jour, peut-être, pendant un temps limité, une
vache recevant un aliment insuffisant sous le rapport de
certains éléments utiles rendra le même nombre de litres

de lait ; il n'y aura pas diminution subite ; mais chaque jour aussi, comme je l'ai constaté, la vache perdra 1 à 2 kilogrammes de son poids ; et, si l'on persiste à lui donner une nourriture incomplète, quelque abondante que soit d'ailleurs cette nourriture, l'amaigrissement qui en sera la conséquence pourra devenir tel, que l'existence de la vache en soit sérieusement compromise.

FACULTÉ NUTRITIVE DES FOURRAGES

AVANT ET APRÈS LE FANAGE.

On admet généralement que les fourrages consommés en *vert* sont plus nourrissants qu'alors qu'ils ont été fanés ; en d'autres termes, on croit que 100 kilogrammes de trèfle, de luzerne, d'herbe de prairie ont une valeur nutritive plus élevée que le foin provenant de 100 kilogrammes de chacun de ces aliments. Deux bons observateurs, MM. Perrault de Jotemps, ont reconnu qu'il faut 1^{kg},50 de foin, de trèfle ou de luzerne, pour remplacer 4 kilogrammes des mêmes fourrages verts dans la nourriture des béliers ; sous l'influence de l'une ou l'autre de ces rations, il y a un développement satisfaisant de chair et de laine. D'un autre côté, ces cultivateurs ont constaté par leur pratique que, dans le fanage, en y comprenant la fermentation dans le fenil et toutes les pertes accidentelles, 100 kilogrammes de trèfle ou de luzerne se réduisent, en moyenne, à 23 kilogrammes de foin. Avec ces données, on arrive, en effet, à cette conséquence, qu'en rationnant un bélier avec 1^{kg},50 de luzerne sèche on administre précisément, sous le rapport de la valeur nutritive, l'équivalent de 6^{kg},52 de luzerne verte, c'est-à-dire 2^{kg},50 de nourriture verte de plus que celle jugée nécessaire quand la ration se compose de la plante non fanée, et que s'il faut, comme aliment, 100 kilogrammes de trèfle ou de luzerne récemment fauchés, il faudra, pour nourrir au même degré, le foin provenant de 163 kilogrammes des mêmes fourrages.

On comprend aisément que ce mode de procéder est trop

indirect pour résoudre convenablement la question que
nous avons en vue. La discussion présentée par MM. Perrault de Jotemps se borne à prouver, ce que personne ne
conteste, que la manière la plus avantageuse d'utiliser les
produits de la prairie artificielle est de les faire consommer autant que possible en vert, afin d'échapper aux frais,
aux pertes, en un mot à toutes les éventualités qu'entraîne
toujours le fanage. Mais cette discussion n'établit nullement que la faculté nutritive des fourrages verts soit amoindrie par le seul fait de leur transformation en fourrages
verts ; elle laisse intacte la question physiologique. Depuis
plusieurs années j'ai fait diverses tentatives pour la résoudre. Dans ce but, j'ai suivi avec le plus grand soin l'influence que des substitutions alternatives d'aliments verts
et d'aliments secs pouvaient exercer sur le poids de trente-
deux chevaux sur lesquels portaient mes recherches. Les
résultats ont été tantôt à l'avantage, tantôt au désavantage
du régime vert, et, après de très-nombreuses pesées, je me
suis trouvé tout aussi peu avancé que je l'étais en commençant mes expériences.

Ces résultats contradictoires s'expliquent par l'imperfection de la méthode que j'avais adoptée. Il est évident que
les foins avec lesquels on rationnait les chevaux, ayant été
obtenus l'année antérieure, ne répondaient pas toujours,
sous le rapport de la qualité, à celui qu'aurait fourni le
trèfle vert auquel on les comparait ; et, pour ce dernier fourrage, il existait constamment une grande incertitude sur le
poids réel de la ration employée, à cause de la plus ou
moins forte proportion d'eau qu'il pouvait retenir. Des
essais faits sur le fanage du trèfle montrent effectivement
combien cette proportion varie suivant l'âge de la plante,
la nature du terrain, et surtout selon les conditions météorologiques pendant lesquelles les coupes ont eu lieu. On
en jugera par quelques exemples pris sur des soles de
deuxième année.

			kg
17 mai.	1re coupe avant la floraison : 1000 kil. ont donné, foin,		212
3 juin.	1re coupe, en fleur :	Id.	288
5 juin (autre localité). 1re coupe, en fleur :		Id.	305
18 juillet. 2e coupe, en fleur :		Id.	290
Août.	2e coupe, très-avancé en fleur, très-ligneux :	Id.	360

Ajoutons encore que, pendant le fanage, le trèfle subit une perte assez forte par les feuilles, les fleurs qui se détachent et qu'on ne recueille pas lors du bottelage ; cette perte porte précisément sur les parties les plus substantielles.

Pour parer aux causes d'erreur que je viens de signaler, afin d'obtenir des résultats comparables, j'ai disposé l'expérience de tel mode que le fourrage sec consommé représentât rigoureusement celui que donnerait le fourrage vert employé comparativement ; mais, comme il est alors nécessaire de faner continuellement, opération embarrassante quand on agit sur une masse considérable de trèfle, je mis en observation un seul animal, une génisse âgée d'environ dix mois.

La génisse était pesée à jeun. On lui donnait une ration de fourrage vert un peu moins forte que celle qu'elle consommait habituellement, afin que la nourriture fût prise en totalité dans les vingt-quatre heures ; puis, au moment où la ration verte était placée dans la crèche, on en prenait une autre exactement semblable en poids et en nature, que l'on fanait immédiatement en s'entourant de toutes les précautions convenables pour empêcher la déperdition des parties détachées de la plante pendant la dessiccation ; cette ration fanée était conservée dans un sac portant le nº 1. Le deuxième jour, on agissait de la même manière, réservant encore pour le fanage une quantité de fourrage exactement pareille à celle qui devait être mangée en vert, et cette ration sèche était resserrée sous le nº 2, et ainsi de suite.

La génisse restait au vert pendant dix jours. Le onzième jour au matin, on la pesait, et alors commençait l'alimentation au fourrage sec. On livrait successivement à la consommation les foins tenus en réserve dans les sacs n° 1, n° 2, n° 3, etc.; de sorte que, durant les dix autres jours, la génisse prenait précisément la même dose et la même qualité d'aliments qu'elle avait reçus dans les dix jours précédents ; il n'y avait d'autre différence, dans les deux régimes, que celle provenant de la présence ou de l'absence de l'eau de végétation. A la fin de l'alimentation sèche, l'animal était pesé. On voit que l'expérience se prolongeait pendant vingt jours.

Première série.

JOURS d'observations.	TRÈFLE vert consommé.		JOURS d'observations.	Nos D'ORDRE du fourrage.	TRÈFLE fané consommé.
	kg	La génisse pèse 270 kil.			kg
1er jour....	32,5		11e jour....	1	7,25
2e jour....	27,5		12e jour....	2	6,82
3e jour....	20,0		13e jour....	3	7,40
4e jour...	25,0		14e jour...	4	9,83
5e jour....	24,0		15e jour....	5	7,91
6e jour....	22,5		16e jour....	6	7,46
7e jour..	20,0		17e jour...	7	7,53
8e jour....	20,0		18e jour....	8	5,52
9e jour...	22,5		19e jour.. .	9	6,39
10e jour....	22,0		20e jour....	10	6,31
En dix jours.	236,0		En dix jours...		72,42

Le 11e jour, à jeun, la génisse a pesé 267 kilogrammes. Le 21e jour, à jeun, la génisse a pesé 272 kilogrammes.

Deuxième série. — Dans l'intervalle de la première à la deuxième
série, la génisse a été nourrie à discrétion.

JOURS d'observations.	TRÈFLE vert consommé.		JOURS d'observations.	Nos D'ORDRE du fourrage.	TRÈFLE fané consommé.
	kg	La génisse a pesé 306 kil.			kg
1er jour....	22,5		11e jour....	1	5,98
2e jour....	25,0		12e jour....	2	5,89
3e jour....	27,5		13e jour....	3	6,73
4e jour....	26,0		14e jour....	4	6,48
5e jour....	25,0		15e jour....	5	8,70
6e jour....	25,0		16e jour....	6	7,91
7e jour....	24,0		17e jour....	7	7,12
8e jour....	30,0		18e jour....	8	8,53
9e jour ...	27,5		19e jour....	9	8,69
10e jour....	25,0		20e jour....	10	8,60
En dix jours.	257,5		En dix jours...		74,63

Le 11e jour, la génisse a pesé 301 kilogrammes. Le 21e jour, à jeun, la génisse
a pesé 308 kilogrammes.

Troisième série. — Regain de foin de prairie.

JOURS d'observations.	REGAIN consommé.		JOURS d'observations.	Nos D'ORDRE du fourrage.	REGAIN fané consommé.
	kg	La génisse a pesé 329 kil.			kg
1er jour....	41,0		11e jour.. .	1	8,78
2e jour....	41,0		12e jour....	2	6,89
3e jour. ..	40,0		13e jour....	3	8,16
4e jour...	40,0		14e jour....	4	7,89
5e jour...	41,0		15e jour....	5	10,68
6e jour....	42,0		16e jour....	6	9,13
7e jour....	43,0		17e jour. ..	7	8,92
8e jour....	41,5		18e jour....	8	8,07
9e jour....	42,0		19e jour.. .	9	9,05
10e jour....	42,5		20e jour....	10	10,13
En dix jours	414,0		En dix jours...		87,70

Le 11e jour, la génisse a pesé 333 kilogrammes. Le 21e jour, à jeun, la génisse
a pesé 345kil,5.

Résumé des observations.

Première série.

Poids initial de la génisse. 270

Après le régime vert. 267

Perte occasionnée par le régime vert. . 3

Après le régime du même fourrage fané. 272

Gain occasionné par le régime sec. . . . 5

Deuxième série.

Poids initial de la génisse. 306

Après le régime vert 301

Perte occasionnée par le régime vert. . 5

Après le régime du même fourrage fané. 308

Gain occasionné par le régime sec. . . . 7

Troisième série.

Poids initial de la génisse. 329

Après le régime vert. 333

Gain occasionné par le régime vert. . . 5

Après le régime du même fourrage sec. 343,5

Gain occasionné par le régime sec. . . . 10,5

Avant de tirer une conclusion, il importait de savoir quelle était l'étendue des variations accidentelles dans le poids de l'animal mis en observation. Plusieurs pesées consécutives, faites chaque jour et à la même heure, ont montré que la plus grande différence atteignait 6 kilogrammes. Ainsi une différence de cet ordre ne saurait être sûrement attribuée à l'influence de l'alimentation, puisqu'elle est comprise dans la limite des variations de poids accidentelles.

On remarquera que les gains constatés à la suite de la substitution de la ration sèche à la ration verte ont été 5, 7 kilogrammes et $10^k,5$, résultats de nature à faire présumer qu'une même quantité de fourrage nourrit plus quand elle a été fanée ; mais, en présence d'expériences aussi peu nombreuses, il serait prématuré de tirer une semblable conclusion. Ce que ces expériences semblent établir avec quelque certitude, c'est qu'un poids donné de fourrage sec ne nourrit pas moins le bétail que la quantité de fourrage vert qui l'a fourni.

DE

L'EMPLOI DES FOURRAGES TREMPÉS

DANS L'ALIMENTATION DU BÉTAIL.

Certains éleveurs sont dans l'usage de faire tremper les fourrages secs destinés au bétail ; dans l'opinion de ces praticiens, le foin, le trèfle acquièrent, par l'imbibition, des propriétés nutritives plus prononcées. 25 kilogrammes de trèfle fané absorbent assez d'eau pour peser 100 kilogrammes après une infusion de douze heures. On pourrait croire, mais il n'en est rien, que, par l'humectation, ce fourrage sec se reconstitue en quelque sorte à l'état de fourrage vert.

On pouvait présumer, dans l'été chaud et sec que nous venons de traverser, qu'une nourriture humide serait plus profitable au bétail que le foin qu'il recevait par suite de la rareté des herbages, la seconde coupe de trèfle ayant manqué assez généralement.

C'est cette considération qui m'a déterminé à faire un essai comparatif, dans le but de constater l'effet du fourrage trempé. J'ai confié les détails de cette expérience à M. Eugène Oppermann.

Quatre génisses, âgées de dix-sept à dix-neuf mois, ont été réparties en deux lots : l'un de ces lots, le n° 1, a consommé du foin et du trèfle fané ; le lot n° 2 a reçu le même fourrage préalablement trempé pendant douze heures. Chaque lot a d'ailleurs été exactement rationné à raison de 3 kilogrammes de foin pour 100 kilogrammes de poids vivant. Voici le résultat de la première expérience, qui a duré quatorze jours :

POIDS INITIAL.	POIDS après 14 jours de ce régime.	GAIN TOTAL.	GAIN PAR JOUR.	FOURRAGE CONSOMMÉ.
Lot n° 1.	kg	kg	kg	kg
722ᵏᵍ (au fourrage trempé)...	745	23	1,64	281
Lot n° 2.				
772ᵏᵍ (au fourrage sec)... ...	792	20	1,43	312

Cette expérience a été répétée en intervertissant l'ordre des lots, de manière que le fourrage humide fût consommé par le bétail qui précédemment avait reçu du fourrage sec. Le résultat obtenu n'a pas différé sensiblement de celui qui vient d'être présenté. En effet :

Le lot n° 1, qui a eu l'aliment sec, a gagné en quatorze jours. 23ᵏᵍ

Le lot n° 2, en consommant du fourrage trempé, a gagné. 22

La légère différence qui semble résulter à l'avantage du foin trempé est trop faible pour qu'on puisse affirmer qu'elle ne dépend pas d'une erreur d'observation ; mais cette différence, fût-elle réelle, ne compenserait pas les frais de main-d'œuvre et les embarras qu'occasionnerait l'opération du trempage.

Dans le cours de ces recherches, M. Oppermann a constaté que le bétail mange plus rapidement le fourrage trempé. Il est arrivé qu'un lot consommait une ration humide en quarante-cinq minutes, tandis qu'un autre lot mettait une heure à faire disparaître la ration sèche.

Une plus grande rapidité dans la consommation peut

présenter, dans certains cas, de l'avantage, par exemple dans l'engraissement. Nul doute aussi que le fourrage trempé, d'une mastication plus facile, ne convienne au bétail très-jeune, lorsqu'il passe de l'allaitement à la nourriture végétale. En un mot, le foin sec, après qu'il a absorbé deux à trois fois son poids d'eau, doit offrir l'avantage que l'on reconnaît aux fourrages verts, celui d'être consommé avec plus d'avidité.

Il en résulte qu'un animal mis au vert à discrétion profite généralement plus. C'est probablement ce qui arriverait avec du fourrage trempé, donné dans les mêmes conditions d'abondance.

Curieux de connaître l'influence que pourrait exercer le foin trempé sur la lactation, j'ai engagé M. Oppermann à suivre le rendement de deux vaches bien comparables, rationnées avec 3 kilogrammes de fourrage sec pour 100 kilogrammes de poids vivant. A l'une on a donné du foin trempé, à l'autre un foin normal : après quinze jours de ces deux régimes, on ne s'est aperçu d'aucune différence dans la production du lait.

DE LA

TRANSFORMATION DU PAIN TENDRE EN PAIN RASSIS.

Assez généralement on croit que le pain tendre diffère du pain rassis par une plus forte proportion d'eau, attribuant par là à une dessiccation progressive la consistance qu'il acquiert après qu'on l'a retiré du four. Comme conséquence, on admet que le pain est plus nutritif quand il est rassis, par la raison qu'à poids égal il renferme plus de matières sèches.

Cependant, lorsqu'on connaît les précautions prises pour prévenir la dessiccation du pain frais dans les ménages où l'on ne cuit qu'à des intervalles assez éloignés, on est peu disposé à accepter cette opinion.

Ainsi, dès qu'une fournée est cuite et refroidie, on l'enferme dans la huche, on la porte au cellier ou on la descend à la cave ; toujours elle est placée dans les conditions les moins favorables à la déperdition de l'humidité. Néanmoins, il ne se passe pas vingt-quatre heures sans que la mie ait perdu une partie de sa flexibilité, sans qu'on puisse l'émietter facilement ; la croûte, au contraire, de croquante, de cassante qu'elle est, devient tenace en prenant une certaine souplesse. Ce changement d'état suit l'abaissement de la température, et il ne m'a jamais paru qu'il fût raisonnable de l'attribuer à un effet de dessiccation. Qui ne sait, par exemple, qu'un pain froid et rassis recouvre, dans le four, toutes les propriétés du pain tendre, ou bien encore, lorsqu'on en grille une tranche sur un feu vif ? A la vérité, les surfaces d'un morceau de pain rôti sont torréfiées, carbonisées, fortement desséchées par l'action trop directe de la chaleur ; mais, à l'intérieur, la mie est flexible, élastique, *tendre*. On ne saurait nier, cependant, que le pain, en séjournant dans le four, que la tranche grillée n'aient perdu l'un et l'autre une quantité notable d'eau.

Ces faits suffiraient, ce me semble, pour établir, contre l'opinion accréditée, que le pain tendre ne devient pas rassis par cela seul qu'il se dessèche ; mais j'ai cru qu'il ne serait pas inutile de faire quelques expériences, ne fût-ce que pour montrer avec quelle lenteur un pain de quelques kilogrammes se refroidit, et combien est minime la quantité d'eau évaporée pendant le changement d'état qui accompagne et suit ce refroidissement.

Dans un pain rond ayant 33 centimètres de diamètre, 14 centimètres d'épaisseur, et pris lorsqu'on défournait, j'ai introduit au centre, à 7 centimètres de la surface, le réservoir d'un thermomètre ; quelques instants après son introduction, l'instrument marquait 97 degrés. Cette température paraîtra bien faible si on la compare à celle du four ; mais si la partie extérieure d'un pain que l'on fait cuire est exposée au rayonnement de parois échauffées à 250 ou 300 degrés, il ne faut pas perdre de vue que les parties situées au-dessous de la croûte n'atteignent jamais plus de 100 degrés de chaleur, à cause de l'eau contenue dans la pâte, et en proportion telle, qu'après la cuite, la mie en retient encore 35 à 45 pour 100.

Le pain chaud pesait $3^{kg},760$; on l'a placé dans une chambre où un thermomètre suspendu dans l'air indiquait 19 degrés. Voici, maintenant, les observations faites pendant le refroidissement.

| DATES. | HEURES. | TEMPÉRATURES | | POIDS DU PAIN. |
		du pain.	de la chambre.	
Juin... 12	h 9 matin.	o 97,0	o 19,0	kg 3,760
	10 matin.	81,0	19,1	
	11 matin.	68,0	19,0	
	Midi.	58,1	19,1	
	1 soir.	50,2	19,0	3,735
	2 soir.	44,0	19,0	
	3 soir.	38,6	18,9	
	4 soir.	34,7	19,0	
	5 soir.	31,6	18,7	
	6 soir.	28,9	18,6	
	8 soir.	25,0	18,4	
	10 soir.	23,0	18,3	
13	7 matin.	18,8	18,1	
	9 matin.	18,3	18,1	3,730
	10 matin.	18,1	18,1	
	11 matin.	18,0	18,0	
	Midi.	18,0	17,9	
	2 soir.	18,0	18,0	
	7 soir.	17,7	17,8	
14	9 matin.	17,0	17,4	3,727
15	9 matin.	16,1	16,5	3,712
16	9 matin.	15,8	16,3	3,700
17	9 matin.	"	"	3,696
18	9 matin.	"	"	3,690

A côté du pain portant un thermomètre, on en avait placé un autre pour juger du changement d'état. Vingt-quatre heures après qu'on eut défourné, la température étant sensiblement la même que celle de la chambre, et, dès lors, le refroidissement pouvant être considéré comme accompli, le pain était demi-rassis comme l'est ordinairement celui qui est cuit depuis un jour ; la croûte ne se brisait plus sous la pression ; il y avait eu 30 grammes d'eau de dissipés, soit les 0,008 du poids initial. Le sixième jour, lorsque le pain était extrêmement rassis, la perte ne s'est pas élevée au-dessus de 0,01 ; dans les cinq derniers jours, c'est-à-dire pendant la période où la modification a été la plus prononcée, bien qu'elle ait eu lieu après le complet refroidissement, la perte en eau n'a été que de 40 grammes sur 3730, ou à très-peu près de 0,01. L'expérience suivante prouvera d'ailleurs que l'élimination de l'eau, dans des limites aussi restreintes, ne contribue en rien à la transformation du pain tendre en pain rassis.

Le pain cuit depuis six jours, et dont le poids était 3^{ks},690, a été remis au four ; une heure après, le thermomètre placé au milieu de la mie indiqua seulement 70 degrés. Ce pain ayant été coupé, on le trouva tout aussi frais que ceux que l'on venait de cuire. Il ne pesait plus que 3^{ks},570, ayant perdu 120 grammes d'eau, ou 3¼ pour 100.

Cette expérience a été répétée sous une autre forme : on a mis une tranche de pain chaud dans une capsule placée sous une cloche dont l'ouverture reposait sur de l'eau, de manière que l'air confiné dans la cloche fût saturé d'humidité. Chaque jour, à la même heure, la tranche a été examinée et pesée.

Poids de la tranche.............. 32,05^{gr} pain tendre.
           Perte... 0^{gr},23

Après être restée 24^h sous la cloche.. 31,82 pain demi-rassis.
           Perte... 0^{gr},07

Après être restée 48^h sous la cloche.. 31,75 pain rassis.
           Perte... 0^{gr},05

Après être restée 72^h sous la cloche.. 31,70 pain rassis.
           Perte... 0^{gr},01

Après être restée 96^h sous la cloche.. 31,69 pain très-rassis

On voit, par les pesées, que le pain chaud est devenu demi-rassis en perdant les 0,007 de son poids. Une fois à cet état, la consistance a été en augmentant, bien que les pertes successives n'aient plus été que de 0,002, 0,0016, 0,0003 du poids initial.

La tranche de pain rassis a été grillée, elle a pesé 28^{gr},65 ; plus des $\frac{2}{10}$ étaient régénérés à l'état de pain tendre, quoique, par l'action de la chaleur, la perte, due en grande partie à de l'eau volatilisée, se soit élevée à près de $\frac{1}{10}$ du poids primitif.

En remettant au four un pain très-rassis, on a vu qu'il était devenu tendre lorsque le thermomètre placé dans son intérieur se tenait à 70 degrés. Afin de constater si le changement d'état aurait lieu à une température moins élevée, j'ai introduit, dans un étui en fer-blanc, un cylindre de mie taillé dans du pain cuit depuis plusieurs jours. Pour prévenir toute dissipation d'humidité, l'étui a été fermé avec un bouchon, puis on l'a maintenu pendant une heure au bain-marie chauffé entre 50 et 60 degrés. La mie est devenue souple, élastique comme si on l'eût retirée du four. On l'a laissé refroidir : vingt-quatre heures après, sa consistance était celle du pain demi-rassis, et au bout de quarante-huit heures celle du pain rassis. La disposition prise pour élever la température sans qu'il y eût perte d'eau a permis de modifier nombre de fois le pain enfermé dans l'étui, en le chauffant et le laissant refroidir alternativement.

Des faits exposés précédemment, il est, je crois, permis de conclure que ce n'est pas par une moindre proportion d'eau que le pain rassis diffère du pain tendre, mais par un état moléculaire particulier qui se manifeste pendant le refroidissement, se développe ensuite, et persiste aussi longtemps que la température ne dépasse pas une certaine limite.

POTASSE ENLEVÉE AU SOL

PAR LA CULTURE DE LA VIGNE.

La présence constante de la crème de tartre dans le vin, les quantités considérables de cette substance produites dans les pays vignobles, ont fait penser que la vigne enlève au sol une très-forte proportion de potasse. C'est là, au reste, une simple présomption ; et quand on considère qu'on ne donne pas à la vigne plus de fumier que n'en reçoivent les cultures de racines ou de céréales, il est permis de douter qu'une récolte de vin, si abondante qu'on la suppose, exige plus d'alcali que telle ou telle sole de nos rotations.

Pour me former une opinion sur cette question, trop abandonnée jusqu'ici aux spéculations théoriques, j'ai déterminé la quantité et la nature des substances minérales enlevées en 1848 dans notre vigne du Smalzberg, près Lampertsloch, en dosant et en soumettant à l'analyse les cendres des matières exportées, à savoir : 1° des sarments ; 2° du marc de raisin ; 3° du vin. Les feuilles restant sur le terrain, il n'a pas été nécessaire de tenir compte des matières minérales qu'elles renferment.

La surface de vigne à laquelle se rapportent les données numériques que je vais présenter est de 170 ares. Le terrain est rempli de petits fragments de pierres calcaires.

En 1848, on a obtenu de cette surface 55^{hectol},05 de vin.

Le marc de raisin, desséché à l'air, a pesé 492 kilogrammes ; 100 de marc, ainsi desséché, ont laissé 6,65 de cendres, soit 32^{kg},72 pour 492 kilogrammes.

La taille de la vigne, exécutée au printemps de 1849, a fourni 2624 kilogrammes de sarments. J'ajouterai qu'en 1850 la vigne en a donné, à 100 kilogrammes près, la même quantité.

De 100 de sarments, brûlés dans l'état où ils avaient été pesés, on a retiré 2,44 de cendres ; soit 64^{kg},03 pour la totalité du bois. On avait incinéré assez de sarments pour obtenir plusieurs kilogrammes de cendres.

1 litre de vin a laissé 1^{gr},870 d'une cendre très-blanche.

Les analyses de ces cendres ont été faites dans mon laboratoire par M. Houzeau ; en voici les résultats :

	CENDRES			
	de marc.	de sarments.	de sarments, sable déduit	de 1 litre de vin
				gr
Potasse...............	36,9	18,0	20,1	0,842
Soude.......	0,4	0,2	0,2	0,000
Chaux......	10,7	27,3	30,5	0,092
Magnésie.......	2,2	6,1	6,8	0,172
Oxyde de fer, alumine.	3,4	3,8	4,2	''
Acide phosphorique....	10,7	10,4	11,6	0,412
Acide sulfurique.......	5,4	1,6	1,7	0,096
Chlore.......	0,4	0,1	0,1	Traces.
Acide carbonique..... .	12,4	20,3	22,9	0,250
Sable et silice(¹)	15,3	10,9	0,5	0,006
Perte.............. .	2,2	1,3	1,4	''
	100,0	100,0	100,0	1,870

(¹) La silice en très-faible proportion.

Avec les données précédentes, on trouve pour les quantités de substances minérales enlevées en une année dans la vigne de 170 ares :

	POTASSE.	SOUDE.	CHAUX.	MAGNÉSIE.	ACIDE phospho- rique.	ACIDE sulfuriq.
	kg	kg	kg	kg	kg	kg
Dans les sarments.	11,53	0,13	17,48	3,91	6,66	1,02
Dans le marc......	12,07	0,13	3,50	0,72	3,50	1,77
Dans le vin...	4,64	0,00	0,51	0,95	2,27	0,53
Total......	28,24	0,26	21,49	5,58	12,43	3,52

Ramenant à la surface de 1 hectare, on a :

$$
\begin{aligned}
&\text{Potasse.............} && \overset{kg}{16,42} \\
&\text{Soude............} && 0,15 \\
&\text{Chaux... ....} && 12,49 \\
&\text{Magnésie...........} && 3,24 \\
&\text{Acide phosphorique...} && 7,23 \\
&\text{Acide sulfurique......} && 1,93
\end{aligned}
$$

Contrairement à l'opinion admise, ces recherches établissent que la culture de la vigne n'exige pas plus de potasse que les autres cultures : ainsi, dans le voisinage du clos du Smalzberg, à 1 hectare de terre :

	Alcali.	Ac. phosphorique.
	kg	kg
La pomme de terre enlève....	63	14
La racine de la betterave......	90	12
Le froment, avec la paille.....	27	19

FIN DU TOME CINQUIÈME.

TABLE DES MATIÈRES.

Paris. — Imprimerie de GAUTHIER-VILLARS, quai des Augustins, 55.